中等职业教育国家规划教材
全国中等职业教育教材审定委员会审定

控 制 测 量

(测量工程技术专业)

主　编　李玉宝
责任主审　田青文
审　稿　田青文　史经俭

中国建筑工业出版社

图书在版编目（CIP）数据

控制测量/李玉宝主编. —北京：中国建筑工业出版社，2003
中等职业教育国家规划教材. 全国中等职业教育教材审定委员会审定. 测量工程技术专业
ISBN 978-7-112-05423-7

Ⅰ. 控… Ⅱ. 李… Ⅲ. 控制测量-专业学校-教材 Ⅳ. P221

中国版本图书馆 CIP 数据核字（2003）第 021057 号

本书是作为中等职业教育国家规划教材测量工程技术专业教材。
全书共分七章，介绍了控制测量的任务和基本方法；讲述地球椭球和观测元素的归化问题；讲述角度测量、电磁波测距、导线测量、高程测量；介绍 GPS 定位测量的基本原理和基本过程。
本教材的体系具有系统性、科学性，反映了测绘科学的新知识、新材料、新方法，适应测绘科学进步的需要。
本书既可作为中专、中职测绘类或相关中专、中职专业的教科书，也可作为相关专业技术人员的业务参考书。

* * *

责任编辑：王 跃 陆 维

中等职业教育国家规划教材
全国中等职业教育教材审定委员会审定
控制测量
（测量工程技术专业）
主 编 李玉宝
*
中国建筑工业出版社出版、发行（北京西郊百万庄）
各地新华书店、建筑书店经销
北京市密东印刷有限公司印刷
*
开本：787×1092 毫米 1/16 印张：10½ 字数：254 千字
2003 年 5 月第一版 2016 年 10 月第二十次印刷
定价：**19.00** 元
ISBN 978-7-112-05423-7
（20977）

版权所有 翻印必究
如有印装质量问题，可寄本社退换
（邮政编码 100037）

中等职业教育国家规划教材出版说明

为了贯彻《中共中央国务院关于深化教育改革全面推进素质教育的决定》精神，落实《面向21世纪教育振兴行动计划》中提出的职业教育课程改革和教材建设规划，根据教育部关于《中等职业教育国家规划教材申报、立项及管理意见》（教职成〔2001〕1号）的精神，我们组织力量对实现中等职业教育培养目标和保证基本教学规格起保障作用的德育课程、文化基础课程、专业技术基础课程和80个重点建设专业主干课程的教材进行了规划和编写，从2001年秋季开学起，国家规划教材将陆续提供给各类中等职业学校选用。

国家规划教材是根据教育部最新颁布的德育课程、文化基础课程、专业技术基础课程和80个重点建设专业主干课程的教学大纲（课程教学基本要求）编写，并经全国中等职业教育教材审定委员会审定。新教材全面贯彻素质教育思想，从社会发展对高素质劳动者和中初级专门人才需要的实际出发，注重对学生的创新精神和实践能力的培养。新教材在理论体系、组织结构和阐述方法等方面均作了一些新的尝试。新教材实行一纲多本，努力为教材选用提供比较和选择，满足不同学制、不同专业和不同办学条件的教学需要。

希望各地、各部门积极推广和选用国家规划教材，并在使用过程中，注意总结经验，及时提出修改意见和建议，使之不断完善和提高。

教育部职业教育与成人教育司

2002年10月

前　言

控制测量是其他测量工作的基础性测量工作，是测绘类教学的主要课程之一。随着科学技术的不断发展和进步，控制测量的理论、应用、仪器等也经历了一个不断提高和完善的过程，同样也促进了控制测量的教学方法和内容不断地充实和创新。教材建设是提高教学质量，培养合格的专业人才的重要环节。

本书是教育部21世纪专业系列教材之一。本书根据现行的中等职业教育工程测量专业以及其他测绘类专业的《控制测量》教学大纲编写。

本书对经典的方法进行了精简，如三角测量，已经有很长时间，很少有人再采用该种方法来建立控制网。故本书只做了简单的介绍，以使学生对国家控制网的建立有一个较完整的认识，保持知识的系统性。结合不同的知识点，相应地引进了控制测量先进的技术、仪器和作业方法。整个教材内容的采用和编排，都紧密结合现行作业规范，理论联系实际，由浅入深，重视基础，强调发展，注重应用；充分考虑到了知识的系统性、实用性、先进性和可读性。适合中专、中职层次教学的特点和要求。本书可作为中专、中职测绘类或相关中专、中职专业的教科书，也可作为专业技术人员的业务参考书。

全书共分七章。第一章介绍了控制测量的任务和基本方法；第二章讨论了地球椭球和观测元素的归化计算以及测量坐标系问题；第三章主要讲 J_2 型光学经纬仪及其角度观测方法；第四章主要讨论固频相位式电磁波测距仪、全站仪的基本原理和测距成果的计算；第五章主要讨论导线测量的精度估算、测量方法、概算和验算；第六章主要讨论精密水准仪和精密水准标尺、测量误差及高程系统、水准测量的实施；第七章讨论GPS定位的基本原理和数据采集及其数据处理的方法、程序、步骤等。

为了加强学生对所学知识的理解、巩固学习效果，在每章后面，对每章的重点内容都有配套的复习思考题。为了更好地培养学生分析问题和解决实际问题的能力，针对一些要求学生必须掌握的内容，还配有相应的习题。在本书后面附有习题答案。

第一、三、四、五章由东南大学李玉宝编写，第二章由昆明旅游学校郭启荣编写，第六章由东南大学沈学标编写，第七章由东南大学吴向阳编写。李玉宝负责主编。受教育部委托由长安大学地质工程与测绘工程学院田青文教授和西安科技学院测量工程系史经俭副教授审稿，并由田青文教授主审。

编者在编写本书的过程中，参考了有关院校、单位和个人的某些文献资料，在此表示衷心感谢！

由于业务水平所限，难免有错漏之处，敬请读者提出宝贵意见和建议。

编者

2002年10月

目 录

第一章 控制测量概述 ... 1
- 第一节 控制测量的任务 ... 1
- 第二节 建立控制网的基本方法 ... 2
- 复习思考题 ... 8
- 习题 ... 8

第二章 地球椭球和地面观测值的归算 ... 9
- 第一节 地球椭球 ... 9
- 第二节 控制测量的坐标系 ... 10
- 第三节 地面观测值向椭球面上的归算 ... 14
- 第四节 椭球面观测值向高斯平面上的归算 ... 18
- 第五节 选择局部坐标系的方法 ... 21
- 复习思考题 ... 23
- 习题 ... 23

第三章 角度测量 ... 24
- 第一节 J_2 型光学经纬仪 ... 24
- 第二节 电子测角 ... 31
- 第三节 经纬仪误差 ... 32
- 第四节 J_2 型光学经纬仪的检视、检验和校正 ... 36
- 第五节 水平角观测误差 ... 43
- 第六节 方向观测法及其测站平差 ... 46
- 第七节 垂直角观测 ... 53
- 复习思考题 ... 55
- 习题 ... 55

第四章 电磁波测距 ... 57
- 第一节 概述 ... 57
- 第二节 相位法光电测距误差 ... 67
- 第三节 测距成果的计算 ... 70
- 复习思考题 ... 74
- 习题 ... 75

第五章 导线测量 ... 76
- 第一节 导线测量技术设计 ... 76
- 第二节 导线测量的精度估算和分析 ... 83
- 第三节 导线测量外业工作 ... 90

  复习思考题 ·· 106
  习题 ··· 107

第六章 高程测量 ··· 109
 第一节 国家高程控制网的布设 ··· 109
 第二节 精密水准标尺和精密水准仪 ····································· 113
 第三节 水准测量误差 ··· 120
 第四节 高程系统和水准原点 ··· 128
 第五节 水准测量的实施 ··· 132
  复习思考题 ·· 141
  习题 ··· 141

第七章 GPS 定位测量 ·· 143
 第一节 GPS 定位的基本原理 ··· 143
 第二节 GPS 定位测量的基本过程 ··· 150
  复习思考题 ·· 158
  习题 ··· 158

习题答案 ··· 159
参考文献 ··· 161

第一章 控制测量概述

第一节 控制测量的任务

一、控制测量及其任务

在工程建设区域内，以必要的精度测定一系列控制点的水平位置和高程，建立起工程控制网，作为地形测量和工程测量的依据，这项测量工作称为控制测量。

工程控制网分为平面控制网和高程控制网两部分，前者是测定控制点的平面直角坐标，后者是测定控制点的高程。控制测量在工程建设三个阶段中的具体任务是：在勘测设计阶段建立测图控制网，作为各种大比例尺测图的依据；在施工阶段建立施工控制网，作为施工放样测量的依据；在施工和运营阶段建立变形观测控制网，作为工程建筑物变形观测的依据。

控制测量在建立地理信息系统方面的具体任务是：为数据采集、数据处理、系统的运行管理和变更提供统一坐标系中的基础控制，并保证系统内各要素必要的精度。

控制测量对测绘地形图的控制作用如下：地形图是分幅测绘的，它要求测绘的各幅地形图，必须无漏洞、无重叠和无歪曲地互相拼接成一个整体，并具有相同的精度。如果在测区内建立了统一的平面控制网，精密地测定网中各控制点的高斯平面直角坐标，就可以在实地上准确地确定各个图幅的位置。因而分幅独立测图时，各相邻图幅之间就不会出现漏洞、重叠和歪曲。同时，因测定的控制点点位精度高，各幅地形图平面位置的测量误差，将受到控制点的限制，不会积累得很大，从而保证各幅图的平面位置具有相同的测图精度。因此，各相邻两幅地形图的平面位置，可以在测图精度之内互相接合。

同样的道理，如果在工程建设区域内建立了统一的高程控制网，精密地测定网中各控制点的高程，则分幅独立测图时，各相邻图幅的等高线，可以在测图精度之内互相接合。

二、大地测量及其任务

建立国家或地区大地控制网，所进行的精密控制测量工作，称为大地测量。它所测定的控制点，称为大地控制点，简称大地点。

国家大地控制网由国家水平控制网和国家高程控制网两部分组成，前者是测定网中各大地点的大地坐标（大地经度 L 和大地纬度 B）或高斯平面直角坐标（纵坐标 x 和横坐标 y），后者是测定网中各大地点的高程。

大地测量的任务是：为地形测图和大型工程测量提供基本控制，为空间科学技术和军事用途提供有关数据，为研究地球形状、大小和其他地球物理科学问题提供重要资料。

大地测量和面积达 $25 km^2$ 以上的控制测量，在建立水平控制网中，通常必须考虑地球曲率的影响。为此，要选择一个合适的参考椭球面，作为处理地面观测成果和进行测量计算的基准面。也就是说，在地面上观测得到的水平方向值和边长值，须归化到这个基准面上，然后在该面上计算出大地点的大地坐标。如果需要确定大地点或控制点的高斯平面直角坐标，则可进行两种坐标之间的转换计算，或将参考椭球面上的观测成果归算到高斯平面上，然后在该面上把它们计算出来。

大地测量具有全局性、基础性的特点；而控制测量相对于大地测量来说，则具有局部性和对于某项工程针对性较强的特点。

第二节 建立控制网的基本方法

控制测量建立工程控制网的原理和方法，与大地测量建立国家大地控制网的原理和方法基本相同，而且工程控制网一般都与国家高等大地点相联系。因此，了解布测国家大地控制网的有关情况则是十分必要的，也是控制测量学习的首要内容。

一、建立国家水平控制网的基本方法

（一）常规大地测量方法

1．三角测量法

（1）基本原理

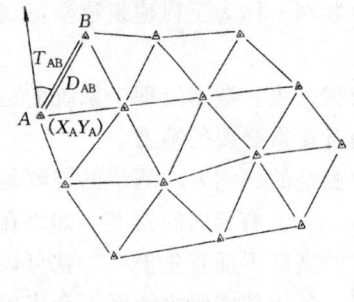

图 1-1

三角测量的方法和基本原理是：在地面上按一定的要求选定一系列的点，每一个点都设置测量标志，并以三角形的图形把它们连接成地面上的三角网。精确地观测所有三角形的内角，以及至少一条三角边的长度，用一定的投影计算公式，把这些地面观测成果归算到高斯投影平面上，使地面上的三角网转化为高斯平面上的三角网，见图1-1。

以归算后的平面边长 D_{AB} 为起始边，用平面三角学的正弦定理依次解算各个三角形，算出各平面边长 D_{ij}，以已知的 AB 边平面坐标方位角 T_{AB} 为起始方位角，用归算后的水平角依次算出各边的平面坐标方位角 T_{ij}。利用三角学公式：

$$\left.\begin{array}{l}\Delta X_{ij} = D_{ij} \cdot \cos T_{ij} \\ \Delta Y_{ij} = D_{ij} \cdot \sin T_{ij}\end{array}\right\} \quad (1-1)$$

算出各相邻点间的坐标增量 ΔX_{ij} 和 ΔY_{ij}。最后，以已知起始点 A 的平面直角坐标（X_A、Y_A）和各坐标增量 ΔX_{ij}、ΔY_{ij}，逐个推算出各点的平面直角坐标。

（2）布网的基本原则

1）分级布网、逐级控制

我国领土辽阔，有多种自然地理条件，各地区的经济建设发展很不平衡，对测图的要求不尽相同。如果为了控制大比例尺测图（如 1:2000），用全面布网法布设国家三角网，即以密度大、精度高和等级相同的三角网一次布满全国，不但需要很长时间，而且在特殊困难地区也难以实现；其次，它难以满足迫切用图地区的测图需要。另外，用短边三角网推算边长和方位角的误差将很大，势必增加布测起始边和起始方位角的工作量，同时网的整体平差也很复杂。因此，合理地布网方法应当是分级布网、逐级控制，即三角点的密度应先稀后密，逐次加大；三角点的精度应先高后低，逐级递降。我国三角网按精度分为一、二、三、四等4个等级。

2）具有足够的密度

国家三角点的密度要求，取决于测图比例尺的大小和成图的方法。测图比例尺越大，三角点的密度便越大；航测法成图的三角点密度，要比平板仪法成图小。根据测图实践，在 1:100000 和 1:50000 测图地区，按正常航测法成图时，应使每约 150km² 面积内有一个国家三角点；在 1:25000 和 1:10000 测图地区，应使每约 50km² 面积内有一个国家三角点；在 1:5000 和 1:2000 测图区，应使每约 20km² 和 6km² 面积内分别有一个国家三角点。这些面积，也就是在不同的情况下，每一个三角点所有效控制的面积，用 P 表示。

上述的国家三角点密度要求，在作业中是通过三角边的平均长度来体现的，而这个平均边长又与国家某个等级三角网的边长规定值相对应。面积 P 和边长 S 的关系为：

$$S \approx \sqrt{\frac{P}{0.85}} \tag{1-2}$$

3）具有足够的精度

国家三角点点位的精度要求，若仅考虑测图时为相邻点的相对点位中误差不大于相应比例尺图上的 ±0.1mm。但这是远远不够的，应综合考虑生产、科研等方面的需要和可能来确定。为此，必须对起算数据和观测元素的精度、网中图形角度的大小及平均边长等，都做出了适当的要求和规定，这些均列于《国家三角测量和精密导线测量规范》（以下简称国家规范）中。

4）要有统一的技术规格

建立国家三角网，除中央主管部门负责外，还要各有关部门和测绘单位共同配合完成。因此，在建立国家三角网时，除采用统一的国家坐标系外，对于三角网的等级划分和密度、精度及作业方法等技术要求，应共同执行我国 1958 年制订的《中华人民共和国大地测量法式（草案）》（下称 1958 年法式）的技术要求及相应国家规范的规定。这样，不仅可以汇集各个部门的三角测量成果构成规格统一的国家三角网，而且还可以资料共享，避免重复和浪费。

按 1958 年法式和国家规范布测的国家三角锁网，其主要技术规格见表 1-1。

国家三角锁网布设规格　　　　　表 1-1

等级	边长范围 (km)	平均边长 (km)	图形角度限制 单三角形任意角	图形角度限制 中点多边形任意角	图形角度限制 大地四边形任意角	个别小角度	测角中误差	三角形最大闭合差	起算元素精度 起始边长	起算元素精度 天文观测	最弱边相对中误差	最弱点点位中误差估算值
一	15~45	平原 20 山区 25	40°	30°	30°		±0.7″	±2.5″	1:35 万	$m_a \leq \pm 0.5''$ $m_\lambda \leq \pm 0.3''$ $m_\varphi \leq \pm 0.3''$	1:15 万	m ±0.16
二	10~18	13	30°	30°		25°	±1.0″	±3.5″	1:35 万	与一等相同	1:15 万	m ±0.10
三		8	30°	30°		25°	±1.8″	±7.0″			1:8 万	m ±0.14
四	2~6		30°	30°		25°	±2.5″	±9.0″			1:4 万	m ±0.13

(3) 国家三角网的布设方案

1）一等三角锁系的布设

一等三角锁系又称天文大地网，它是国家大地网的骨干，又为研究地球形状和大小提供重要资料，故必须达到尽可能高的精度。

一等三角锁尽量沿经纬线方向布设，纵横锁互相交叉而构成网状（图1-2）。在纵横锁交叉处布设起始边，在起始边的两端点上施测天文经纬度和天文方位角，用以计算拉普拉斯方位角。以作为大地网的起算数据，它既用来控制边长和方位角推算误差的积累，又便于天文大地网的平差和推算地球的形状与大小。

相邻两起始边之间的三角锁称为锁段，锁段长度一般在200km左右。一等三角锁由近于等边的三角形组成。根据地形条件，也可由大地四边形和中点多边形组成。

2）二等三角网的布设

如图1-3，在一等三角锁环内布设的二等三角网，是国家大地网的全面基础，它也须达到尽可能高的精度。

全国的二等三角网要连成整体，与一等三角锁一起进行天文大地网的整体平差。因此，二等网不仅要与周围的一等锁联接起来，还要和相邻一等锁环内的二等网妥善地联接，以构成连续的全面三角网。

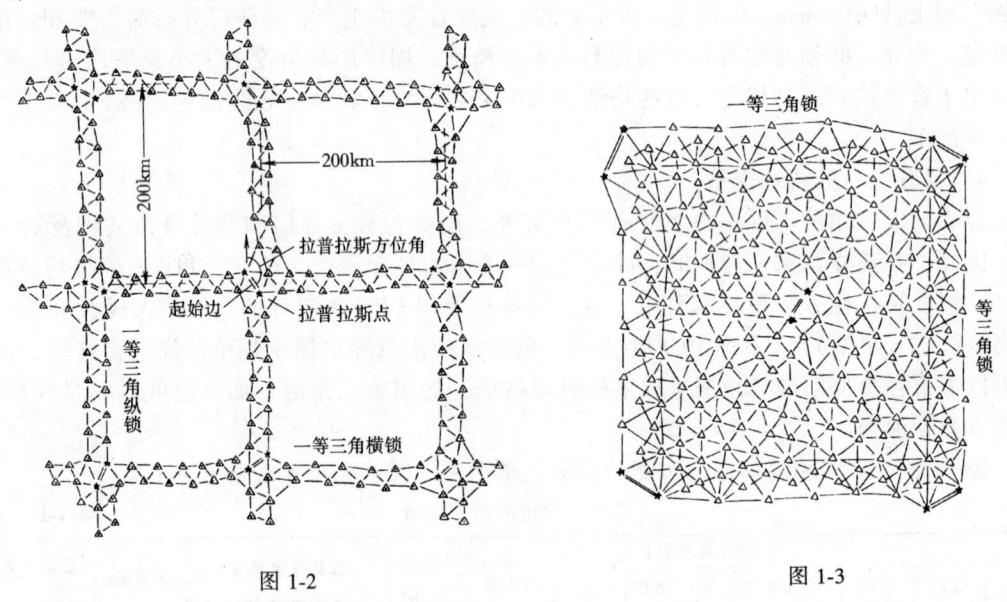

图1-2　　　　　　　　　图1-3

3）三、四等三角网的布设

三、四等三角网按加密的方法分为插网法和插点法两种。

在高等三角网内，以高等点为基础，布设低等级的连续三角网，以测算低等三角点的坐标，这种加密方法称为插网法，如图1-4、图1-5及图1-6所示。其中图1-4称为接边网；图1-5称为接点网；图1-6称为典型插网。

在高等三角形内，以高等点为基础插入一个或几个低等点，使它们与高等点构成独立的插点图形，用以测算低等点的坐标，这种加密方法称为插点法。如图1-7所示。因这些插点图形在平差计算时，具有固定的数据处理模型，故也称典型图形。

三角测量的优点是：布设的图形呈网形，控制面积大；测角精度高，几何条件数多；相邻点的相对点位误差较小。缺点是：除起始边和起始方位角外，其余各边及其方位角是用水平角推算出来的；由于测角误差的传播，各边及其方位角的精度不均匀，并且距起始边和起始方位角越远,它们的精度就越低。另外,三角测量在布测过程中难度较大,效率也较低。

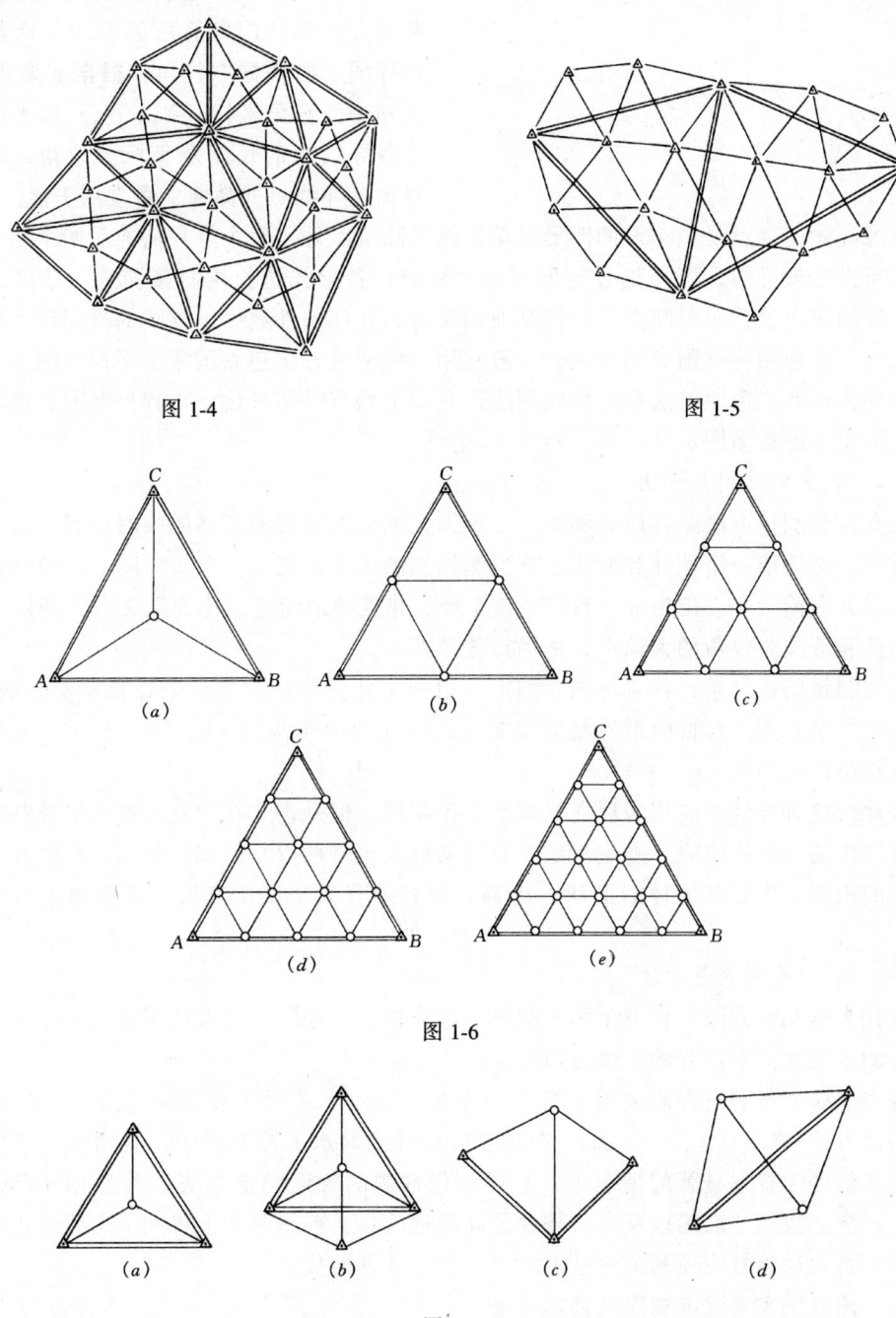

图 1-4　　　　　　　　　　　　　图 1-5

图 1-6

图 1-7

因此,在过去一般用三角测量方法建立国家水平控制网。现在已很少使用。

2. 导线测量法

导线测量的方法和基本原理是:在地面上按一定的要求选定一系列的点,每一个点都设置测量标志,将相邻点连接后构成地面上的导线。精密地测量各导线边的长度和各导线点的转折角,再将这些地面观测成果归算到高斯平面上,见图 1-8。

5

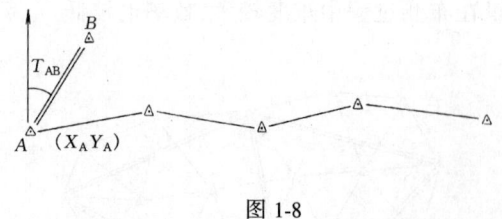

图 1-8

以已知的 AB 边平面坐标方位角 T_{AB} 为起始方位角，用归算后的折角依次推算出各导线边的坐标方位角。根据起始点 A 的已知平面直角坐标（X_A、Y_A）和平面导线上各导线边的长度及坐标方位角，逐个推算出各导线点的高斯平面直角坐标。

导线测量的优点是：布设的图形呈单折线，除节点外，每个点只需前后两个相邻点通视，故布设比较灵活，容易越过地形和地物障碍；各导线边长均直接测定，精度高而均匀，导线的纵向误差小。缺点是：控制面积狭窄；几何条件数少，导线的横向误差较大。

因此，隐蔽和特殊困难的地区，一般宜用导线测量方法建立国家水平控制网。

另外，还有三边测量法和边角同测法，它们虽然有时用来建立工程控制网，但不宜用于建立国家水平控制网。

（二）天文定位测量方法

天文定位测量方法是在地面测站上，用天文测量仪器观测天体的瞬时位置，并记录相应的时刻，然后依一定的计算公式，算出测站点的天文经度 λ、天文纬度 φ 和测站点至某照准点方向的天文方位角 α。测定了天文经、纬度的地面点，称为天文点；测定了天文经、纬度和天文方位角的大地点，称为拉普拉斯点。

天文测量的优点是：各点均独立测定，组织工作简单，受地形条件影响小。缺点是：测定点的精度不高。如目前野外测量天文经、纬度的中误差为 $\pm 0.2'' \sim \pm 0.4''$，表现在地面上的点位误差约为 $\pm 6 \sim \pm 12 \text{m}$。

因此，这种方法不能用来建立国家水平控制网。但是，它在建立国家水平控制网中有着重要的作用。具体地说，确定大地原点（又称大地基准点）的起始数据、控制水平角观测误差的积累、为研究地球的形状大小等，都必须有天文定位测量和重力测量与之相配合。

（三）现代大地测量方法

现代大地测量方法，有卫星大地测量、甚长基线干涉测量和惯性测量，其中用卫星大地测量测定地面测站位置的方法最为广泛。

现在卫星大地测量普遍采用 GPS 全球定位系统，其中载波相位测量方法的静态相对定位精度可达 $(5 + D \times 10^{-6})$ mm。在建立或加强国家水平控制网中，若测站处于无信号干扰、或信号干扰不显著的情况下，它可取代常规的大地测量方法。由于 GPS 定位具有方便、经济、快速、准确以及高科技含量高的优势，目前已基本上得到了广泛的普及；同时它标志着大地测量或控制测量已进入了一个全新的时代。

二、建立国家高程控制网的基本方法

（一）几何水准测量方法

几何水准测量的方法和基本原理是：在地面上按一定的要求，选定一系列的水准点并设置标志，然后把它们连接成水准路线，进而构成水准网。在水准路线上连续设站，利用水准仪提供的水平视线，在垂直立于地面的水准标尺上读取前、后两转点的分划数，以求得相邻水准点的高差。根据水准网中一个起算点的已知高程，依次推算出各水准点的高程。

几何水准测量的优点是：测定的高程精度高，例如用精密水准测量，可将水准原点的高程传递到 4000～5000km 远的水准点上，它的高程中误差将不超过 ±1m；高程的基准面很接近于大地水准面，测得的高程基本上具有物理意义，能很好地为生产服务。因此，几何水准测量是建立国家高程控制网的主要方法。

(二) 三角高程测量方法

三角高程测量的方法和基本原理是在国家水平控制网上，用经纬仪测量相邻两点间的垂直角，根据它和两点间的已知水平距离，利用三角学公式算出相邻两点间的高差。以网中一个起算点的已知高程，逐个推算出各大地点的高程。

三角高程测量的优点是：作业简单，布设灵活，可不受地形条件的限制。缺点是：因大气垂直折光影响，垂直角观测误差较大，致使测定的高差和高程精度较低；测得的高程以参考椭球面为基准面，没有物理意义。因此三角高程测量是建立国家高程控制网的辅助方法。

(三) 光电测距高程导线测量方法

光电测距高程导线测量的基本原理与三角高程测量相类似。它是在布设的高程导线上，用经纬仪测量相邻两点间的垂直角，用光电测距仪测量相邻两点间的倾斜距离，根据三角学公式算出两点间的高差，进而推算各高程导线点的高程。光电测距高程导线测量的精度，可以代替国家一定等级的水准测量。

(四) GPS 高程测量方法

GPS 相对定位可以高精度地测定两点间的大地高高差。GPS 向量网经三维无约束平差后可求得各点的大地高平差值。如网中联测了一定数量的已知正常高高程的点位，则可求出与这点相应的高程异常值，以高程异常值和点的大地经纬度为统计量，求出一拟合多项式中的待定系数。在这个基础上，可以任一点的大地经纬度为变量，以点的高程异常值为函数求解，然后以该点的大地高减去相应的高程异常值后，则可得出点的正常高高程。

用该种方法确定的 GPS 点的高程，其精度在比较理想的情况下可达到普通几何水准测量的精度。当进行与其精度相匹配的点位高程测量和困难地区的高程联测时，这种方法具有明显的实用价值和经济效益。GPS 高程测量精度的提高，还须联合重力测量等方面的数据。这方面的课题还正在进一步研究中。

综上所述，建立国家高程控制网，主要采用几何水准测量的方法，而三角高程测量方法、光电测距高程导线测量以及 GPS 高程测量的方法，都作为辅助和补充方法。

三、建立控制网的基本方法

控制测量与大地测量关系密切，一般说来，控制测量是依附于国家大地控制网进行的，也是国家大地控制网的进一步加密。

根据控制测量的特点，由于不同行业、不同工程的需求，有时对控制网布测的技术规格会有所变通，或选用局部坐标系等。除此之外，在控制网的布设原理和方法、测量仪器使用、观测元素采集、归化计算及平差计算等方面，不论是平面控制网还是高程控制网，其处理问题的方法和途径都基本与大地测量相同。故上述关于建立国家大地控制网的基本方法，也适用于控制测量。在后续的课程中将具体讨论和学习。

复习思考题

1. 试述控制测量的概念和任务。
2. 为什么控制测量能够控制测绘地形图？
3. 大地测量和控制测量的特点是什么？
4. 建立国家水平控制网有哪些方法？
5. 三角测量方法及基本原理是什么？
6. 三角测量布网的基本原则是什么？各等级三角网的布设方案是什么？
7. 建立国家高程控制网有哪些方法？
8. 建立国家高程控制网，为什么以几何水准测量的方法为主？
9. GPS定位和高程测量有哪些特点和优势？
10. 建立控制网的基本方法与建立国家大地控制网的基本方法有何异同？

习 题

1. 工程控制网分为哪两部分？
2. 国家三角网分为哪4个等级？
3. 按正常航测法成图时，在1/5万和1/2000比例尺测图区，各需要150km^{2}和6km^{2}面积内有一个平面控制点。需布测哪些等级的国家三角网，可直接满足这两种情况下平面控制点的密度？

第二章 地球椭球和地面观测值的归算

第一节 地球椭球

外业测量工作是在复杂的地球自然表面上进行的,在这样一个复杂的曲面上是难以进行数据处理的。为了确定各控制点的水平位置,首先要选定一个计算基准面,而这个基准面必须与地球的实际形体极为接近才行。

设想将面积占地球表面总面积71%的海洋平均海水面扩展,延伸到大陆下面,形成一个包围地球的闭合曲面。该曲面为一个特殊的水准面,则称其为大地水准面。由大地水准面所包围的整个地球形体——大地体,与地球的真实形状、大小是很接近的。大地水准面处处与其相应的铅垂线即重力方向相垂直。但是由于地球内部物质密度分布得很不均匀,造成重力方向产生不规则的变化,使得大地水准面的各个局部存在各种不规则的起伏(见图 2-1),因而也不可能在这个面上进行计算。于是需要进一步找出一个最接近大地体的简单几何形体来代替大地体,然后以它的表面作为计算的基准面。

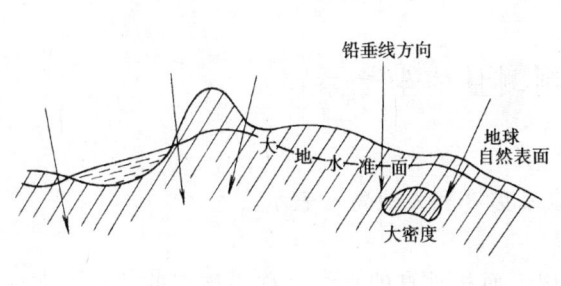
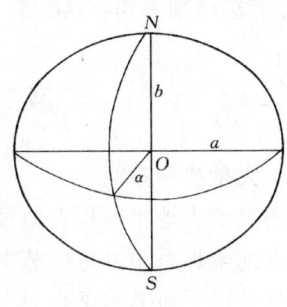

图 2-1　　　　　　　　　　　图 2-2

一、总地球椭球

与大地体最为接近的地球椭球,称为总地球椭球,简称总椭球。总椭球应满足以下几个条件:

1. 总椭球中心应与地球质心重合,总椭球的旋转轴应与地球的自转轴重合,即总椭球的赤道应与地球的赤道一致;
2. 总椭球与大地体的体积应相等,大地水准面与总椭球面之间差距的平方和为最小;
3. 总椭球的质量应等于地球的质量;
4. 总椭球的旋转角速度应等于地球的旋转角速度。

二、参考椭球

要求得总椭球,必须有在全球广泛分布的天文、大地测量和重力测量资料,目前要获得这些资料,实际上是很难实现的。19世纪以来,各国测量学者曾先后根据陆地上的部分天文、大地测量和重力测量资料,求出了许多地球椭球的几何参数(长半径 a 和扁率

a)。然而，这些地球椭球模型，由于采用的资料毕竟有限（71%的大洋面上的资料难以得到），都不能与整个大地体最为密合，而只能与所用资料区域的局部大地水准面充分密合。所以，过去各个国家或地区不可能统一采用一个总椭球，而都是采用与本国或本地区大地水准面最为密合的椭球面，作为测量计算的基准面。这种椭球就称为参考椭球。如图2-2所示。

我国解放后，采用了前苏联克拉索夫斯基椭球（简称克氏椭球），其长半径 $a = 6378245m$、$\alpha = 1:298.3$。1972年，根据我国资料的推算表明，此椭球与我国的大地水准面并不相符。我国1978年全国天文大地网平差会议决定，选用国际上推荐的1975年大地坐标系"IAG75"地球椭球参数，其长半径 $a = 6378140m$、扁率 $\alpha = 1:298.257$。该椭球参数与国际上推荐的1980年、1983年大地坐标系地球椭球参数基本相符。

仅有参考椭球的元素，还不能解决归化计算的问题，还必须把参考椭球相对于大地水准面的关系确定下来。这项工作称为参考椭球定位。参考椭球定位工作，通常是在国家大地网中选择一个比较适中的三角点并有高精度的天文、水准等测量工作相配合完成。该项工作非常复杂，一般先进行参考椭球的初步定位。进行参考椭球定位的点，称为"大地原点"，亦称"大地基准点"。依据大地原点的基准数据推算其他三角点、导线点的大地坐标。

我国解放后，很长一段时期采用的是1954年北京坐标系，其大地原点设在前苏联普尔科沃天文台圆形大厅中心，相应的椭球采用克氏椭球。以后我国建立了1980年国家大地坐标系，其大地原点设在我国中部地区的陕西省泾阳县永乐镇，其原点简称"西安原点"，参考椭球则采用"IAG75"椭球。

第二节　控制测量的坐标系

一、大地坐标系

地面点的大地坐标用大地经度 L、大地纬度 B 和大地高 H 表示。

在大地坐标系中，它的基本线和面如下：

过参考椭球面上的某点且与该点处的切平面相垂直的直线，称为该点的法线。在图2-3中，P_1 是地面点 P 沿着法线方向在参考椭球面上的投影；含参考椭球短轴 NS 的平面，称为大地子午面；经过英国格林尼治平均天文台的大地子午面，即图中 NGS 平面，称为起始大地子午面；垂直于短轴 NS 并过参考椭球中心 O 的平面，即图中 WRE 平面，称为赤道面。

地面上 P 点大地坐标的定义如下：

大地经度 L 是 P 点的大地子午面 NP_1S 与起始大地子午面所构成的二面角；由起始大地子午面起算，向东为正，称为东经；向西为负，称为西经。角度值自0°至180°。

大地纬度 B 是 P 点对于参考椭球的法线 PP_1K 与赤道面的夹角；从赤道面起算，向北称为北纬，其值为正；向南称为南纬，其值为负。角度值自0°至90°。

大地高 H 是 P 点沿法线到参考椭球面的距离；从椭球面起算，向外为正，向内为负。

通过参考椭球面上点 P_1 的法线和点 Q 的平面与点 P_1 的大地子午面之间的夹角 A 为 P_1Q 方向的大地方位角。从点 P_1 大地子午面的正北方向开始顺时针方向度量，角度值自0°至360°。

大地坐标都是以参考椭球面或法线为依据的，对于常规大地测量，大地经、纬度和大地方位角不能直接测定，只能根据椭球面上基准点的起算数据和观测元素值推算。

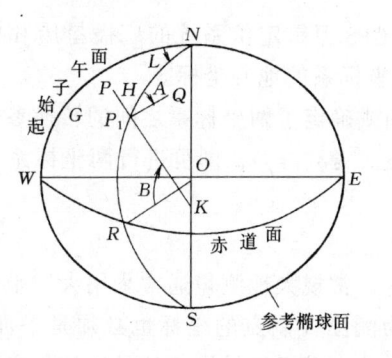

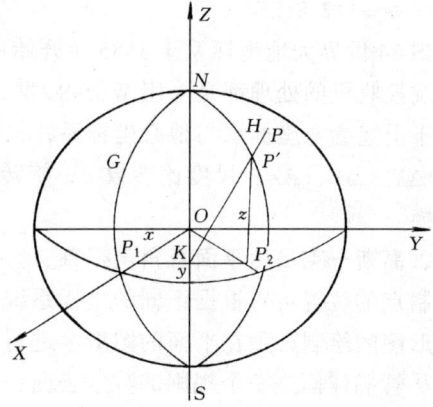

图 2-3　　　　　　　　　　　　　　图 2-4

二、空间大地直角坐标系

空间大地直角坐标系是与大地坐标系相应的一种空间直角坐标系。如图 2-4 所示，以参考椭球中心 O 为坐标原点，起始子午面 NGS 与赤道的交线为 X 轴，椭球的短轴为 Z 轴（向北为正），在赤道面上与 X 轴正交的方向为 Y 轴，构成右手直角坐标系 $O-XYZ$，称为空间大地直角坐标系。P 点的位置用 X，Y，Z 表示。

于是，任一地面点 P 的三维空间位置可用大地坐标（B，L，H）表示，也可以用空间直角坐标（X，Y，Z）表示。这两种坐标之间的换算关系为：

$$X = (N + H)\cos B \cos L$$
$$Y = (N + H)\cos B \sin L \quad (2-1)$$
$$Z = [N(1 - e^2) + H]\sin B$$

式中　N 为该点的卯酉圈曲率半径，$e = \sqrt{\dfrac{a^2 - b^2}{a^2}}$ 为参考椭球的第一偏心率。

如图 2-4 中所标出的（x、y、z）坐标，为 P' 点的空间直角坐标。

参考椭球的中心一般均不会与地球的质心相重合，这种原点位于地球质心附近的坐标系通常又称为地球参心坐标系，简称为参心坐标系，主要用于常规大地测量的成果处理。

在卫星大地测量中，需要建立一个以地球质心为坐标原点的大地坐标系，称为地心空间直角坐标系。GPS 全球定位系统的 WGS-84 世界大地坐标系就是这种类型。该坐标系的几何定义为：坐标原点与地球质心重合，Z 轴指向国际时间局 BIH1984.0 定义的协议地球极（CIO）方向，X 轴指向 BIH1984.0 的零子午面和 CTP 赤道的交点，Y 轴与 Z 轴构成右手坐标系。如图 2-5 所示。

对应于 WGS-84 世界大地坐标系有一个 WGS-84 椭球，其椭球参数采用国际大地测量和地球物理联

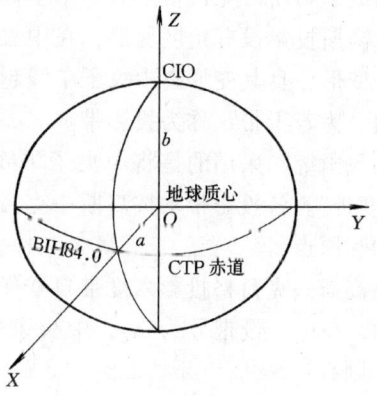

图 2-5

合会（IUGG）1980年第十七届大会大地测量参数的推荐值，即

长半径 $a = 6378137m$

扁率 $\alpha = 1:298.257$

WGS-84世界大地坐标系于1985年开始启用，GPS卫星定位系统的广播星历和精密星历，以及接收机的处理都是采用WGS-84世界大地坐标系的地心坐标。

对于上述参心坐标系与地心坐标系，只要已知或确定了两坐标系之间的转换参数（平移参数 ΔX、ΔY、ΔZ；尺度比参数 k；旋转参数 ε_X、ε_Y、ε_Z），即可进行两坐标系之间的坐标转换。

三、高斯—克吕格平面直角坐标系

控制点的位置可以根据不同的坐标系统来决定，常规大地测量通常采用大地坐标。然而，地形图的绘制必须在平面的图纸上进行，作为测图控制点的坐标也必须是平面坐标。同时，尽管椭球面是一个规则的数学表面，但是在它上面进行计算仍然是比较复杂的。为了简化计算，在实用上常采用平面直角坐标。

将椭球面上各点的大地坐标，按照一定的数学法则，变换为平面上相应点的平面直角坐标，通常称之为地图投影。

地球椭球面是一个不可展开的曲面，无论用什么方式投影至平面，都会产生某种变形。根据实际的需要，可采取一定的措施对某些变形加以限制。例如，若要求面积没有变形，就可用等积投影；要求角度没有变形，就可用等角投影（亦称"正形投影"或"相似投影"）。正形投影应满足两个条件：

1．投影后角度保持不变，即角度变形为零；

2．同一点上不同方向的微分线段，投影后伸长的比例相同，即长度比为常数。

高斯—克吕格投影（简称"高斯投影"）则是正形投影中的一种。当然它必须满足正形投影的条件。除此之外，还加入了高斯—克吕格投影本身的特定条件。如图2-6所示，高斯投影是将一个椭圆柱横套在参考椭球上，并使椭圆柱面与椭球面上的某一条子午线相切，这条子午线称为中央子午线（也称"轴子午线"）；椭球柱的中心轴位于椭球的赤道面内，并通过椭球中心。投影时除满足正形投影条件外，中央子午线投影后在其展开的平面上为直线，且其投影后长度不变。投影后，中央子午线和赤道的投影在其展开的平面上都是直线，分别为纵坐标轴（X轴）和横坐标轴（Y轴），两轴的交点 O 作为坐标原点，这就构成了高斯—克吕格平面直角坐标系。如图2-7所示。

高斯投影没有角度变形，在中央子午线上也没有长度变形。但除中央子午线外均存在长度变形，且其变形离中央子午线越远就越大。为了限制长度变形，按一定的经差将地球表面分为若干带，称为投影带。

我国统一采用的是将中央子午线左、右各3°或1.5°划分为一带，称为"六度带"和"三度带"。各投影带均按高斯—克吕格投影条件进行投影。为此，各投影带将有各自的坐标轴和原点。

高斯—克吕格投影六度带自0°子午线起，每隔经差6°自西向东分带，依次编号为1，2，3，……。设带号为 N_6，中央子午线的经度为 L_0，L 为地面点的经度，Int 为取整函数，则有：

$$L_0 = 6° \times N_6 - 3° \tag{2-2}$$

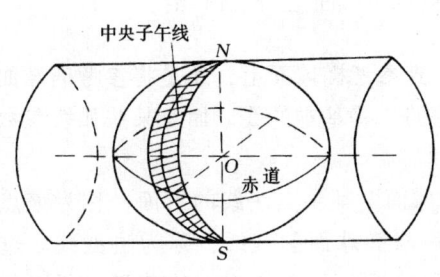

图 2-6

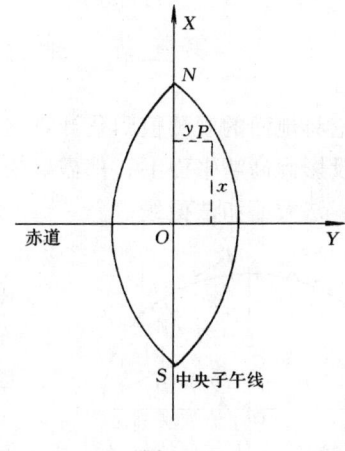

图 2-7

$$N_6 = \text{Int}(L/6°) + 1 \tag{2-3}$$

三度带是在六度带的基础上分带的。它的中央子午线一部分同六度带的中央子午线重合，一部分同六度带的分带子午线重合。设带号为 N_3，中央子午线的经度为 L_0，则有：

$$L_0 = 3° \times N_3 \tag{2-4}$$

$$N_3 = \text{Int}[(L - 1.5°)/3°] + 1 \tag{2-5}$$

上式小括号内如出现负值时，应加 360°。在我们国家不会出现这种情况。

六度带和三度带的编号如图 2-8 所示。

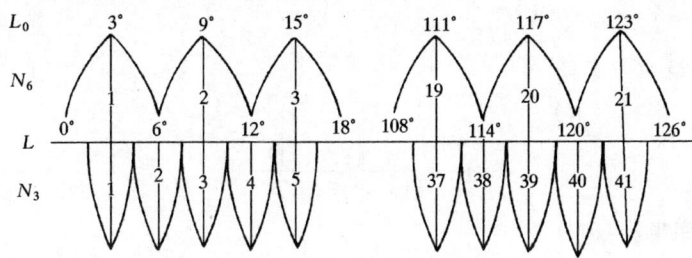

图 2-8

为了使横坐标值 y 永远为正，以避免发生正负号上的错误，规定各点的横坐标值加上 500000m（见图2-9）。为了区别各带坐标相同的点，又规定在 y 值的前面再冠以带号 N（相当于对 y 值加上 $N \times 1000000$m）。已加上 500000m 并在前面冠以带号的 y 值，称为通用值。至于纵坐标 x 值，由于我国位于北纬，其 x 值均为正，无论在哪一带都是由赤道起算的自然值。

例如，在 6°带的第 22 带中，$y = -109.45$m，则

$y_{通用} = 22 \times 1000000 + 500000 + (-109.45)$

$= 22499890.55$m

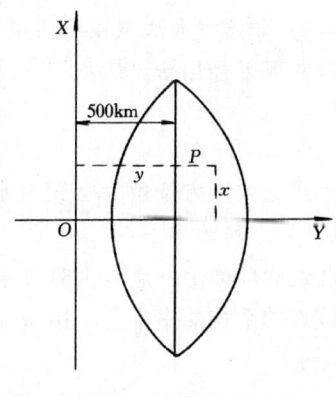

图 2-9

第三节 地面观测值向椭球面上的归算

无论将地面的观测值归化计算（简称归算）到参考椭球面上，还是将参考椭球面上的归算值投影到高斯平面上，都需要知道参考椭球的一些基本的线、面及某些弧线参数等。

一、法截面和法截线

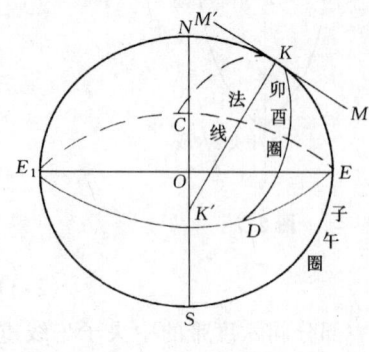

图 2-10

包含椭球面上某一点法线的平面，称为该点的法截面。法截面与椭球面的截线，称为法截线。过椭球面上某一点的法线可作无穷多个法截面，所以相应地也有无穷多条法截线。

在无穷多个法截面中，其中一个含有椭球短轴的法截面，就是大地子午面；与大地子午面相垂直的一个法截面，称为卯酉面。子午面和卯酉面统称为主法截面。两个主法截面的截线分别称为子午圈和卯酉圈，它们统称为主法截线。

图 2-10 中，K 是椭球面上的一个点，KK' 是 K 点的法线，NKS 即为 K 点的大地子午面，由于平面 CKD 垂直于 NKS 平面，则 CKD 即为 K 点的卯酉面。

二、法截线曲率半径

过椭球面上一点的无穷多条法截线，随着它们方向的不同，每条法截线的曲率半径也不同。

（一）主法截线曲率半径

1. 子午圈曲率半径（M）

$$M = \frac{a(1-e^2)}{(1-e^2\sin^2 B)^{3/2}} \tag{2-6}$$

2. 卯酉圈曲率半径（N）

$$N = \frac{a}{(1-e^2\sin^2 B)^{1/2}} \tag{2-7}$$

式中 a 为椭球的长半径；e 为第一偏心率；B 为某一点的纬度。

（二）任意方向法截线的曲率半径

该曲率半径用 R_A 表示。

$$R_A = \frac{M \cdot N}{N\cos^2 A + M\sin^2 A} \tag{2-8}$$

上式是大地方位角为 A 的法截线曲率半径的计算公式。

（三）平均曲率半径

通过椭球面上一点有无穷多条法截线，这些法截线曲率半径的算术平均值的极限值，称为该点的平均曲率半径，用 R 表示。

$$R = \sqrt{MN} \tag{2-9}$$

显然，平均曲率半径 R 是随着纬度的增大而增大。在较小范围的控制测量计算中，可以用平均曲率半径为 R 的圆球代替其相应的椭球。

三、相对法截线和大地线

由于椭球具有一定的扁率,椭球面上的两点,除位于同一子午圈或同一纬圈上之外,它们的法线都不在同一个平面内。

如图 2-11 所示,A 点的法线是 AK_a,B 点的法线是 BK_b。通过 AK_a 含有 B 的法截面 AK_aB 与过 BK_b 含有 A 的法截面 BK_bA 不可能重合。因此,该两个法截面所对应的法截线 AaB 和 BbA 也不重合。这两条法截线称为相对法截线。如果以 A 点为基准,则 AaB 称为 A 点的正法截线,BbA 称为 A 点的反法截线。反之,如果以 B

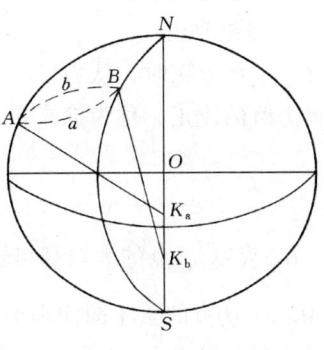

图 2-11

点为基准,则 BbA 称为 B 点的正法截线,AaB 称为 B 点的反法截线。故称为相对法截线。

由于相对法截线一般都不相重合,使测量中的几何图形产生分裂,如图 2-12 中的三角形所示。这就给测量计算带来了困难。为了解决相对法截线不相重合的矛盾,只有在两点间另选一条惟一的数学曲线来代替两点间的法截线,并作为椭球面上计算的基础,这惟一的数学曲线便是大地线。大地线是连接曲面上两点之间的最短线,如图 2-13 所示。

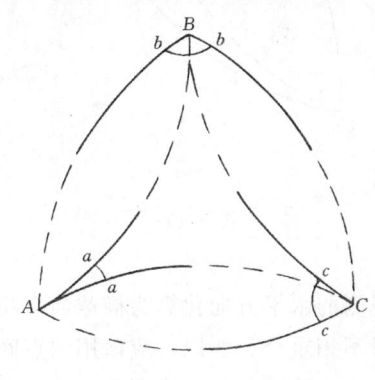

图 2-12

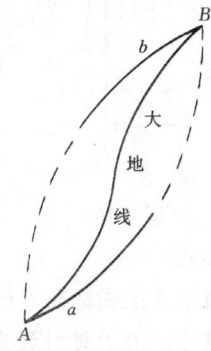

图 2-13

四、地面观测值归算到椭球面上

地面观测值归算到椭球面上,一般包括水平方向观测值和长度观测值的归算。

(一)地面上水平方向观测值的归算

1. 垂线偏差改正

如前所述,在地面上观测水平方向是以铅垂线为依据,而在椭球面上计算则是以法线为依据的。由于同一测站上铅垂线和法线不一致,为把在地面上以铅垂线为依据的水平方向观测值化为以椭球面上法线为准的水平方向值,必须加入垂线偏差改正,垂线偏差改正数以符号 δ_1 表示。其计算公式为:

$$\delta_1'' = - (\xi_K'' \cdot \sin A_{KQ} - \eta_K'' \cos A_{KQ}) \operatorname{ctg} Z_{KQ}$$

式中 A_{KQ} 表示自测站点 K 至照准点 Q 方向的大地方位角;Z_{KQ} 表示自测站点 K 至照准点 Q 的天顶距;ξ_K''、η_K'' 分别表示以秒为单位的测站点的垂线偏差 u 在子午面和卯酉面的分量。

通常,ξ、η 仅为秒的数量级,除个别情况外,在三、四等水平控制网和工程控制网中，一般不进行此项改正。

2. 标高差改正

讨论本项改正时，认为已经过垂线偏差的改正。由于照准点高出椭球面所引起的水平方向观测值的改正，称为标高差改正，以符号 δ_2 表示。如图 2-14 所示。其计算公式为：

$$\delta''_2 = H_Q (1)_Q \frac{e^2}{2} \sin 2A_{KQ} \cos^2 B_Q \tag{2-10}$$

式中 H_Q 表示 Q 点的大地高与觇标高之和；$(1)_Q = \frac{\rho''}{M_Q}$，称为 Q 点处的第一基本大地值，其中 M_Q 为 Q 点的子午圈曲率半径；e 为参考椭球的第一偏心率；A_{KQ} 为测站点 K 至照准点 Q 的大地方位角；B_Q 为 Q 点的大地纬度概略值。

一般地说，只有当 $H_Q > 2000$m 时，三、四等水平控制网才需进行此项改正。

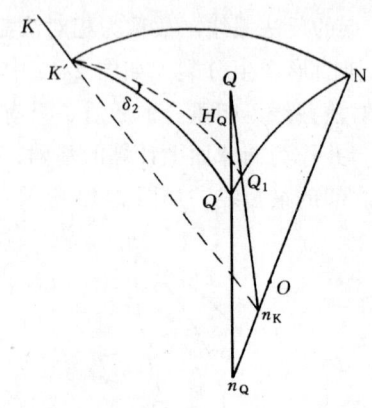

图 2-14

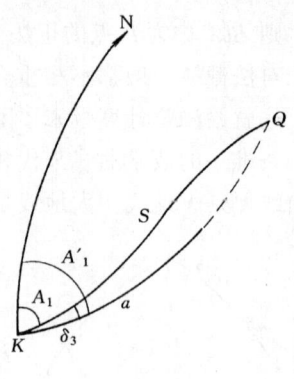

图 2-15

3. 截面差改正

经过垂线偏差改正和标高差改正后，已将地面观测的水平方向化算为椭球面上相应的法截线方向。但是，由于对向观测的相对法截线一般不相重合，所以，应该用两点间的大地线来代替相对法截线。为此，还须将法截线方向化为大地线方向，这项改正称为截面差改正，以符号 δ_3 表示。如图 2-15 所示。其计算公式为：

$$\delta''_3 = -\frac{e^2}{12\rho''} S^2 (2)_K^2 \sin 2A_{KQ} \cos^2 B_K \tag{2-11}$$

式中 S 表示 K、Q 两点间的距离；$(2)_K = \frac{\rho''}{N}$，称为 K、Q 两点间中纬度处的第二基本大地值，这里 N 为 K、Q 两点间中纬度处的卯酉圈的曲率半径；A_{KQ} 表示 K 点至 Q 点的大地方位角；B_K 为 K 点的大地纬度概略值。

经理论证明，当两点间距离不超过 30km 时，相对法截线间的夹角只有千分之几秒。可知 δ_3 是一项很微小的改正数，三、四等水平控制网不必考虑此项改正。

经过以上三项改正后，便得到椭球面上大地线的方向值。

以上所讨论的三项改正，常称为"三差改正"或"三项小改正"。

(二) 地面上长度观测值的归算

经倾斜改正后的测线长度是沿测线平均高程水准面上的水平距离 D，这个距离还要

归算到参考椭球面上。图2-16表示沿测线方向的剖面，R_A表示沿测线方向的法截线曲

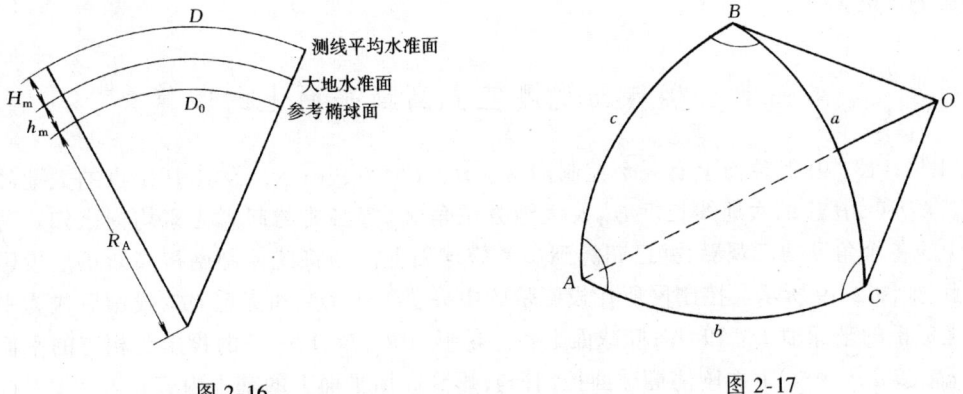

图 2-16   图 2-17

率半径；h_m是大地水准面差距；H_m为测线的平均高程。由图2-16中所表示的关系可推导出参考椭球面上的长度D_0与D之间的关系为：

$$\left.\begin{array}{l} D_0 = D + \Delta S \\ D_0 = D + \left(-\dfrac{H_m + h_m}{R_A} \cdot D + \dfrac{(H_m + h_m)^2}{R_A^2} \cdot D \right) \end{array}\right\} \quad (2-12)$$

式中　第二项与第三项之和，称为测线平均高程面上的长度归算到参考椭球面上的高程归算改正数，第三项是个微小量，一般可忽略不计。

顺便指出：在城市平面控制网中，常将测线平均高程水准面上的水平距离D归算到城市的平均高程面上，此时的归算公式为：

$$D_0' = D\left(1 - \dfrac{H_m'}{R_A + h_m + H_0}\right) \quad (2-13)$$

式中　D_0'为归算至城市平均高程面上的测线长度；H_m'为测线相对于城市平均高程面或相对于抵偿高程面H_0的高度；当H_0为抵偿高程面高程时，取反号；D、R_A的意义同式(2-12)。

五、球面角超

球面闭合图形的内角和超过相应平面直边闭合图形内角和的值，称为球面角超。例如球面三角形的内角之和超过180°的值，则是球面角超（如图2-17）。又例如当球面三角形为球面的八分之一时，其内角和为270°，则球面角超为90°。球面角超以符号ε表示。当闭合图形为三角形时，ε的计算公式为：

$$\varepsilon'' = f \times a \times b \times \sin C = f \times a \times c \times \sin B = f \times b \times c \times \sin A \quad (2-14)$$

式中　$f = \dfrac{\rho''}{2R^2}$，R为平均曲率半径；a、b、c为球面边长，均以km为单位；A、B、C为球面三角形的内角。当闭合图形为任意多边形（如导线环）时，ε的计算公式为：

$$\varepsilon'' = f \cdot \sum_{i=1}^{n} x_i(y_{i+1} - y_{i-1}) \quad (2-15)$$

式中　n为点的个数；i为闭合图形顺时针排列的点的序号，当$i = 1$时$i - 1$取n，当$i = n$时$i + 1$取1；x_i、y_i为相应点的概略坐标，以km为单位。

计算球面角超的目的，一是为了解算球面三角形；二是为了计算三角形或闭合多边形（环线）的角度闭合差；三是为了检核方向改正的正确性。在目前常规的控制测量中，一

一般都采用导线测量的方法，故计算球面角超主要是为后面的两个目的。这些问题将在后续的课程中讨论。

第四节 椭球面观测值向高斯平面上的归算

如图 2-18，在椭球面上有一个控制网 A、B、C、D、……，设其中 A 点的大地经纬度 L_1、B_1 和 AB 边的大地线长度 D_{12} 及大地方位角 A_{12} 等必要的起算元素均为已知。若控制网中的各个角度均已观测，并已归算到参考椭球面上。今将此控制网按高斯正形投影到平面上，如图 2-19 所示。控制网所在投影带的中央子午线 ON 和赤道 OE，投影后成为平面直角坐标系的坐标轴 OX 和 OY；椭球面上各三角形 ABC、BCD、……的投影为相应的平面三角形 abc、bcd、……。下面阐述椭球面控制网投影到高斯平面上的基本内容。

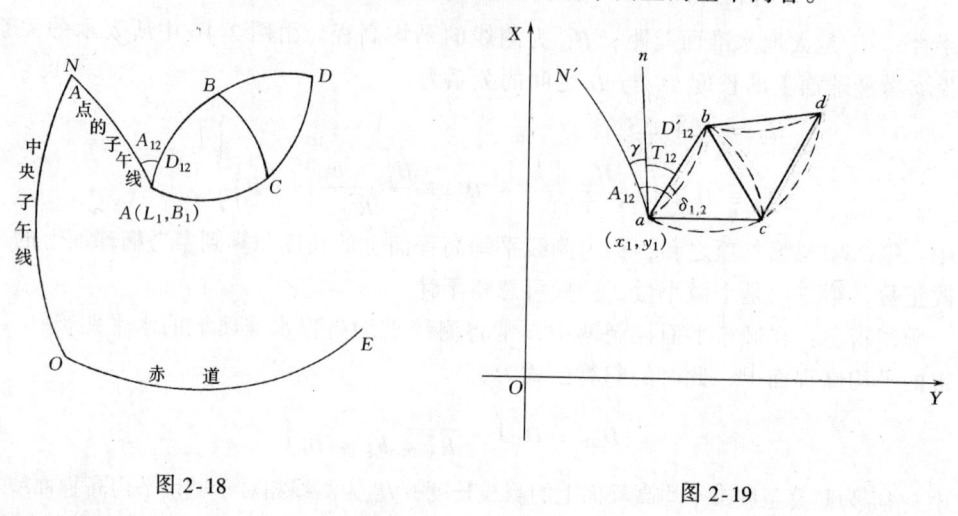

图 2-18　　　　　　　　　　　图 2-19

一、曲率改正计算

闭合图形以三角形为例。由于是正形投影，故椭球面上各三角形的角度投影到高斯平面后仍然不变。但椭球面上三角形的各边（大地线）投影后仍为曲线（图 2-19 中的虚线）。因此，用它们进行计算是很不方便的。为此，可用相应的弦线 ab、ac、bc、……来代替它们。由于曲线的曲率很小，故曲线和弦线的长度相差甚微，一般 10km 的边长相差几个毫米。一般可视为曲线和弦线相等，弦线也即为大地线的投影长度。这样就将平面上由曲线组成的三角形改为由直线组成的三角形。为达到此目的，还需要把大地线的投影曲线的切线方向改正为弦线方向，两者相差一微小角度 δ_{ij}，通常称为曲率改正或方向改正。平面上的方向值 l_{ij} 与相应椭球面上的方向值 L_{ij} 有以下关系：

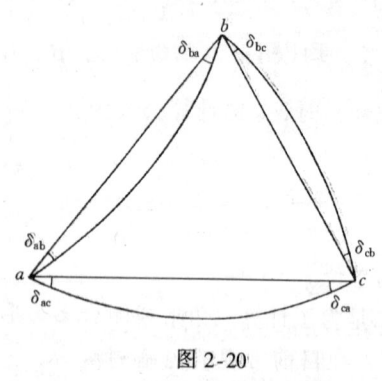

图 2-20

$$l_{ij} = L_{ij} + \delta_{ij} \tag{2-16}$$

曲率改正 δ_{ij} 的近似计算公式为：

$$\delta_{ij} = -f_m (x_j - x_i) y_m \tag{2-17}$$

式中 x_i、x_j 及 y_m 为事先推算的坐标近似值；$f_m = 2\dfrac{\rho''}{R_m^2}$，$R_m$ 为两点中点处的平均曲率半径，f_m 可自行计算或在《控制测量计算基本用表》中查取。

在控制测量中，为保证曲率改正无误（图 2-19），常采用以下公式进行检核：

$$\Delta a = \delta_{ac} - \delta_{ab};\quad \Delta b = \delta_{ba} - \delta_{bc};\quad \Delta c = \delta_{cb} - \delta_{ca} \qquad (2\text{-}18)$$
$$\varepsilon = -(\Delta a + \Delta b + \Delta c)$$

上式表明，每个三角形的球面角超等于各角相邻两方向曲率改正数之差的总和，但符号相反。对于其他多边闭合图形的检核，道理也是一样的，这时在上式括号中有 n 项。

二、起算点的投影

即把起算点 A 的大地经纬度 L_1、B_1 归算为高斯平面上的投影点 a 的直角坐标 x、y。

（一）高斯投影正算公式

由大地经纬度 L、B 计算出相应的平面直角坐标 x、y 的公式，称为投影正算公式。现将适用于电算的正算公式列出为：

$$\left.\begin{aligned}
x &= X + Nt\left[\dfrac{1}{2}m^2 + \dfrac{1}{24}(5 - t^2 + 9\eta^2 + 4\eta^4)m^4 + \dfrac{1}{720}(61 - 58t^2 + t^4)m^6\right]\\
y &= N\left[m + \dfrac{1}{6}(1 - t^2 + \eta^2)m^3 + \dfrac{1}{120}(5 - 18t^2 + t^4 + 14\eta^2 - 58\eta^2 t^2)m^5\right]
\end{aligned}\right\} \qquad (2\text{-}19)$$

式中 X 是由该点到赤道的子午线弧长，计算公式如下：

对于克氏椭球：

$$\begin{aligned}
X = &\ 111134.8611 B° - (32005.7799\sin B + 133.9238\sin^3 B + 0.6973\sin^5 B\\
&+ 0.0039\sin^7 B)\cos B
\end{aligned} \qquad (2\text{-}20)$$

对于"IAG75"椭球：

$$\begin{aligned}
X = &\ 111133.0047 B° - (32009.8575\sin B + 133.9602\sin^3 B + 0.6976\sin^5 B\\
&+ 0.0039\sin^7 B)\cos B
\end{aligned} \qquad (2\text{-}21)$$

其余符号分别为：

$$\left.\begin{aligned}
t &= \operatorname{tg} B\\
\eta^2 &= e'^2 \cos^2 B\\
N &= c/\sqrt{1 + \eta^2}\\
m &= \cos B \dfrac{\pi}{180}(L - L_0)°
\end{aligned}\right\} \qquad (2\text{-}22)$$

式中 $e' = \sqrt{\dfrac{a^2 - b^2}{b^2}}$，称为椭球的第二偏心率；$c = \dfrac{a^2}{b}$ 称为极曲率半径；$(L - L_0)°$ 表示该点与中央子午线的经度差，以度为单位；$B°$ 表示该点的纬度，以度为单位。

对于克氏椭球来说：

$$e'^2 = 0.0067385254147$$
$$c = 6399698.90178271\,\text{m}$$

对于"IAG75"椭球：

$$e'^2 = 0.0067395018195$$
$$c = 6399596.65198801\,\text{m}$$

（二）高斯投影反算公式

由平面直角坐标 x、y 计算出大地经纬度 L、B 的公式，称为投影反算公式。现将适用于电算的反算公式列出为：

$$\left.\begin{aligned}B° &= B°_f - \frac{1+\eta_f^2}{\pi}t_f[90n^2 - 7.5(5+3t_f^2+\eta_f^2-9\eta_f^2t_f^2)n^4 \\ &\quad + 0.25(61+90t_f^2+45t_f^4)n^6] \\ L° &= L°_0 + \frac{1}{\pi\cos B_f}[180n - 30(1+2t_f^2+\eta_f^2)n^3 \\ &\quad + 1.5(5+28t_f^2+24t_f^4)n^5]\end{aligned}\right\} \quad (2\text{-}23)$$

式中　$B°_f$ 为该点横坐标 y 在中央子午线上的垂足处的纬度，以度为单位。计算公式如下：

对于克氏椭球：

$$\begin{aligned}B°_f &= 27.11115372595 + 9.02468257083(x-3) - 0.00579740442(x-3)^2 \\ &\quad - 0.00043532572(x-3)^3 + 0.00004857285(x-3)^4 + 0.00000215727 \\ &\quad (x-3)^5 - 0.00000019399(x-3)^6\end{aligned} \quad (2\text{-}24)$$

对于"IAG75"椭球：

$$\begin{aligned}B°_f &= 27.11162289465 + 9.02483657729(x-3) - 0.00579850656(x-3)^2 \\ &\quad - 0.00043540029(x-3)^3 + 0.00004858357(x-3)^4 + 0.00000215769 \\ &\quad (x-3)^5 - 0.00000019404(x-3)^6\end{aligned} \quad (2\text{-}25)$$

式中　x 均以 Mm（兆米即 10^6m）为单位。

其余符号为：

$$\left.\begin{aligned}t_f &= \text{tg}B_f \\ \eta_f^2 &= e'^2\cos^2 B_f \\ n &= \frac{y\sqrt{1+\eta_f^2}}{c}\end{aligned}\right\} \quad (2\text{-}26)$$

$L°_0$ 表示中央子午线的经度。

（三）算例

已知某一点的 $B = 29°24'02''.6283$，$L = 119°26'41''.6833$，试计算该点在 6° 带内的高斯平面直角坐标 x、y；并用反算检核（克氏椭球）。

计算步骤如下：

1. 由式（2-2）、（2-3）推算中央子午线的经度 L_0，此点在六度带的第 20 带中，L_0 为 117°；
2. 按式（2-22）、（2-20）计算各参数；
3. 按式（2-19）计算 x、y，并将横坐标的自然值化算为通用值；
4. 按式（2-24）、（2-23）计算，进行反算检核。

具体计算过程见表 2-1。

三、起算大地方位角的投影归算

由图 2-19 可见，过 A 点的子午线，投影至高斯平面上后成为凹向中央子午线（OX）的曲线 aN'；过 a 点的坐标纵线 an 与 aN' 在 a 点的切线所夹的角度，称为 a 点的平面子午线收敛角。an 与 ab 直线所夹的角度就是直线 ab 的坐标方位角 T_{12}；而在 a 点上 aN' 与

ab 两曲线的切线所夹的角度就是大地方位角 A_{12}。T_{12} 与 A_{12} 有如下所示的关系：
$$T_{12} = A_{12} - \gamma - \delta_{12}$$

考虑到一般计算的习惯，可将上式写成：
$$T_{12} = A_{12} - \gamma + \delta_{12} \tag{2-27}$$

式中 δ_{12} 相差一个符号，这将在 δ_{12} 的计算中顾及。

高斯投影坐标正、反算 表 2-1

步骤	符号	正算结果	步骤	符号	反算结果（验算）
已知	B	29°24′02″.6283	已知	x	3256230.678
	L	119°26′41″.6833		y	237346.468
	$l° = (L - L_0)°$	2.444912033			
1	m	0.03717596391	1	$B°_f$	29.42316652
2	t	0.5634878304	2	t_f	0.5640038704
	η^2	0.005114558342		η_f^2	0.005112300694
	N	6383395.596			
3	X	3253743.724	3	n	0.03718180988
4	x	3256230.678	4	B	29°24′02″.6283
	y	237346.468		$l°$	2.444912033
	$y_{通用}$	20737346.468		$L = L_0 + l$	119°26′41″.6833

平面子午线收敛角 γ 的计算公式为：
$$\gamma'' = \frac{3600\,t}{\pi}\left[180m + 60\left(1 + 3\eta^2 + 2\eta^4\right)m^3 + 12\left(2 - t^2\right)m^5\right] \tag{2-28}$$

式中其他各参数符号的意义与式（2-22）中相同。

四、边长的投影归算

由高斯投影的特征可知，椭球面上的长度投影到平面上要产生变形。

如图 2-18、图 2-19 所示，将椭球面上起算边 AB 大地线的长度 D_{12} 归算为高斯平面上相应的 ab 直线的长度 D'_{12}，应加上投影归算改正数 ΔD（称为距离改正或投影改正，恒为正值）。D_{12} 和 D'_{12} 有以下关系：
$$D'_{12} = D_{12} + \Delta D \tag{2-29}$$

$$\Delta D = \left\{\frac{y_m^2}{2R_m^2} + \frac{(\Delta y)^2}{24R_m^2}\right\} D_{12} \tag{2-30}$$

式（2-30）即为距离改正公式，式中第二项是一微小项，计算时一般不考虑。y_m 为测线两端点的横坐标自然值的平均值。

第五节 选择局部坐标系的方法

一、综合长度变形及限制措施

由式（2-12）、（2-30）中 ΔS 与 ΔD 之和称为综合长度变形。在施测大比例尺地形图和一些工程测量中，为了保证平面控制点的必要的精度，必须对综合长度变形加以限制，规定综合长度变形值不大于 2.5cm/km。当一测区的控制网综合长度变形值超出规定时，可根据具体情况选用以下某一项措施：

1. 对于小测区（面积小于 25km²），可以不经过投影采用直角坐标系统在平面直接进行计算；

2. 采用抵偿坐标系统，即设：

$$\Delta S + \Delta D = -\frac{H_m + h_m + H_0}{R_A} \cdot D + \frac{y_m^2}{2R_m^2} \cdot D_0 = 0 \tag{2-31}$$

式中的 D 和 D_0 近于相等可约去，将测区中已知的 H_m、h_m、R_m、y_m 代入后解出 H_0，H_0 则称为抵偿高程面，这时的高程归化计算应按式（2-13）进行。该坐标系统是利用了 ΔS 和 ΔD 符号相反、代数和相抵消的特点，人为地变动高程归化计算高程面，从而达到限制综合长度变形的目的，同时也不改变按统一分带的投影方法而建立的平面直角坐标系。故称为抵偿坐标系统。应该指出，随着抵偿地带的变宽，综合长度变形也在增加；

3. 采用任意带坐标系统，即将高斯投影分带的中央子午线移到测区的中央位置，以减少 ΔD 的数值，从而达到限制综合长度变形的目的。

以上所采用局部的坐标系，相对于国家统一坐标系来说，有时也称为"地方坐标系"。

二、高斯平面直角坐标的换带计算

（一）产生换带计算的原因

在实际工作中，通常因以下几种情况需要进行坐标换带计算：

1. 当测区内的已知点不在同一投影带内，为了进行平差计算或跨带测区测量工作的需要，必须将已知点坐标换算为同一个带的坐标；

2. 大比例尺测图或某些工程测量需要采用 3°带或任意带，而搜集到的国家控制点的坐标是 6°带的成果。

由于以上原因，于是就产生了各种度带之间的坐标换算问题。

（二）间接换带法

换带计算通常采用间接法和直接法两种，下面仅介绍常用的间接法。

间接法是以椭球面作为过渡面的相邻投影带平面坐标换算方法，即将一个投影带的平面坐标（x、y），换算成椭球面上的大地坐标（B、L）；再将其大地坐标（B、L）换算成另一带的平面坐标（x、y）。本方法适用于各种度带（包括任意带）之间的坐标换算。

例：已知 P 点的 6°带坐标为：$x_1 = 3256230.678$m，$y_1 = 20737346.468$m。试求 P 点相应的 3°带平面坐标 x_2、y_2。

解：

1. 计算中央子午线的经度

由 y_1 值知 P 点在 6°带的第 20 带中，$L_0 = 117°$，横坐标自然值 $y_1 = 237346.468$m。

2. 将 6°带的平面坐标反算为大地坐标（见表 2-1）

得出：$B = 29°24'02''.6283$；$L = 119°26'41''.6833$。

由此可见 P 点应位于此 6°带东侧的第 40 号 3°带（$L_0 = 120°$）内。

3. 以坐标正算公式验算（见表 2-1）

4. 由大地坐标计算 3°带的平面坐标（见表 2-2）

得出：$x_2 = 3253871.851$m；$y_2 = 40446121.422$m（通用值）。

5. 以坐标反算公式验算（见表 2-2）

表 2-2

步骤	符 号	正算结果	步骤	符 号	反算结果（验算）
已 知	B L $l° = (L - L_0)°$	29°24′02″.6283 119°26′41″.6833 − 0.555087973	已 知	x_2 y_2	3253871.851 − 53878.578
1	m	− 0.00844035703	1	B_f	29.40188602
2	t η^2 N	0.5634878304 0.005114558342 6383395.596	2	t_f η_f^2	0.5635144109 0.005114442056
3	X	3253743.724	3	n	− 0.00844042544
4	x_2 y_2 $y_{2通用}$	3253871.851 − 53878.578 40446121.422	4	B $l°$ $L = L_0 + l$	29°24′02″.6283 − 0.555087973 119°26′41″.6833

复习思考题

1. 什么叫大地体、总地球椭球和参考椭球？
2. 在常用的几种坐标系中，怎样确定地面点的坐标？
3. 高斯平面直角坐标系是怎样构成的，为什么要采用分带投影？
4. 什么叫法截面、法截线、主法截线、相对法截线和大地线？
5. 怎样计算 M、N、R？
6. 三差改正计算的目的是什么？怎样进行三差改正计算？
7. 计算球面角超的主要作用和目的是什么？
8. 怎样进行子午线收敛角和方向改正计算？
9. 在大比例尺测图区，当综合长度变形超过 2.5cm/km 时，应如何选择坐标系？
10. 怎样进行各度带（包括任意带）间高斯平面直角坐标的互换？

习 题

1. 已知某大比例尺测图区 $y_m = 100$km（自然值），$h_m = 20$m，$H_m = 10$m，$R_m = 6371$km。试求其综合长度变形及抵偿高程面的高程 H_0。

2. 已知 P 点 6°带的高斯平面直角坐标为：$x = 1945024.114$m，$y = 20739233.054$m。试将其换算为相应 3°带的坐标（克氏椭球）。

3. 已知 P 点 3°带的高斯平面直角坐标为：$x = 3548925.876$m，$y = 40385009.017$m。试将其换算为中央子午线 $L_0 = 118°47′$ 的任意带高斯平面直角坐标（IAG75 椭球）。

第三章 角度测量

第一节 J₂型光学经纬仪

在控制测量中,经纬仪用来观测水平角和垂直角,以确定控制点的坐标和高程。

控制测量采用的经纬仪,有目视度盘读数的传统光学经纬仪;有用光栅度盘增量法等进行电子测角的电子经纬仪;有的仪器把电子测角和电磁波测距组件集成一体,成为全站型电子速测仪。本章将讨论 J_2 型光学经纬仪以及电子测角原理等方面的内容。

我国三、四等控制测量,目前主要使用 J_2 型光学经纬仪,有时也用 J_1 型光学经纬仪。J_2、J_1 型光学经纬仪的数标是仪器精度指标,即一测回方向中误差不大于 ±2″、±1″。

一、苏光 JGJ₂ 光学经纬仪

苏州光学仪器厂生产的 JGJ₂ 光学经纬仪的外貌和部件如图 3-1。

(一)仪器的主要部件

下面着重介绍其中两个部件:

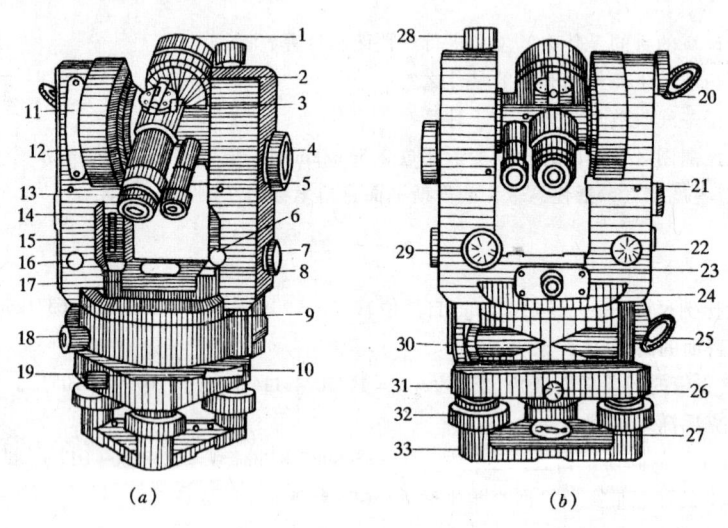

图 3-1

1—望远镜物镜;2—光学瞄准器;3—十字丝照明反光板螺旋;4—测微轮;5—读数显微镜管;6—垂直微动螺旋弹簧套;7—度盘影像变换螺旋;8—照准部水准器校正螺旋;9—水平度盘物镜组盖板;10—水平度盘变换螺旋护盖;11—垂直度盘转像透镜组盖板;12—望远镜调焦环;13—读数显微镜目镜;14—望远镜目镜;15—垂直度盘物镜组盖板;16—垂直度盘指标水准器护盖;17—照准部水准器;18—水平制动螺旋;19—水平度盘变换螺旋;20—垂直度盘照明反光镜;21—垂直度盘指标水准器观察棱镜;22—垂直度盘指标水准器微动螺旋;23—水平度盘转像透镜组盖板;24—光学对点器;25—水平度盘照明反光镜;26—照准部与基座的连接螺旋;27—固紧螺母;28—垂直制动螺旋;29—垂直微动螺旋;30—水平微动螺旋;31—三角基座;32—脚螺旋;33—三角底板

1. 度盘影像变换螺旋

在水平度盘和垂直度盘上，相差180°的度盘对径分划线，都可通过各自的光学系统后成像在同一个读数目镜的焦面上，但不同时出现。水平度盘或垂直度盘的对径分划像如图3-2所示。在大窗中，上面是度盘正像分划，下面是度盘倒像分划。为了使水平度盘和垂直度盘共用同一个光学测微器读数，仪器上装有度盘影像变换螺旋。该螺旋上的刻线处于水平位置时，在读数显微镜视场上出现水平度盘分划像；刻线处于垂直位置时，视场上出现垂直度盘分划像。因此，应根据需要转动度盘影像变换螺旋。

2. 光学测微器

光学测微器是度盘读数的测微装置，用来精密量取度盘上不足半格角距的微小读数。

从图3-2的大窗看出，水平度盘或垂直度盘上每度分划间有三格，每格格值为20′。小窗是测微尺分划像，它总共有600格。仪器采用双光楔测微器，当转动测微轮使测微尺由起始的零分划移动到终止的600分划时，度盘上的正、倒对径分划像将等量相对移动一格或它们各自移动半格。也就是说，测微尺上600格的角值等于10′，一格的格值等于1″。因此，用测微器可以直接量取到1″的微小读数，从而起到精密测微的作用，提高了测角精度。

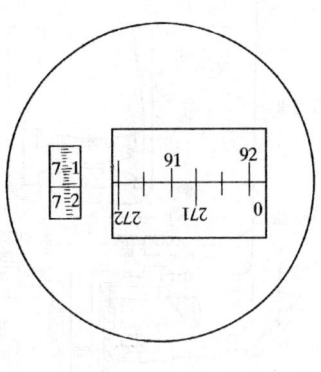

图 3-2

(二) 度盘成像的光学路线

JGJ₂光学经纬仪采用透射式度盘，水平度盘成像的光学路线见图3-3。由反光镜1射入并经毛玻璃2后的均匀光束，通过聚光透镜3后收敛，再经过反射棱镜4转折90°向上透过水平度盘，它带着度盘左端分划像射入反射棱镜5，转折90°后，通过复合透镜组6，经屋脊棱镜7转折90°后（同时使度盘左端分划像倒转），向下透过水平度盘，再带着度盘右端的对径分划像射入反射棱镜8，转折180°后，度盘左、右端的对径分划光线向上通过读数显微镜的物镜组9，使度盘对径分划像清晰和放大。随后对径分划光线分别通过各自的固定光楔10和活动光楔11，进入分像棱镜13并成像在读数窗场镜14的平面上。再经反射棱镜15转折90°，进入读数显微镜内。于是在读数显微镜视场的大窗上，出现了经过两次放大的度盘正、倒对径分划像。又由反光镜1射入的光束，有一部分射入玻璃测微尺12，并带着测微尺分划像进入读数显微镜内。因此，在读数显微镜视场的小窗上，出现了测微尺分划像。

垂直度盘成像的光路与水平度盘相类似。由垂直度盘反光镜1′射入的光束，经过垂直度盘光学系统的各个棱镜后进入换像棱镜A，使垂直度盘正、倒对径分划光线转折90°，以后它们分别通过各自的固定光楔和活动光楔，沿着水平度盘成像的光路进入读数显微镜内。

(三) 双光楔测微器及其测微原理

JGJ₂光学经纬仪采用双光楔测微器测微，如图3-4。它由测微螺旋、齿条、滑架、直线导轨、测微尺、两块固定光楔和两块活动光楔等部件组成，其中齿条、测微尺和活动光楔的框架固定在滑架上。转动测微轮时，小齿轮便旋转，与它啮合的齿条随之上下移动，使滑架、测微尺和活动光楔同时作直线升降。

光楔是双光楔测微器的主要部件，在每组光楔中，下面一块是位置不动的固定光楔，上面一块是位置可升降的活动光楔，它们的形状、大小和材料相同，但安装方向相反。如图3-5，当活动光楔与固定光楔重合时，它们组合成一块平行玻璃板，水平度盘分划光线垂直通过这两块光楔后不产生折射。当活动光楔和测微尺同步升高距离 l 时，度盘分划的光线通过这两块光楔后，它的出射光线相对于入射光线保持方向不变而平移一段距离 Δ。

由几何光学可知，若光楔的折射率为 n，楔角为 θ，则出射光线的平移量 Δ 与活动光楔的移动量 l 关系为：

$$\Delta = \frac{\theta''}{\rho''} \cdot (n-1) l \quad (3-1)$$

选取一定的光学玻璃材料和楔角制成的光楔，n 和 θ 是个常量，因此，度盘分划光线的平移量 Δ 与活动光楔的位移量 l（也是测微尺的位移量 l）成正比。根据这个比例关系，可以在测微尺的各个分划上注出相应的角值。

双光楔测微器有两组光楔。当测微器读数

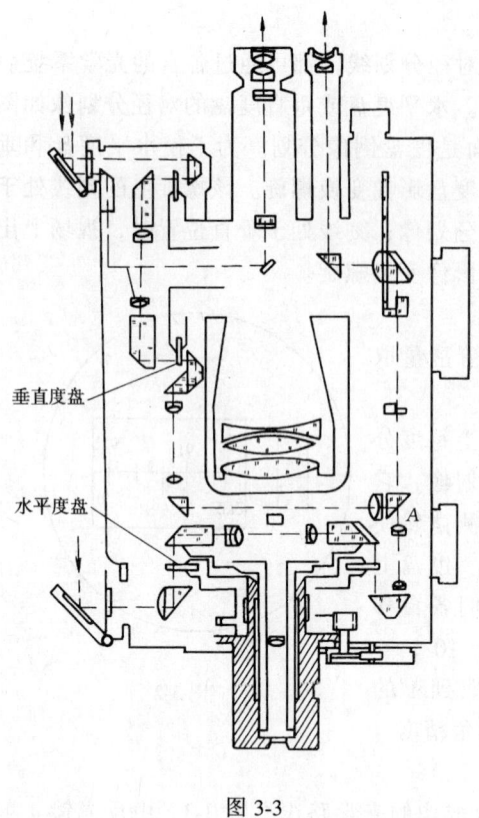

图 3-3

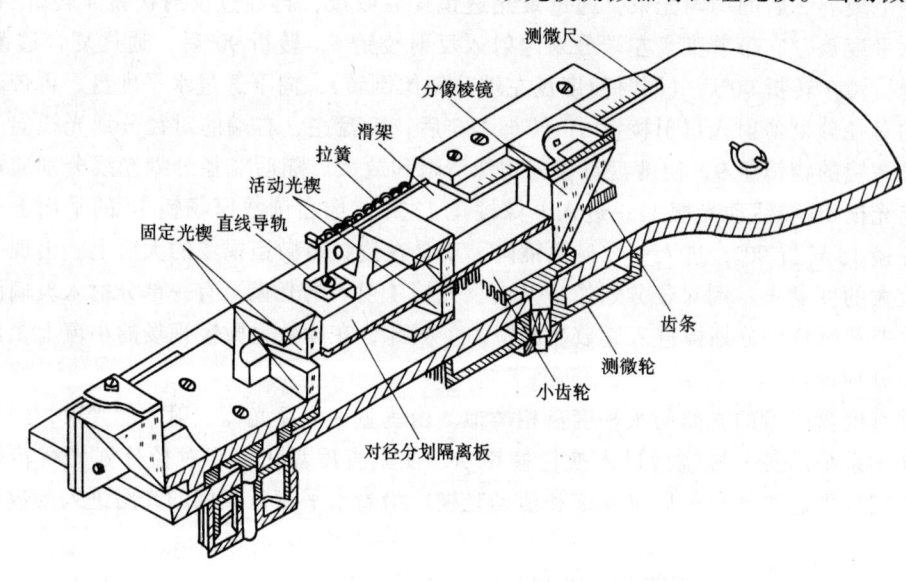

图 3-4

为零时，在每组光楔中，活动光楔与固定光楔重合，度盘上的对径分划光线如 0°和 180°分划光线通过各自的光楔组后，成像在读数目镜的焦平面上，如图3-6。这时如用指标读数法读数，应为 0°加上度盘上不足半格的微小读数 Δ。为了测定 Δ 值，可转动测微轮使两块活动光楔和测微尺同步升高距离 l，在两组光楔中，因同名光楔的形状、大小和材料相同及安装方向相反，0°和180°分划像便反向等量平移，并且各位移角距 Δ 后与读数指标线重合，如图3-7。

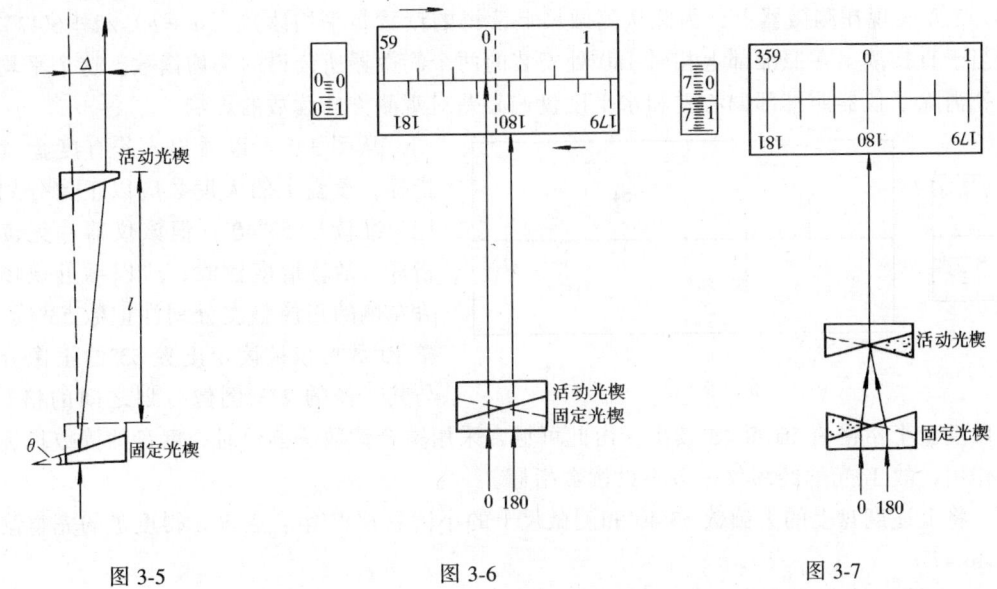

图3-5　　　　　　　图3-6　　　　　　　图3-7

于是度盘上的微小读数 Δ 便从测微尺上表现出来，并可依距零分划为 l 的那个分划注记数精确读出。

从上述可知，若要测量度盘上不足半格角距的微小读数，必须转动测微轮使正、倒分划像重合，然后由测微尺读取。

（四）读数方法

JGJ_2 光学经纬仪的水平度盘按360°制全周刻度，格值为20'；在整度分划线上注记度数，注记数依顺时针方向增加。测微尺分划有600格，格值为1″，从读数目镜视场上看，测微尺分划像左侧注记的数字是分数，右侧注记的数字是秒的十位数。

读数方法采用重合读数法，即转动测微轮使度盘的正、倒分划像重合来读数。度盘的完整读数，由度盘上的大读数和测微尺上的小读数组合而成，大读数包括度数和整10'数，根据度盘分划注记数读取；小读数包括小于10'的分数和秒数，根据测微尺分划的注记数和读数指标读取。读数有下面两种情况：

1. 第一种情况如图3-8，当测微尺读数为0'0″时，度盘的读数指标（实际上没有，假想的指标线用虚线表示）到它左上方度盘正像分划的角距 a 小于度盘分划半格格值10'。

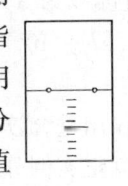 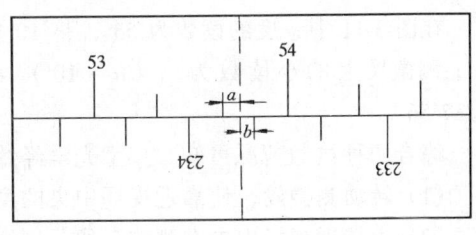

图3-8

因仪器部件制造和安装的误差，以及正、倒对径分划成像光路不同，度盘正、倒对径分划像到读数指标的角距 a 和 b 一般不会相等。若用指标读数法读数，则正像的度盘读数为53°40'+a，倒像的度盘读数为 233°40′ + b，它们的平均读数应为 53°40′ +（a + b）/2。当采用重合读数法读数时，可转动测微轮使度盘上的 53°40′和 233°40′正、倒对径分划像精密重合（见图 3-9）。由于度盘正、倒对径分划像是等量相对移动，53°40′正像分划和 233°40′倒像分划将各位移（a + b）/2 并表现在测微器上，因此从测微尺上读得的读数是平均读数（a + b）/2 = 6′47″，它相当于直接读出在照准部上相对 180°处安装的两个测微器所读得的平均读数。这个平均读数，消除了仪器照准部偏心差和水平度盘偏心差对观测方向读数的影响。

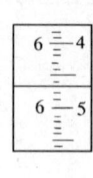 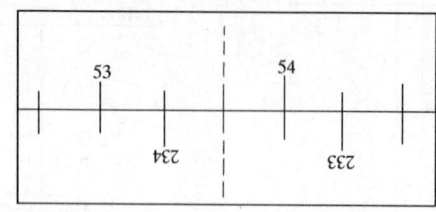

图 3-9

从图 3-9 可以看出，若有度盘读数指标，度盘上的大读数应以正像分划注记为准读出 53°40′，但该仪器并无读数指标，故读取度数时，应以靠近视场中央左侧的正像整度分划注记数 53°读出；整 10′数可依被读定度数 53°的正像分划与其对径的 233°倒像分划之间的格数 4 乘以度盘半格格值 10′得 40′读出。由此可见，采用重合读数法读数时，度盘的读数指标不起作用，故 J_2 光学经纬仪一般不设读数指标。

将上述度盘上的大读数 53°40′和测微尺上的小读数 6′47″组合起来，得度盘的完整读数 53°46′47″。

2. 第二种情况如图 3-10，当测微尺读数为 0′00″时，度盘的读数指标到它左上方正像分划的角距 a 大于度盘半格格值 10′。

因为测微器最大量测范围是 10′，53°20′正像分划将无法与 233°20′倒像对径分划重合。设想度盘上刻有 53°30′和 233°30′正、倒对径分划，它们的影像在图上以短虚线表示，显然它们到读数指标的角距 a − 10′和 b − 10′均小于 10′。当转动测微轮使 53°20′和 233°40′两个非对径的正、倒分划像重合时，从理论上说 53°30′和 233°30′正、倒对径分划像必定重合，即读数情况与第一种情况相同，可按第一种情况的读数方法进行读数。这就是说，对于第二种读数情况，只需非对径的正、倒分划像精密重合。

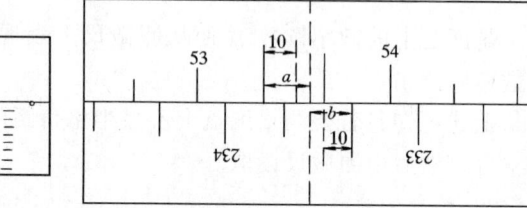

图 3-10

在图 3-11 中，度的读数为 53°，整 10′的读数为 3 × 10′ = 30′，度盘上的大读数为 53°30′；测微尺上的小读数为 {（a − 10′）+（b − 10′）}/2 = 7′56″；度盘的完整读数为 53°37′56″。

综合两种读数情况可知，J_2 型光学经纬仪用重合读数法读数的操作步骤和方法如下：

（1）转动测微轮，使靠近视场中央的度盘正、倒分划像精密重合；
（2）由靠近视场中央左侧的正像分划注记数读出度的读数；
（3）根据被读定度数的正像分划与其倒像对径分划之间的格数乘以度盘半格之值 10′读出整 10′数；
（4）再由测微器读取度盘上不足半格的分数和秒数（凑至整秒）。

在三、四等水平角观测中，要求光学测微器两次重合读数，故读取测微器第一次重合读数后，应旋出测微轮少许，再旋进测微轮使度盘正、倒分划像重新精密重合，读取测微器第二次重合读数，然后取两次测微器重合读数的中数（凑至整秒）作为测微器的最后读数结

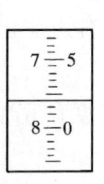 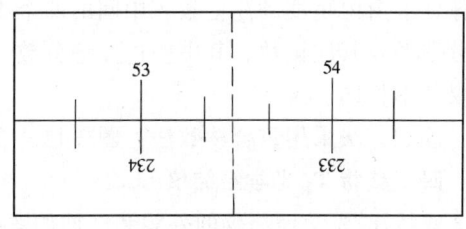

图 3-11

果。将度盘上读得的度数和整 10′数以及测微器上读得的分、秒数组合起来，得到度盘上的完整读数。

目前苏州光学仪器生产的 J_2 型经纬仪，读数设备采用光学数字化结构。

二、北光 TDJ₂E 光学经纬仪

北京光学仪器厂生产的 TDJ₂E 光学经纬仪，读数设备采用光学数字化结构，以便迅速和正确地读取度盘上的大读数；测微器采用双光楔测微器，以消除光学测微器隙动差的影响；垂直度盘指标采用自动安平补偿器，以减小置平误差和提高垂直角观测速度。

该仪器水平度盘的格值为 20′，测微尺的格值为 1″。读数显微镜的视场如图 3-12 所示，中窗内是度盘正倒分划像；上窗内是度和整 10′的注记数，其中框标"∪"内的数字是分的十位数；下窗内是测微尺分划像和注记数，其中位于上方的数字是分数，下方数字是整 10″数。

在图 3-12 的上窗中，一般会出现两个整度数，如 89、090。正确的度数应该是三位数都出现，即 090。读数采用重合读数法，图 3-12 的度盘完整读数为 90°14′45″。

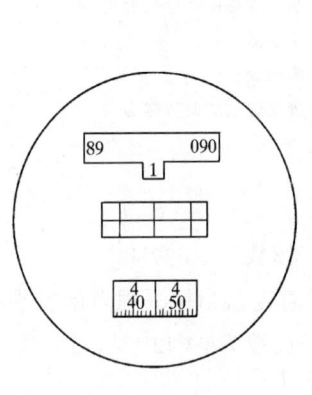 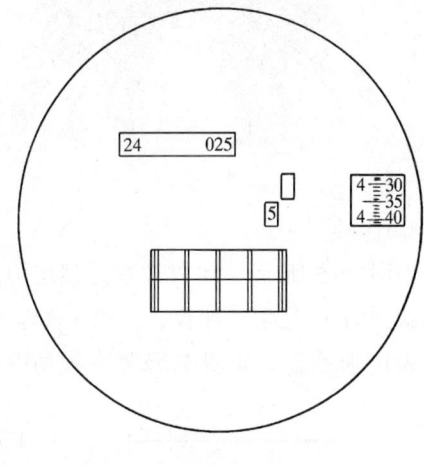

图 3-12　　　　　　　　　　　　图 3-13

三、蔡司 010A 光学经纬仪

蔡司 010A 光学经纬仪，度盘分划刻成双线，格值为 20′；光学测微器是双光楔测微器，测微尺格值为 1″。读数设备采用光学数字化结构，垂直度盘指标采用自动安平补偿器。

在读数显微镜视场上，水平度盘和测微器的分划像如图 3-13。下窗内是度盘正、倒分

划像，上窗内是度的注记数，中间的两个小窗内注记数是分的十位数，右侧小窗内是测微尺分划像及其注记数，其中左边注记分数，右边注记秒数。读数方法与北光 TDJ$_2$E 光学经纬仪基本相同。

读数方法采用重合读数法，图 3-13 中的度盘完整读数是 25°54′35″。

四、威特 T$_2$ 光学经纬仪

威特 T$_2$ 光学经纬仪的外貌和部件如图 3-14，它采用反射式度盘，度盘格值为 20′；光学测微器是双平行玻璃板测微器，测微盘格值为 1″。

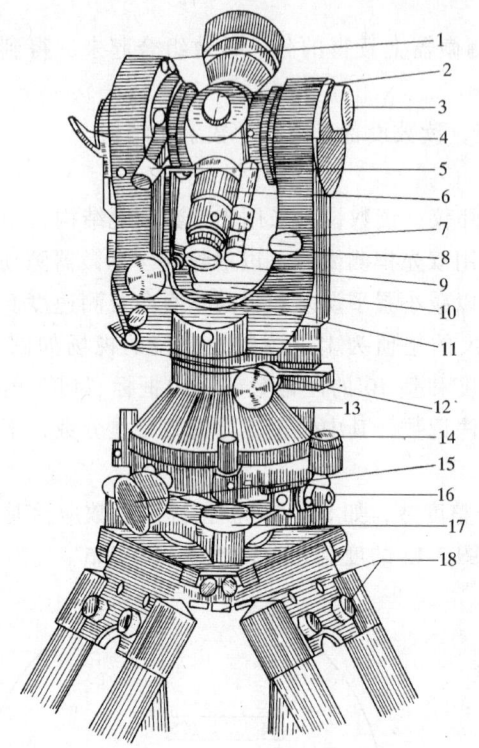

1—垂直度盘外盒；
2—视场照明钮及准星；
3—测微轮；
4—垂直度盘照明反光镜；
5—垂直制动螺旋；
6—望远镜调焦环；
7—度盘影像变换钮；
8—读数显微镜；
9—望远镜目镜；
10—照准部管水准器；
11—垂直微动螺旋；
12—水平微动螺旋；
13—垂直度盘指标水准器反光板；
14—圆盒水准器；
15—水平度盘照明反光镜；
16—光学对点器；
17—脚螺旋；
18—脚架腿活动调节螺旋

图 3-14

如图 3-15 所示，为 T$_2$ 仪器在视场中的读数的情况，读数为 66°39′48″。

新型的 T$_2$ 光学经纬仪，采用了光学数字化结构，垂直度盘指标采用自动安平补偿器。如图 3-16 所示，为新型 T$_2$ 仪器在视场中的读数的情况，读数为 94°12′44″。

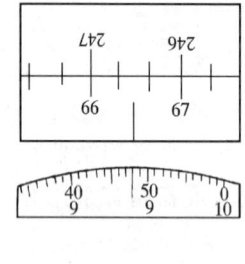

图 3-15

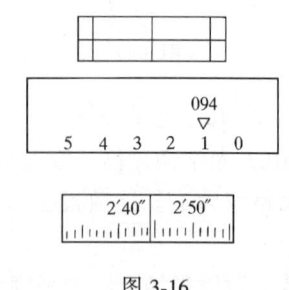

图 3-16

第二节 电子测角

一、电子测角的基本概念

目前电子经纬仪及全站仪的测角部分，均采用了先进的电子测角系统。它们的主要功能是自动地完成水平角和天顶距（或垂直角）的测量任务。与传统的方法相比，省去了大量的人工操作环节，工作效率和经济效益明显提高，同时也避免了人工操作、记录等过程中差错率较高的缺陷。

根据电子测角的原理及方式的不同，电子测角的方法可分为：增量法、编码法、电压感应法等。这些方法的共同特点是应用了物理、无线电、电子、光学、计算机等方面的知识，通过物理量与模拟量的相互转换，最后达到自动测量几何角度的目的。

二、电子测角的基本原理

电子测角的方法较多，本节将结合光栅度盘、增量法电子测角系统，讲述电子测角的基本原理。该测角系统是目前电子经纬仪和全站仪中常用的方法。

在电子光学经纬仪的光学玻璃度盘上径向刻有许多均匀分布的透明和不透明等宽度等间隔的栅线刻划，刻划呈辐射直线，从而形成了光栅度盘，如图3-17所示。栅距所对应的圆心角即为栅距的分划值。电子经纬仪采用圆光栅，线条为不透光区，缝隙处为透光区。在光栅度盘上、下对应的位置上装有发光管和接收管，该装置可使光栅的透光与不透光信号转变为电信号。若将相对应的发光管和光电接收管与基座固定，则当光栅度盘随照准部旋转时，在光电接收管处就接收到明暗交替成周期性变化的光信号。由于光电接收管的光电效应，将交变的光信号转换成电信号，经整形转变为矩形波，经逻辑数字电路触发计数器，从而累计出与转动角度相对应的扫描过的光栅度盘上的栅线数或格数。将格数与格值相乘，即为所求的角度值。因为它是累计计数，因而称这种系统的读数方法为增量法。如图3-18所示。在扫描过程中所经过的格数并非正好为整数，对于不满一格的尾数，就无法真实分辨，只能近似处理。

因此，这样测出的角度是一粗读数。为了提高测角的精度，必须解决测微这个关键问题。

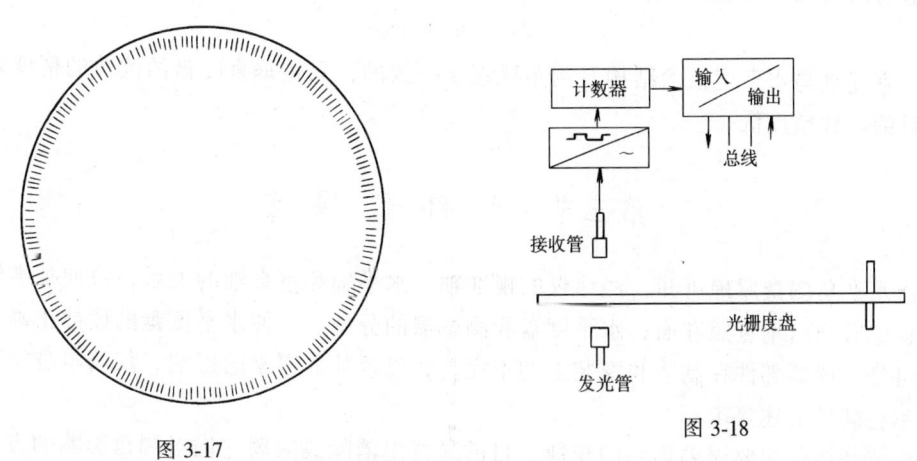

图3-17　　　　　　　　　图3-18

一般光栅的栅距都很小,但格值(分划值)却很大。如 GTS – 301D 全站仪的度盘为 71mm,若度盘刻有 1024 个分划,则格值为 $g_0 = 21'05''.6$,栅距为 $d = 0.22mm$。如果要提高测角精度,应对格值继续细分几百到上千等分,但由于栅距太小,计数和细分栅距都不易准确实施。

因此,在光栅度盘增量法读数系统中采用了莫尔条纹技术,将栅距放大,然后再进行细分和读数。产生莫尔条纹的方法是:取一小块与光栅盘具有相同密度和栅距的光栅,称为指示光栅,若将指示光栅与光栅度盘以微小的间距重合起来,并使其刻线互成一微小的夹角 θ,这时就会出现放大的明暗交替的条纹,这些条纹称为莫尔条纹,栅距由 d 放大到 D,如图 3-19、图 3-20 所示。莫尔条纹是一种干涉现象产生的光学放大,当一个光栅盘相

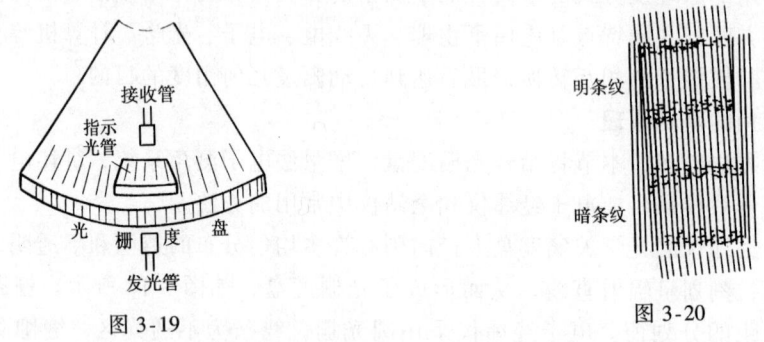

图 3-19　　　　　　　　　　图 3-20

对于另一个光栅盘转动时,莫尔条纹沿着夹角 θ 的平分线方向由里向外移动。光栅水平方向相对移动一条分划,莫尔条纹正好由里向外移动一周期。

在图 3-19 中,下面为一光栅度盘,上面是一个与光栅度盘形成莫尔条纹的指示光栅。若发光二极管与指示光栅固定,当度盘随经纬仪照准部转动时,度盘每转动一条光栅,莫尔条纹就移动一周期,通过莫尔条纹的光信号强度也变化一周期。故在测角时流过光电管光信号的周期数 N 就是两方向之间的光栅数。由于光栅之间的夹角即格值 g_0 是已知的,所以经过处理显示就可得到两方向之间的夹角。如果在电流的每一个周期内再均匀内插 n_0 个脉冲,可确定每一个脉冲所代表的微小角度值 $\delta_0 = g_0/n$,当 $n_0 = 1266$ 时,$\delta_0 = 1''$。通过接收管及逻辑数字电路等部件可确定出不足整格值的尾数角值相应的脉冲数 n,则不足格值的尾数就可测出来,从而解决了精确测定角度的问题。则角度值为:

$$L = Ng_0 + n\delta_0$$

垂直度盘与水平度盘的结构及测角原理是一致的,只是垂直度盘的读数的精度要比水平度盘的读数精度低一些。

第三节　经纬仪误差

由水平角测量原理可知,经纬仪的视准轴、水平轴和垂直轴的关系,应使视准轴照准观测目标后画出垂直照准面;水平度盘和测微器的分划,应使水平度盘的读数正确。

可是,仪器部件在制造和安装上的不完善,以及外界因素的影响,仪器本身将存在误差而不会满足上述要求。

研究经纬仪主要误差影响的规律,目的是找出消除或减弱它们对测角影响的方法,以

保证水平角度观测成果的质量。

一、视准轴误差

(一) 视准轴误差的概念

望远镜的物镜光心与十字丝中心的连线称为视准轴。视准轴不垂直于水平轴而产生的微小偏角称为视准轴误差，以符号 c 表示。

如图 3-21 所示，实际的视准轴 OM_1 不与水平轴 HH_1 垂直，它与正确视准轴 OM 的夹角 c 就是视准轴误差。设垂直度盘在水平轴的 H_1 端，当实际视准轴偏向该端时，c 角为正，反之为负。

产生视准轴误差的原因是十字丝安装、校正和望远镜调焦透镜运行的不正确，以及外界温度变化的影响所致。

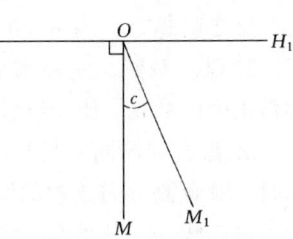

图 3-21

(二) 视准轴误差对观测方向读数的影响

经分析研究，由于 c 的存在，造成对任一目标 T 方向观测值的影响为：

$$\Delta c'' = c'' / \cos \alpha \tag{3-2}$$

(三) Δc 的规律和消除方法

1. $\Delta c''$ 不仅与 c'' 的大小成正比，且与观测目标的垂直角 α 有关，当 α 越大时，$\Delta c''$ 也越大，反之就越小；当 $\alpha = 0$ 时，$\Delta c'' = c''$。因此在检校视准轴误差时，须用与视准轴同高的"平点"目标。

2. 取同一方向盘左和盘右观测读数的中数，可以消除视准轴误差的影响。盘左观测时，实际视准轴位于正确视准轴的左侧。此时，水平度盘的正确读数 $L_正$ 比实际读数 L 小了 Δc 角，即 $L_正 = L - \Delta c$；盘右观测同一目标时，实际视准轴位于正确视准轴的右侧并构成 c 角。此时，它对观测方向读数的影响，正好与盘左观测时的数值相同、而符号相反。因此，水平度盘的正确读数 $R_正$ 比实际读数 R 大了 Δc 角，即：$R_正 = R + \Delta c$。

若取盘左和盘右读数的中数，可得：

$$M_T = (L_正 + R_正 - 180°)/2 = (L + R - 180°)/2 \tag{3-3}$$

上式表明：取同一方向盘左和盘右读数的中数，可以消除视准轴误差的影响。

二、水平轴倾斜误差

(一) 水平轴倾斜误差的概念

望远镜俯仰所围绕的几何轴线，称水平轴。水平轴不垂直于垂直轴的误差，即垂直轴铅垂的情况下，水平轴不水平而产生的微小倾角，称为水平轴倾斜误差，以符号 i 表示。

如图 3-22 所示，垂直轴与测站铅垂线一致，若水平轴与垂直轴正交，正确水平轴 HH_1 的位置为水平；若不正交，实际水平轴 $H'H_1'$ 的位置呈倾斜状，它与正确水平轴 HH_1 的交角 i 就是水平轴倾斜误差。设垂直度盘在水平轴的 H_1 端，并当实际水平轴 $H'H_1'$ 在该端向下倾斜时，i 角为正；向上倾斜时，i 角为负。

仪器制造、安装和校正的不完善，使望远镜的两个支架高度不同，水平轴两端轴颈的直径不等，是产生水平轴倾斜误差的原因。

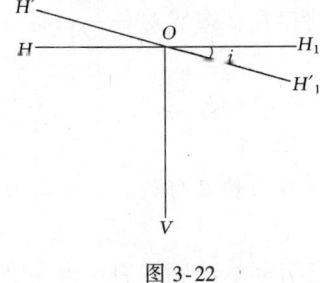

图 3-22

（二）水平轴倾斜误差对观测方向读数的影响

经分析研究，由于 i 的存在，造成对任一目标 T 方向观测值的影响为：

$$\Delta i'' = i'' \cdot \mathrm{tg}\alpha \tag{3-4}$$

（三）Δi 的规律和消除方法

1. $\Delta i''$ 不仅与 i'' 的大小成正比，而且与观测目标的垂直角有关。当 α 越大时，$\Delta i''$ 也越大，反之就越小，当 $\alpha = 0$ 时，$\Delta i'' = 0$，i 引起的读数误差被消除。

2. 盘左观测，实际水平轴位置是左端低右端高，左端 H_1' 向下倾斜 i 角。此时，水平度盘正确读数 $L_正$ 比实际读数 L 小了 Δi 角，即 $L_正 = L - \Delta i$。

3. 盘右观测同一目标时，实际水平轴位置是左端高右端低，左端 H_1' 向上倾斜 i 角，此时，对观测方向读数的影响，正好与盘左观测的数值相同而符号相反。因此，水平度盘的正确读数 $R_正$ 比实际读数 R 大了 Δi 角，即：$R_正 = R + \Delta i$。若取盘左和盘右读数的中数，则得：

$$M_T = (L_正 + R_正 - 180°)/2 = (L + R - 180°)/2 \tag{3-5}$$

上式表明：取同一方向盘左和盘右观测读数的中数，可以消除水平轴倾斜误差的影响。

特别指出：当经纬仪同时存在视准轴误差和水平轴倾斜误差时，可得出它们对同一方向盘左和盘右观测读数之差的联合影响为：

$$L - R \pm 180° = 2(\Delta c + \Delta i) \tag{3-6}$$

在实际工作中，将上式右端称为 $2c$。国家规范要求 J_2 型光学经纬仪的 c、i 角应不大于 $15''$；在三、四等水平角观测中，每测回的 $2c$ 最大互差不应大于 $13''$。当各个观测方向垂直角绝对值不大于 $3°$ 时，各方向的 $2(\Delta c + \Delta i)$ 的最大互差约为 $\pm 3''.1$，这个数值在确定 $2c$ 互差的限值时已顾及。因此，可用同一测回各个方向盘左和盘右观测读数之差的互差（即 $2c$ 互差）去判断观测成果质量的优劣。

三、垂直轴倾斜误差

（一）垂直轴倾斜误差的概念

照准部旋转所围绕的几何轴线称为垂直轴。在照准部整平的前提下，垂直轴不与测站铅垂线一致而产生的微小倾角，称为垂直轴倾斜误差，以符号 v 表示。如图 3-23 所示，垂直轴 OV' 不与测站铅垂线 OV 一致，相对于 OV 的倾角 v 就是垂直轴倾斜误差。

产生垂直轴倾斜误差的原因是垂直轴校正和整置不正确，转动照准部时，垂直轴在轴套内晃动，以及外界因素影响，如温度、风力、震动和侧面压力等的影响造成的。

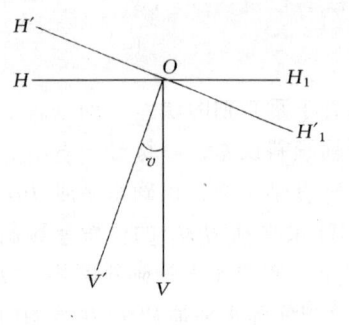

图 3-23

（二）垂直轴倾斜误差对观测方向读数的影响

经分析研究，由于 v 的存在，造成对任一目标 T 方向观测值的影响为：

$$\Delta v'' = v'' \cdot \cos\beta \cdot \mathrm{tg}\alpha \tag{3-7}$$

（三）Δv 的规律

1. $\Delta v''$ 不仅与 v'' 的大小成正比，而且与观测目标的垂直角 α 及方位 β 有关。当 $\beta = 90°$ 或 $270°$ 时，$\Delta v'' = 0$，垂直轴倾斜误差的影响被消除。

2. 垂直轴倾斜的方向和大小不随照准部的转动而改变。它引起水平轴倾斜的方向和大小，对同一目标的正、倒镜观测相同，因而对盘左和盘右的观测读数影响具有相同的符号和数值；取同一方向盘左和盘右读数的中数不能消除垂直轴倾斜误差的影响，这也是它和水平轴倾斜误差影响的又一个本质区别。

（四）减弱或消除垂直轴倾斜误差影响的一般方法

1. 观测前校正照准部管水准器并精密整平仪器

其作用是使垂直轴倾角 v 接近于零，以减小读数误差 Δv。国家规范要求在一测回观测过程中，照准部水准气泡偏离中央位置，J_2 型仪器应不超过 1 格。

2. 在每测回间重新整平仪器

其作用是改变各测回观测中 v 角的方向和大小。这样，同一方向各测回 Δv 的符号和数值便有一定的偶然性，取各测回观测值的中数后，可以部分地抵偿该误差的影响。

值得说明的是，在现代的全站仪及电子经纬仪内部都装有倾斜传感器自动补偿系统，在一定的补偿范围内，该系统可自动对水平角和垂直角进行有关的倾斜改正，使得仪器在倾斜的情况下，仍能获得正确的测量结果。这是与光学经纬仪相比的又一特点。

四、水平度盘分划误差

（一）水平度盘分划误差的种类

水平度盘分划误差分为：长周期误差、短周期误差和偶然误差三种。

长周期误差是以水平度盘全周为周期，按一定规律变化的系统误差，可达 ±2″。长周期误差在它的一个周期内，数值有正有负，其代数和总应为零。

短周期误差是以水平度盘上的一小段弧（约 30′至 1°）为周期，按一定规律变化的系统误差，可达 ±1.0″~±1.2″。因为它的周期较短，误差将在度盘上多次重复出现。

偶然误差是在度盘制造的刻度过程中受外界偶然因素影响而产生的误差。它的大小约在 ±0.20″~±0.25″以下。这种误差只要用较多的水平度盘分划进行读数，取它们的中数后，便可较好地抵偿。

（二）减弱水平度盘分划误差的方法

水平度盘分划误差对观测水平方向有一定的影响。理论上可以证明，对于周期性的度盘分划误差，如果用它一个周期内均匀分布的度盘分划来读数，其平均读数可使误差得到减弱，并且读数所用的度盘分划数越多，误差减弱得越好。

在实际方向观测中，为了减弱水平度盘分划的长、短周期误差和测微器分划误差的影响，各测回零方向应整置的度盘位置和测微器位置，可用下式计算：

J_2 型仪器：

$$\frac{180°}{m}(i-1) + 10'(i-1) + \frac{600''}{m}\left(i-\frac{1}{2}\right) \tag{3-8}$$

式中 m 为测回数；i 为测回序号（$i=1, 2, \cdots, m$）

当第二项的数值超过 1°时，应将度数舍去。第三项括号内不用 $(i-1)$ 的原因，是避免第 i 测回零方向盘左和盘右的平均读数小于 0°00′00″，不至于给计算时带来麻烦。

例如用 J_2 型经纬仪进行三等方向观测时，要求观测 12 个测回，各测回的基本度盘位置依次为：

0°00′25″；15°11′15″；30°22′05″；45°32′55″；60°43′45″；75°54′35″；90°05′25″；105°16′15″；120°27′05″；135°37′55″；150°48′45″；165°59′35″。

第四节 J_2 型光学经纬仪的检视、检验和校正

经纬仪一般经过检视、检验和校正三个过程来鉴定和改善它的性能和质量。

检视是对仪器主要的操作部件、光学部件等进行观察，先大致确认仪器的整体基本情况是否正常的检验过程。本节主要讨论在三、四等控制测量中，每期业务开始前常用的一些检验和校正项目。其中一至五项，应视情况，可随时检验和校正。

一、照准部管水准器轴垂直于垂直轴的检验校正

用圆盒水准器概略整平仪器。旋转照准部，使管水准器与两个脚螺旋连线平行，转动这两个脚螺旋，将管水准气泡精密导至中央。旋转照准部180°，若管水准气泡仍居中，则管水准器轴垂直于垂直轴。若气泡偏离中央位置，用管水准器改正螺旋和上述两个脚螺旋各改正气泡偏离量的一半，使气泡居中。如此需反复进行。待条件满足后，再转动照准部90°，用第三个脚螺旋导管水准气泡居中，使管水准器轴在任何方位上均水平。这时，若圆盒水准气泡偏离中央位置，应用它的改正螺旋将气泡改至中央，使圆盒水准器轴垂直于管水准器轴。

二、十字丝的竖丝与铅垂线一致的检验校正

在距仪器约10m处挂一垂球线并使它稳定。整平仪器后，用望远镜十字丝的竖丝照准垂球线，若竖丝与垂球线重合，表示竖丝位置铅垂。不重合则应校正。

校正方法是稍松开十字丝的改正螺旋，转动十字丝环，使竖丝与垂球线一致，然后再拧紧十字丝的改正螺旋。

三、视准轴垂直于水平轴的检验校正

整平仪器后，在盘左位置照准远处一个与视准轴同高的目标，读取水平度盘读数 L；在盘右位置照准该目标，读取水平度盘读数 R。若 $L - R \pm 180° = 2c = 0$，表示视准轴垂直于水平轴。若 $2c \neq 0$，则有视准轴误差。J_2 型经纬仪当 $2c$ 的绝对值超过30′时，应进行校正。

校正的方法是，用 $R_{正} = R + c$ 公式算出盘右的正确读数 $R_{正}$；转动测微轮，使测微器上的读数对应于 $R_{正}$ 的 10′ 以下的分、秒数；转动水平微动螺旋，使水平度盘上的大读数与 $R_{正}$ 的度数和整 10′ 数相应；这时十字丝中心离开了目标，可用它的改正螺旋使竖丝水平移动，至与照准目标重合为止；然后再拧紧十字丝的改正螺旋。

四、垂直度盘指标差的检验校正

检验指标差的方法，是在盘左和盘右位置上，用十字丝的中丝照准同一目标，并在指标水准气泡居中后，读取垂直度盘的读数 L 和 R，然后用下式计算 J_2 型仪器的指标差：

$$i = (L + R - 360°)/2 \tag{3-9}$$

当 i 角的绝对值超过30′时，应进行校正。

校正的方法是：用 $R_{正} = R - i$（或 $L_{正} = L - i$）公式算出垂直度盘的正确读数。在盘右（或盘左）位置上，以中丝精确照准原目标。转动测微轮，使测微器的读数对应于 $R_{正}$（或 $L_{正}$）的分、秒数。转动指标水准器微动螺旋，使垂直度盘上的大读数与 $R_{正}$（或 $L_{正}$）的度数和整 10′ 数相应。这时，指标位于正确位置上，指标水准气泡则偏离了中央位置，可用指标水准器改正螺旋导致水准气泡居中。校正后应进行检测，至 i 角满足要求为止。

然后再拧紧十字丝的改正螺旋。

垂直度盘指标采用自动安平补偿器的 J_2 型光学经纬仪，校正的方法是：望远镜照准原目标后，转动测微轮和垂直微动螺旋，使垂直度盘读数等于 $R_正$（或 $L_正$），然后用十字丝的垂直改正螺旋，使中丝上下移动，至与照准目标重合时止。然后再拧紧十字丝的改正螺旋。

在以上几项检验校正中，应注意它们之间的相互联系和影响。

五、光学对点器的检验校正

光学对点器的视准轴应与垂直轴重合。作业前，须进行这项检校。

一般 J_2 型光学经纬仪的光学对点器，安装在照准部上与照准部一起转动。检验方法是置经纬仪于三脚架上，将仪器整平；在脚架下方的地面上放一张白纸，依对点器视准轴指示，在纸上标出投影点 A_1；旋转照准部 180°，用同样方法进行投影，在纸上标出投影点 A_2。若 A_1、A_2 一致，表示对点器视准轴与垂直轴重合，否则应进行校正。

校正的方法是：对于 JGJ_2 经纬仪来说，可通过光学对点器目镜的改正螺丝来校正，使对点器视准轴与 A_1、A_2 连线的中点重合即可。

六、照准部旋转是否正确的检验

（一）照准部旋转不正确的概念

经纬仪在照准部旋转的过程中，如果垂直轴在轴套内发生倾斜和平移等晃动现象，称为照准部旋转不正确。照准部旋转不正确，要引起垂直轴倾斜误差和照准部偏心差，从而势必影响观测成果的质量。如图 3-24 所示。

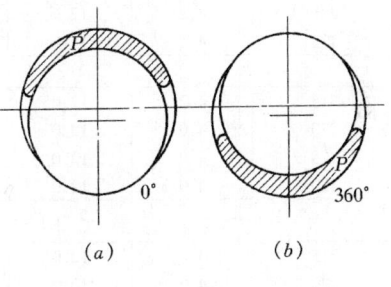

图 3-24

（二）检验方法

检验前应严格校正照准部管水准器，精密地整平仪器；要选择避风、阴凉和土质坚实的地点进行检验。

检验方法如下：

1．精密整置垂直轴垂直，使水平度盘读数为 0°，读记照准部水准器气泡两端分划读数。

2．顺时针方向旋转照准部，每转动照准部 45°（即水平度盘上的读数依次为 45°、90°、135°、180°、225°、270°和 315°），待气泡稳定后，读记水准器气泡一次，如此连续顺转观测三周。

3．在顺转观测结束的位置上，再读记水准器气泡一次，作为逆转观测的开始。

4．逆时针方向旋转照准部，每转动照准部 45°，等气泡稳定后，读记水准器气泡一次，如此连续逆转观测三周。

J_2 型经纬仪，若照准部旋转正确，各位置气泡读数的互差应不超过 1 格（按气泡两端读数之和比较时为 2 格）。若各位置气泡读数的互差超过上述限值，则照准部旋转不正确，需进行检修。

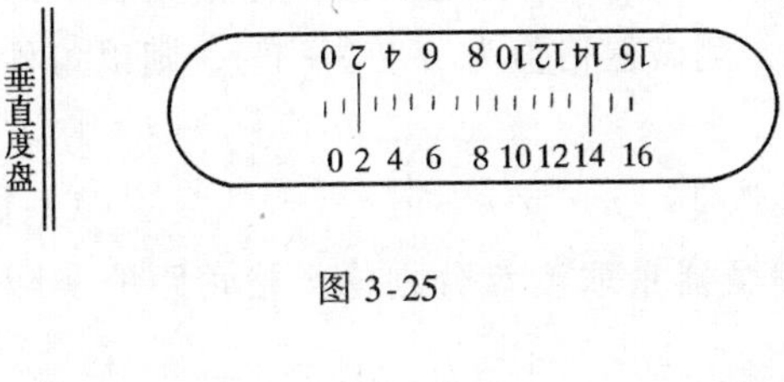

（三）检验示例

受检的是威特 T_2 经纬仪，照准部水准器分划无注记，中间 8 格也未刻分划线。为了能读取气泡读数，检验前可在透明纸条上绘出与水准器

图 3-25

分划间隔相等的分划线，并注上数字，然后贴到水准器上，如图 3-25 所示。表 3-1 是检验记录。

照准部旋转是否正确的检验　　　　　　　　表 3-1

仪器：TDJ₂E NO9512　　　　　　　　　　　　　日期：2002 年 3 月 5 日

照准部位置	气泡读数			照准部位置	气泡读数		
	左	右	和或中数		左	右	和或中数
顺 转 第 一 周							
	g	g	g		g	g	g
0°	4.1	12.1	16.2	180°	4.0	12.0	16.0
45	4.2	12.1	16.3	225	3.9	11.9	15.8
90	4.2	12.2	16.4	270	4.1	11.9	16.0
135	4.1	12.3	16.4	315	4.0	12.0	16.0
顺 转 第 二 周							
0	4.0	12.0	16.0	180	4.0	12.0	16.0
45	4.2	12.2	16.4	225	4.0	11.9	15.9
90	4.1	12.1	16.2	270	4.0	12.0	16.0
135	4.1	12.0	16.1	315	4.1	11.9	16.0
顺 转 第 三 周							
0	4.2	12.1	16.3	180	4.0	12.0	16.0
45	4.2	12.2	16.4	225	4.0	12.0	16.0
90	4.2	12.2	16.4	270	4.0	12.0	16.0
135	4.1	12.0	16.1	315	4.2	11.8	16.0
逆 转 第 一 周							
315	4.2	12.0	16.2	135	4.0	12.0	16.0
270	4.0	12.0	16.0	90	4.3	11.7	16.0
225	4.0	12.0	16.0	45	4.3	11.7	16.0
180	4.0	12.0	16.0	0	4.2	11.8	16.0
逆 转 第 二 周							
315	4.0	12.0	16.0	135	4.0	12.0	16.0
270	4.0	12.0	16.0	90	4.2	11.8	16.0
225	4.0	11.9	15.9	45	4.3	11.7	16.0
180	4.0	12.0	16.0	0	4.0	11.9	15.9
逆 转 第 三 周							
315	4.0	12.0	16.0	135	4.0	12.0	16.0
270	3.9	11.9	15.8	90	4.3	11.7	16.0
225	4.0	12.0	16.0	45	4.3	11.8	16.1
180	4.0	12.0	16.0	0	4.1	11.9	16.0
最大变动 $0.^g6$				中心位置变化 $0.^g3$			

七、光学测微器行差的测定

（一）光学测微器行差的概念

J_2 型光学经纬仪的光学测微器在水平度盘正、倒分划像相对移动一格，或正、倒分划像各自移动半格时，测微器应移动 n_0 格（$n_0 = 600$）。如果水平度盘的正像分划或倒像分划移动了半格，测微器只移动 n 格（$n \neq n_0$），则 $\gamma = n_0 - n$ 就是以测微器格数表示的光学测微器行差。设水平度盘格值为 i（$i = 1200''$），测微器格值为 μ（$\mu = 1''$），则以角秒表示的光学测微器行差为：

$$\gamma'' = (n_0 - n)\mu'' = i''/2 - n \cdot \mu'' \qquad (3\text{-}10)$$

式（3-10）说明：光学测微器行差就是用测微器量取度盘分划像半格角距的实际值

$n\mu''$ 与理论值 $i''/2$ 之差。

(二) 产生测微器行差的原因

由水平度盘分划成像的光路可知,度盘分划像的间隔的大小,取决于读数显微镜的物镜位置。因此,读数显微镜的物镜位置不正确,是产生测微器行差的根本原因。

(三) 测微器行差的测定

水平度盘对径分划成像光路不同,使度盘正、倒分划像的间隔一般不会相等,分别用正像和倒像的间隔测定的正像和倒像行差也就不一致。因此,正像和倒像的行差均须分别测定,并取它们的中数作为最后结果。

设用测微器分别量取水平度盘正、倒分划像半格角距时,测微器位移的格数为 $n_{正}$、$n_{倒}$,相应的正、倒像行差为 $\gamma''_{正}$、$\gamma''_{倒}$,正、倒像行差的中数为 γ''。

为了减弱度盘分划的长、短周期误差影响,需用均匀分布的水平度盘位置进行检验。J_2 型仪器所用的度盘整置位置,见表 3-2。

水平度盘光学测微器行差的测定　　　　　　表 3-2

仪器:TDJ$_2$E　NO9512　　　　　　　　　　　　　　　日期:2002 年 3 月 6 日

度盘位置	a	b	c	a − b	a − c	度盘位置	a	b	c	a − b	a − c
° ′	″	″	″	″	″	° ′	″	″	″	″	″
0 00	+ 0.2	− 0.8	+ 0.7			180 00	+ 1.1	0.0	+ 0.1		
	+ 0.2	− 0.5	+ 0.5	+ 0.8	− 0.4		+ 1.3	+ 0.3	+ 1.2	+ 1.0	+ 1.0
	+ 0.2	− 0.6	+ 0.6				+ 1.2	+ 0.2	+ 0.2		
30 20	+ 1.5	+ 1.0	+ 1.3			210 20	+ 0.3	− 0.1	+ 0.1		
	+ 1.6	+ 1.2	+ 1.3	+ 0.5	+ 0.3		+ 0.1	− 0.1	+ 0.3	+ 0.3	0.0
	+ 1.6	+ 1.1	+ 1.3				+ 0.2	− 0.1	+ 0.2		
60 40	+ 1.1	+ 1.5	+ 1.4			240 40	+ 2.1	0.0	+ 0.8		
	+ 1.2	+ 1.5	+ 1.4	− 0.3	− 0.2		+ 2.1	+ 0.2	+ 1.0	+ 2.0	+ 1.2
	+ 1.2	+ 1.5	+ 1.4				+ 2.1	+ 0.1	+ 0.9		
90 00	+ 1.1	+ 1.2	+ 1.4			270 00	+ 2.0	+ 0.8	+ 0.9		
	+ 1.1	+ 1.0	+ 1.1	0.0	− 0.1		+ 2.3	+ 1.0	+ 1.1	+ 1.3	+ 1.2
	+ 1.1	+ 1.1	+ 1.2				+ 2.2	+ 0.9	+ 1.0		
120 20	+ 0.5	− 0.8	− 0.2			300 20	+ 0.6	+ 0.5	+ 0.8		
	+ 0.2	− 0.8	+ 0.1	+ 1.2	+ 0.4		+ 0.3	+ 0.2	+ 0.6	0.0	− 0.3
	+ 0.4	− 0.8	0.0				+ 0.4	+ 0.4	+ 0.7		
150 40	+ 0.3	− 0.6	+ 0.3			330 40	+ 1.0	+ 0.8	+ 0.8		
	+ 0.7	− 0.5	+ 0.1	+ 1.1	+ 0.3		+ 1.1	+ 0.9	+ 1.0	+ 0.2	+ 0.1
	+ 0.5	− 0.6	+ 0.2				+ 1.0	+ 0.8	+ 0.9		
中　数										+ 0.″7	+ 0.″3

$\gamma'' = + 0.''5$　　$\gamma''_{正} - \gamma''_{倒} = + 0.''4$

在每个度盘整置位置上测定光学测微器行差的操作方法,以 T_2 经纬仪为例说明如下:

1. 转动测微轮,使测微器读数为零。用水平度盘变换螺旋和水平微动螺旋,使规定的度盘整置位置分划线 A 与其倒像对径分划线 $(A + 180°)$ 重合(见图 3-26)。

2. 转动测微轮,使 A 和 $(A + 180°)$ 分划线精密重合两次,读取两次测微器读数 a。读数 a 是测微器指标偏离零分划线的格数,当 a 的真实数大于零时读为正,小于零时读为负。

3. 以 $(A + 180°)$ 倒像分划线为指标,量取正像 A 和 $(A − i)$ 分划间的半格角距来测定正像行差,即转动测微轮,使 $(A + 180°)$ 和 $(A − i)$ 分划线精密重合两次,读取两次

测微器读数 b（见图3-27）。读数 b 是测微器指标偏离终止的600分划的格数，当 b 的真实数 $(b+600)$ 大于600时读为正，小于600时读为负。

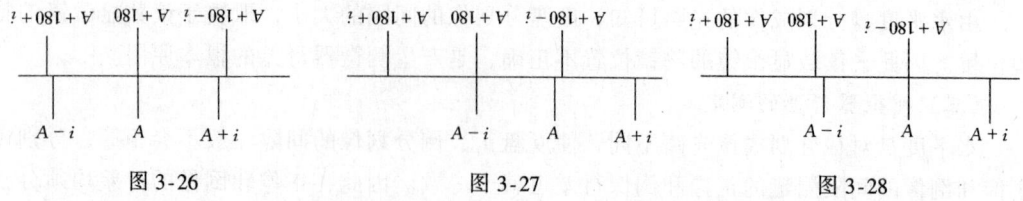

图3-26　　　　　　　　图3-27　　　　　　　　图3-28

4. 以正像分划线 A 为指标，量取倒像 $(A+180°)$ 和 $(A+180°-i)$ 分划间的半格角距来测定倒像行差，即转动测微轮，使 A 和 $(A+180°-i)$ 分划线精密重合两次，读取两次测微器读数 c，见图3-28。读数 c 的读取方法与读数 b 相同。

（四）测定测微器行差的实用计算公式和示例

从读数 b 和 c 的读取方法可知，b 和 c 的真实格数分别为 $600+b$ 和 $600+c$，故有：
$$n_{正}=(600+b)-a;\ n_{倒}=(600+c)-a$$
则可得用一个度盘整置位置测定正、倒像行差的计算式：

$$\left.\begin{array}{l}\gamma''_{正}=\dfrac{i''}{2}-(600+b-a)\ \mu''=(a-b)\ \mu''\\[4pt]\gamma''_{倒}=\dfrac{i''}{2}-(600+c-a)\ \mu''=(a-c)\ \mu''\end{array}\right\} \quad (3-11)$$

设在12个度盘整置位置上测得的 $(a-b)$ 和 $(a-c)$ 的中数为 $(a-b)_{中}$ 和 $(a-c)_{中}$，可得正像行差和倒像行差的实用计算公式：

$$\left.\begin{array}{l}\gamma''_{正}=(a-b)_{中}\ \mu''\\[4pt]\gamma''_{倒}=(a-c)_{中}\ \mu''\end{array}\right\} \quad (3-12)$$

取正、倒像行差的中数作为最后结果，即
$$\gamma''=(\gamma''_{正}+\gamma''_{倒})/2 \quad (3-13)$$

对 J_2 型仪器要求 γ'' 和 $(\gamma''_{正}-\gamma''_{倒})$ 的绝对值，不应超过2″。否则，应校正。

（五）测微器行差校正的方法

一般是调整仪器内部的起放大和调焦作用的两个透镜来校正，由专业人员进行。

（六）测微器行差改正数的计算

在外业观测中，当测微器行差超限而又不能及时校正时，须在观测成果上加入相应的测微器行差改正数。设某方向的测微器读数为 c''，则行差改正数 $\Delta\gamma''_c$ 的计算公式为：
$$\Delta\gamma''_c=c''\cdot\gamma''/600'' \quad (3-14)$$

八、照准部旋转时仪器底座位移而产生的系统误差的检验

旋转照准部时，由于垂直轴与轴套表面间摩擦力引起的弹性带动、脚螺旋空隙的带动、三脚架架头和架脚间空隙的带动，使仪器基座和水平度盘发生方位扭转，产生了底座位移误差。可通过测定照准部旋转一周的底座位移系统误差，鉴定仪器观测过程中的稳定性。

检验方法是在仪器墩或牢固的脚架上整置好经纬仪，选择或设置一个清晰的目标，对它连续观测10个测回，各测回间变换水平度盘18°。每一测回的观测操作是顺转照准部一周照准目标读数，再顺转一周照准目标读数。然后逆转照准部一周照准目标读数，再逆转一周照准目标读数。

观测后，分别计算各测回顺、逆两次照准目标读数的差数（即照准部顺、逆旋转一周的底座位移系统误差），并取 10 个测回的平均值，该值的绝对值，J_2 型仪器应不超过 1″。

检验示例见表 3-3。

九、水平轴不垂直于垂直轴之差的测定

这项检验是测定水平轴倾斜误差，可在室内或室外进行。

照准部旋转时仪器底座位移而产生的系统误差的检验　　　　表 3-3

仪器：TDJ_2E NO9512　　　　　　　　　　　　　　　　　　日期：2002 年 3 月 7 日

序 号	项　　目	度盘位置	测微器的读数			一周的系统差
			Ⅰ	Ⅱ	和或中数	
			Ⅰ　测　回			
1	顺转一周照准目标读数	0°	17″.1	17″.3	17″.2	″
2	再顺转一周照准目标读数		16.6	16.8	16.7	−0.5
3	逆转一周照准目标读数		15.5	15.2	15.4	
4	再逆转一周照准目标读数		15.3	15.4	15.4	0.0
			Ⅱ　测　回			
⋮			⋮			⋮
			Ⅹ　测　回			
1	顺转一周照准目标读数	162	04.5	04.6	04.6	
2	再顺转一周照准目标读数		04.0	03.9	04.0	−0.6
3	逆转一周照准目标读数		02.6	02.1	02.4	
4	再逆转一周照准目标读数		02.8	02.6	02.7	+0.3

顺转一周之系统差平均值 = 0.″0；逆转一周之系统差平均值 = −0.″1

（一）检验方法

1. 设置高、低点目标。在距仪器 5m 以外的地方设置两个目标，一个在望远镜水平视线的上方，称为高点；一个在望远镜水平视线的下方，称为低点。设置高、低点目标，需用仪器指挥使其位置满足下面的要求，即：两点大致在同一铅垂线上；两点的垂直角绝对值应不小于 3°，它们的垂直角绝对值互差不得超过 30″。

为迅速实现后一要求，设置高、低点目标时，应顾及被检仪器指标差 i 的影响。例如 J_2 型仪器，若在盘左位置上设置目标，高、低点垂直角的绝对值拟为 4°，则设置高点时，在垂直度盘指标水准气泡居中后，应使垂直度盘读数为 86° + i；设置低点时，在垂直度盘指标水准气泡居中后，应使垂直度盘读数为 94° + i。

2. 观测高、低点的垂直角。高、低点的垂直角用中丝法观测 3 个测回。垂直角和指标差的互差均应不超过 10″，超限的成果应重测。

3. 观测高、低点间的水平角。高、低点间的水平角观测 6 个测回。

在 6 个测回观测中，照准部转动的方向，有半数测回是顺转，半数测回是逆转，而每一测回的观测，照准部转动的方向相同。

J_2 型仪器观测水平角的限差有：$2c$ 变化按高、低点方向分别比较，在整个测定中应不超过 10″；各测回水平角互差应小于 8″。超出限差的测回应重测。

（二）检验计算公式

相对于高、低点的 c 值中数、垂直角采用值及 i 的计算公式分别为：

$$c''_{高} = \frac{1}{2} \times \frac{1}{n} \sum_{1}^{n} (L - R)''_{高} \tag{3-15}$$

$$c''_{低} = \frac{1}{2} \times \frac{1}{n} \sum_{1}^{n} (L - R)''_{低}$$

$$\alpha = \frac{1}{2}(\alpha_{高} - \alpha_{低}) \tag{3-16}$$

$$i'' = \frac{1}{2}(c''_{高} - c''_{低}) \text{ctg}\alpha \tag{3-17}$$

(三) 检验示例

表 3-4 是检验记录和水平轴倾斜误差 i 的计算。国家规范要求 J_2 型仪器 i 的绝对值应不超过 15″。否则，应进行修理。

水平轴不垂直于垂直轴之差的测定　　　　表 3-4

仪器：TDJ_2E NO9512　　　　　　　　　　　　　日期：2002 年 3 月 7 日

(一) 高、低点间的水平角的测定

度盘位置	照准点	读　　数				$2c$ (左－右±180°)	$\frac{1}{2}$ [左＋(右＋180°)]	角　度
		盘左 (L)		盘右 (R)				
		° ′ ″	″	° ′ ″	″	″	° ′ ″	° ′ ″
(顺) 0	1 高点	0 00 44　44	44	180 00 31　32	32	+12	0 00 38.0	
	2 低点	0 01 11　11	11	180 01 02　04	03	+8	0 01 07.0	0 00 29.0
30	1	30 12 13　12	12	210 12 04　02	03	+9	30 12 07.5	
	2	30 12 39　38	38	210 12 25　25	25	+13	30 12 31.5	0 00 24.0
60	1	60 23 36　36	36	240 23 25　25	25	+11	60 23 30.5	
	2	60 24 00　01	00	240 23 50　51	50	+10	60 23 55.0	0 00 24.5
(逆) 90	1	90 35 14　16	15	270 35 03　04	04	+11	90 35 09.5	
	2	90 35 40　40	40	270 35 28　26	27	+13	90 35 33.5	0 00 24.0
120	1	120 47 00　00	00	300 46 54　54	54	+6	120 46 57.0	
	2	120 47 30　30	30	300 47 17　18	18	+12	120 47 24.0	0 00 27.0
150	1	150 58 42　42	42	330 58 34　34	34	+8	150 58 38.0	
	2	150 59 09　09	09	330 58 57　57	57	+12	150 59 03.0	0 00 25.0

续表

(二) 高、低点垂直角的测定

照准点	测回	读 数				指标差	垂直角
		盘 左		盘 右			
高 点	Ⅰ	85°00′00″ 00	00″	274°59′37″ 38	38″	−11	+4°59′49″
	Ⅱ	85 00 04 05	04	274 59 48 48	48	−1	+4 59 52
	Ⅲ	85 00 03 04	04	274 59 47 47	47	−4	+4 59 52
						中 数	+4 59 51
低 点	Ⅰ	95 00 00 00	00	264 59 45 45	45	−8	−5 00 08
	Ⅱ	95 00 01 00	00	264 59 47 47	47	−6	−5 00 06
	Ⅲ	95 00 01 02	02	264 59 49 49	49	−4	−5 00 06
						中 数	−5 00 07

(三) 最后结果计算

$c''_{高} = +4.8''$; $c''_{低} = -5.7''$; $\alpha = +4°59'59''$; $i'' = -5.0''$。

第五节 水平角观测误差

由于观测员的鉴别能力有限,仪器本身和操作不完善以及观测时受外界因素的影响,致使观测成果存在误差。研究水平角观测中各种误差的规律,目的是找出减弱误差的方法,提高观测成果质量。

一、外界条件对测角精度的影响

(一) 照准目标成象质量对照准精度的影响

在水平角观测中,当照准目标成像清晰和稳定时,可以精确照准目标,照准精度较高;当成像模糊或跳动时,照准精度就较低。

1. 影响照准目标成像质量的原因

白天,远处照准目标影像的清晰程度,主要决定于大气透明度和目标与其周围背景之间的亮度、颜色的反差。

2. 水平角观测的有利时间

白天目标成像的质量是不断变化的。一般上午在日出后1h起的1~2h内,下午在3、4h起至日落前1h内,目标影像清晰而稳定,是白天水平角观测的最有利时间。

3. 减弱照准误差的方法

主要方法有:

(1) 选点时应保证视线高出地面(或障碍物)有足够的高度;

(2) 照准圆筒(或标心)应涂以和背景相反的颜色。因为各个测站观测同一个照准点目标时,它们的背景颜色一般不会相同,故照准圆筒(或标心)通常涂红白相间的油漆;

（3）根据测区的地形类别和天气，选择最有利的时间观测。此外，宜顺着阳光照射的方向观测，例如照准点多数位于测站的西面，宜在上午观测；照准点多数位于测站的东面，宜在下午观测；

（4）应用垂直平分丝中间的位置精确照准目标，并且照准各方向目标应在同样位置上。

（二）旁折光差

1. 产生旁折光差的原因

照准目标的光线，通过接近地面的不同密度大气层时，将产生折射现象。其中，因大气层在垂直方向上密度分布不均匀而产生的折光差，称为垂直折光差。它只影响垂直角观测精度。因大气层在水平方向上密度分布不均匀而产生的折光差，称为旁折光差或水平折光差，它影响水平角观测精度。

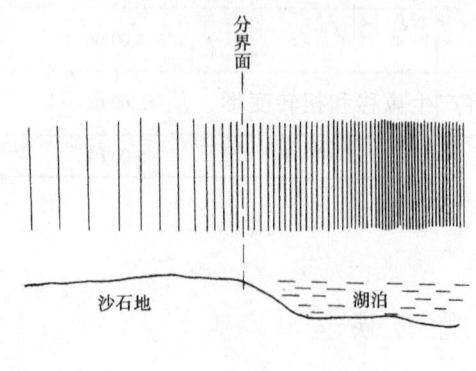

图 3-29

观测视线两侧地面上的情况，如地形、土壤、植被和地表照度，一般都不会相同，它的上方的空气将有不同的温度，从而造成空气密度的差异，同时产生水平方向上的对流。如图 3-29 所示，就属这种情况。如图 3-30 所示，A 为测站，B 为照准目标，直线 AB 是正确的观测视线方向，曲线 BA 是照准目标到达测站的光程，它偏向视线 AB 的左侧，直线 AB' 是实际的观测视线方向，它与直线 AB 的微小交角 $\delta = \angle BAB'$ 就是旁折光差。

2. 旁折光差的主要规律

（1）旁折光对观测方向的影响白天和夜间符号相反；

（2）夜间旁折光对观测方向的影响比白天大；

（3）视线两侧的空气水平密度差别越大，旁折光影响也越大。因此，当视线越靠近容易产生空气水平密度明显差异的地形和地物时，旁折光的影响就越大；

（4）易产生旁折光的地形、地物在平行视线方向上越长、离测站越近，旁折光差就越大。

3. 减弱旁折光差的主要方法

（1）视线最好在同类型地区上空通过，超越或旁离障碍物要有足够的距离；

（2）视线离觇标角（橹）柱的距离，三、四等方向应不小于10cm；

（3）选择有利的时间观测；

（4）一份成果的全部测回，应分配在几个时间段内完成。

（三）照准目标相位差

1. 产生照准目标相位差的原因

三、四等水平角观测，以照准圆筒（或标心）作为照准目标，它的几何中心轴线是正确的照准位置线。在阳光照射下，圆筒各部位的照度

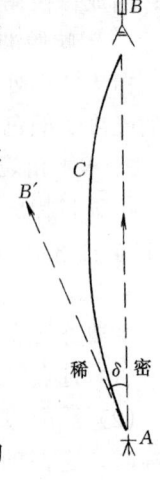

图 3-30

不同，将出现明亮与阴暗两部分。当照准目标时，实际照准位置线将离开圆筒的几何中心轴线，并偏向圆筒与背景的亮度反差较大的那一侧。这种因目标影像轮廓不完整而产生的照准误差，称为照准目标相位差。

2．照准目标相位差的规律

照准目标的相位差，不仅随太阳的方向变化，而且与目标的形状、大小距离、方位和颜色以及背景情况有关。

3．减弱照准目标相位差的主要方法

（1）照准目标采用红白相间颜色的微相位差照准圆筒、透明圆筒、荧光目标、光标等；

（2）上、下午各测半数测回；

（3）照准点多数位于测站的西面，宜在上午观测；多数位于测站的东面，宜在下午观测。

（四）觇标内架和仪器脚架的扭转误差

在外界温度、湿度等因素影响下，觇标内架将产生位移和扭转变形，其中内架扭转要使仪器底座连同水平度盘的方位转动一个角度，带来观测方向误差，这种误差称为觇标扭转误差。

1．觇标扭转误差产生的原因和规律

钢标内架扭转的主要原因是温度变化而引起的。钢标内架扭转的主要规律是白天扭转剧烈，夜间几乎停止；白天扭转的速度和大小都不规则。

2．减弱觇标扭转误差的主要方法

（1）提高造标质量；

（2）上、下半测回照准目标顺序相反，观测各目标要速度快和时间均匀；

（3）选择扭转不剧烈的时间进行观测，气温急剧变化和风力较大时应停测；

（4）仪器脚架应存放在阴凉干燥的地方，观测时脚架要安置稳固，并避免阳光直接照射。

二、仪器误差对测角精度的影响

经纬仪本身误差的影响前面已经叙述过，下面只讨论经纬仪操作误差的影响。

（一）照准部旋转时的弹性带动误差

转动照准部时，由于垂直轴和轴套表面间的摩擦力，使仪器基座产生弹性扭转，和基座相连的水平度盘随之发生微小的方位变动，导致了观测方向读数误差。

从误差的规律可知，若上、下半测回照准部转动的方向相反，取中数后，可抵偿该误差对观测方向的影响。

（二）脚螺旋的空隙带动误差

支承仪器基座的脚螺旋，它的螺杆与螺母间有空隙，转动照准部时，螺杆在螺母内移动，带动了基座和水平度盘，使水平度盘产生微小的方位变动，导致了观测方向读数误差。

从误差的规律可知：减弱误差的方法是半测回观测中，照准部应按它要转动的方向先"空转"1~2周，然后照准起始方向。以后照准各个方向时，照准部要保持按同一方向转动，不得反方向旋转。若转过了照准方向，照准部应按原方向再转一周去重新照准目标。

（三）水平微动螺旋的隙动差

因水平微动螺旋弹簧的弹力不足或油腻凝结，旋出水平微动螺旋照准目标时，弹簧不能迅速伸张，使微动螺旋杆和微动架之间出现空隙，在观测员读数过程中，弹簧逐渐伸张把空隙消除，使视准轴离开照准目标，带来了观测方向读数误差。

减弱该种误差的方法是：在照准各个方向目标时，水平微动螺旋最后应按旋进的方向（压缩弹簧的方向）转动。此外，水平微动螺旋应使用它的中间部分。

同理，使用测微螺旋，其最后转动方向也应为旋进。

三、水平角观测的基本规则

1. 选择最有利的时间观测；
2. 一个测站全部测回的观测，分配在几个不同时间段内完成；
3. 各测回起始方向读数，应均匀分配在水平度盘和测微器的不同位置上；
4. 半测回观测开始时，照准部应按它要转动的方向"空转"1~2周；
5. 半测回观测中照准部的旋转方向应相同；
6. 上、下半测回间纵转望远镜；
7. 上、下半测回照准目标的顺序相反，观测各目标要速度快和时间均匀；
8. 在每测回间重新整平仪器；
9. 一测回中不得变动望远镜焦距；
10. 水平微动螺旋和测微螺旋最后应按旋进方向转动，水平微动螺旋应使用中间部分。

第六节 方向观测法及其测站平差

一、水平角观测方法概述

在国家水平控制网中，观测水平角的方法有方向观测法、全组合测角法和三方向法三种。三、四等水平角观测采用方向观测法。本书只讨论方向观测法。

方向观测法的特点是在每个测站上，将需观测的 n 个方向合为一组，依次地对各个方向进行观测。这种观测方法，其实是简单方向观测法和全圆方向观测法的统称。

在实际作业中，当观测方向数 $n \leq 3$ 时，采用简单方向观测法。它在半测回观测中不要归零。因为半测回观测的时间很短，仪器底座变化很小。当 $n > 3$ 时，采用全圆方向观测法。它在半测回观测中需要归零，以检查半测回观测中仪器底座的变动。

二、观测前的准备工作

1. 检修觇标；
2. 清理观测场地；
3. 确定仪器整置中心，测定测站点和照准点归心元素；
4. 设置测伞或测橹复；
5. 整置仪器，找好待测方向，检查通视情况；
6. 选好零方向，测定各方向水平角和垂直角的概值作为参考，以便于找方向。

三、一测回观测操作程序

用 J_2 型光学经纬仪按方向观测法进行国家三、四等水平角观测时，每一测回观测的操作程序如下：

1．正镜（盘左），转动照准部照准零方向目标，依基本度盘位置表对好度盘和测微器；

2．顺时针方向旋转照准部 1～2 周后，精确照准零方向目标，读取水平度盘和测微器读数（要求测微器两次重合读数，下同）；

3．顺时针方向旋转照准部，依次精确照准 2、3、4……n 方向观测，最后闭合至零方向（ $n \leqslant 3$ 时不必归零）；

4．倒镜（盘右），逆时针方向旋转照准部 1～2 周后，精确照准零方向目标；

5．逆时针方向旋转照准部，按上半测回观测的相反顺序，依次观测至零方向。

四、观测手簿的记录和计算

观测手簿的记录，要求做到记录真实，注记明确，清洁美观，格式统一。

在观测手簿中，每一观测时间段需记载首末页上端各个项目；每点的第 I 测回，应在相应位置上记载所观测的方向号数、点名和所照准的目标（圆筒或标心以符号 T 表示）；其余的测回，仅记方向号数。

一个测回观测的读数记录和计算，见表 3-5 所列。上半测回的读数，由上往下记；下半测回的读数，由下往上记。每一个方向在读取测微器两次重合读数后，应检查它们的互差。符合限差后取它们的中数作为该方向盘左或盘右的测微器读数。每半个测回观测结束后，应计算归零差，并检查它是否符合限差。在下半测回观测中，应及时计算各方向的 $2c$ 值，检查它们之间的互差有无超限。还要计算各方向盘左和盘右读数的中数（左＋右）/2。在一个测回中，零方向有两个（左＋右）/2 读数，应取它们的中数［本例表中该中数为 $0°00'20.2''$］记入（左＋右）/2 栏的第一行。最后，将各方向的（左＋右）/2 读数都减去 $0°00'20.2''$，便得到各方向归零后的方向值。

用 J_2 型光学经纬仪进行三、四等方向观测，手簿记录和计算的取位读数是 $1''$，两次测微器读数的中数是 $1''$，（左＋右）/2 和归零后方向值是 $0.1''$，测站平差计算的取位是 $0.1''$。

观测手簿的记录和计算，应注意的事项有：

1．一切原始观测值和记事项目，必须在现场用铅笔或钢笔记录，不得凭记忆补记；

2．一切数字、文字记载应正确、清楚、整齐、美观。凡更正错误，应将错字整齐划去，然后在它的上方填写正确的文字或数字，禁止涂擦。对超限划去的成果，要注明原因和重测结果的所在页数；

3．一测回记录不得跨记在手簿的两页上。原始读数中的秒值不得涂改；度、分值确实读错或记错，可在现场更正，但同一方向盘左、盘右不得同时更改一个常数；

4．当使用电子手簿记录时，其观测和记录的顺序和要求与上述是一致的。记录员应先输入有关的测站信息及记事项目，然后在程序的提示下，依次如实地将观测员读报的数据输入到电子手簿。如某项限差超限时，显示窗口会发出警示信息，提示测量员应采取措施或重测。记录员应精力集中，避免误操作。

五、观测成果的质量检核和超限的处理

（一）观测限差

测量员应根据有关限差的要求，认真检核观测成果的质量，重测不合格的成果。

观测限差有两类：一类是测站限差；另一类是控制网几何条件闭合差和测角中误差的限差。方向观测的测站限差有：测微器两次重合读数之差；半测回归零差；一测回内 $2c$

互差和归零后同一方向值测回互差等（见表3-6）。

（二）超限成果的重测和取舍

水平角观测成果出现超限的原因，可能是观测条件不佳，操作不慎，存在系统误差和粗差等。当观测成果超限时，应分析观测时的主观和客观条件。再从中找出造成超限的原因，然后按下述原则进行重测和取舍：

表 3-5

第Ⅰ测回　　仪器：蔡司010 No：101820　　点名：通云山　等级：三　　日期：3月24日
天　气：晴，东风二级　　观测者：李明　　$Y=B$ 觇标类型：钢寻常标　　开始：15时32分
成像：清晰　　记簿者：张宁　　归心用纸№209　　结束：15时40分

方向号数名称及照准目标	读　数 盘　左		盘　右		左－右 (2c)	$\frac{左+右}{2}$	方向值	附　注
	° ′	″	° ′	″	″	20″.2	° ′ ″	
1 化纤厂 / T	0 00	22	180 00	17	+4	20.0	0 00 00.0	
		22 22		18 18				
2 人民路 / T	56 19	17	236 19	09	+8	13.0	56 18 52.8	
		17 17		09 09				
3 橡树湾 / T	124 16	30	304 16	21	+8	26.0	124 16 05.8	
		30 30		22 22				
4 麻油坊 / T	168 07	06	348 07	02	+4	04.0	168 06 43.8	
		05 06		02 02				
5 陈庄 / T	244 46	31	64 46	24	+7	27.5	244 46 07.3	
		31 31		23 24				
6 姚家村 / T	306 58	07	126 57	58	+9	02.5	306 57 42.3	
		07 07		58 58				
1 化纤厂 / T	0 00	23	180 00	18	+5	20.5		
		23 23		18 18				

归零差　$\Delta_左 = -1$　$\Delta_右 = 0$

方向观测法限差表　　表 3-6

序　号	项　目	三　等			四　等		
		J_{07}型	J_1型	J_2型	J_{07}型	J_1型	J_2型
1	光学测微器两次重合读数之差	1″	1″	3″	1″	1″	3″
2	半测回归零差	5″	6″	8″	5″	6″	8″
3	一测回内2c互差	9″	9″	13″	9″	9″	13″
4	化归同一起始方向后，同一方向值各测回互差	5″	6″	9″	5″	6″	9″
5	三角形最大闭合差	7″			9″		

1．凡超出观测限差的结果均应重测。重测是指因超限而重新观测的方向或完整测回。因对错度盘、碰动脚架、测错方向、上半测回归零差超限、读记错误或中途发现观测条件不佳而放弃的方向或完整测回，可随即重新观测，这种重新观测称为补测，不算重测。

2．重测应在本点的全部基本测回完成后进行。

3．因测回互差超限时，应重测观测结果中的孤值、最大与最小值所在的测回。在实际工作中，确认超限成果中的孤值、最大与最小值，一般可从成果的整体情况判断得出。当不易判断时，可先计算出超限方向各测回方向值秒数的中数，然后根据统计分布原理，

确定方向值的合理分布区间,如用 J_2 型经纬仪进行三、四等水平角观测时为［中数 $-4.5''$,中数 $+4.5''$］($4.5''$ 为测回互差限差的一半),如果有某一个方向值超出该区间,即可确认为孤值;如果有某两个方向值在两端超出该区间,即可确认为一大一小值(最大、最小值);还可能出现两大一小或一大两小等情况。

4. 因同一测回各方向 $2c$ 互差超限时,也应重测明显的孤值、最大与最小值等方向(零方向超限除外)的观测结果。其孤值、最大与最小值的判断与确认方法与 3 中相同。

5. 一份成果的全部方向测回总数(按基本测回计算)Σ,等于方向数 n 减 1 乘以测回数 m,即

$$\Sigma = (n-1)m \tag{3-18}$$

6. 一测回重测方向数及一份成果重测方向数的计算。在一个测回中,凡涉及到零方向超限的,重测方向数按 $n-1$ 计算,其他个别方向超限的,则按实际重测方向数计算。将全部测回中的重测方向数取其总和后,即为一份成果的重测方向总数 $\Sigma_重$。

7. 重测的实施

(1) 因测回互差超限或非零方向的 $2c$ 互差超限,且一测回中重测的方向数不超过本测回所测方向总数的 1/3 时,可只重测个别方向的观测结果。在一测回中重测个别方向观测结果时,只需联测零方向(用原基本测回的水平度盘整置位置);

(2) 在一测回观测中,涉及到零方向超限,以及重测方向数超过所测方向总数的 1/3(包括观测三个方向时,有一个方向重测)时,该测回需全部重测;

(3) 在一个测站上,当全部基本测回的重测方向测回总数 $\Sigma_重 > \Sigma/3$ 时,需整份成果重测;

(4) 因三角网或导线网几何条件闭合差或测角中误差超限时,经分析后,应对不可靠的个别或部分测站的整份成果重测。

(三) 超限成果处理示例

某测站用 J_2 型光学经纬仪进行三等水平方向观测的 12 个基本测回观测结果,见表 3-7。

表 3-7

测回 \ 方向	1. 观山	2. 桂山	3. 羊山	4. 东山	$2c$ 最大互差	最大归零差
	0°00′	60°51′	123°04′	200°33′		
Ⅰ	00″.0	26″.2	16″.8	26″.6	11″	5″
Ⅱ	00.0	28.1	13.3	29.1	9	4
Ⅲ	00.0	30.5	18.7	31.5	6	3
Ⅳ	00.0	31.2	18.8	31.8	3	3
Ⅴ	00.0	29.8	14.0	32.3	8	4
Ⅵ	00.0	36.1	19.2	32.6	8	5
Ⅶ	00.0	34.0	19.5	32.9	6	3
Ⅷ	00.0	32.0	20.5	34.3	5	3
Ⅸ	00.0	31.1	23.8	32.8	4	2
Ⅹ	00.0	31.5	20.7	34.6	4	2
Ⅺ	00.0	32.6	21.5	35.7	14	4
Ⅻ	00.0	32.2	18.8	33.8	5	4
中 数		31″.3	18″.8	32″.3		

注:第Ⅺ测回各方向 $2c$ 值为:1 方向 $2''$,2 方向 $14''$,3 方向 $10''$,4 方向 $16''$,1 方向 $8''$。

在这份成果中,属于同一方向各测回观测值互差超限的成果,有2方向的第Ⅰ和第Ⅵ测回,为一大一小超限;3方向的第Ⅱ、第Ⅴ和第Ⅸ测回,为两小一大超限;4方向的第Ⅰ测回为孤值超限。属于同一测回2c互差超限的成果,有第Ⅺ测回的零方向,为孤值超限。

重测时,第Ⅰ测回因重测方向数为2,超过所测方向总数的1/3,须全测回重测;第Ⅱ测回、第Ⅴ测回和第Ⅸ测回的3方向观测结果、以及第Ⅵ测回的2方向观测结果,重测方向数均为1,都在所测方向总数的1/3之内,它们只需联测零方向;第Ⅺ测回因零方向超限,须整个测回重测,重测数为3。

这份成果的全部方向测回总数 $\Sigma = 36$,需重测的方向测回总数为 $\Sigma_重 = 9$,故有 $\Sigma_重 < \Sigma/3 = 12$,所以不必重测整份成果。

六、测站平差

(一)测站平差计算公式

测站平差的任务,就是依最小二乘原理求得各个方向 m 个测回观测的测站平差值;计算一测回观测方向中误差和测站平差值的中误差,以评定观测成果的内部符合精度。

1. 测站平差值的计算公式

设测站上有 A、B……N 等 n 个需测的方向,观测了 m 个测回,每个方向各测回的观测值分别为 l_{ai}、l_{bi}……l_{ni},相应的测站平差值为 L_A、L_B……L_N,各个方向的测站平差值应等于它的各测回观测值的算术平均数,即

$$\left. \begin{array}{l} L_A = \dfrac{[l_{ai}]}{m} \\ L_B = \dfrac{[l_{bi}]}{m} \\ \cdots\cdots \\ L_N = \dfrac{[l_{ni}]}{m} \end{array} \right\} \quad (3\text{-}19)$$

2. 精度估计公式

(1)一测回观测方向值的中误差

设测站上观测的方向数为 n,观测测回数为 m,每个方向的各测回观测值改正数的绝对值为 $|v|$,则一测回观测方向值的中误差为:

$$K = \dfrac{1.25}{\sqrt{m(m-1)}} \quad (3\text{-}20)$$

$$\mu = \pm K \dfrac{[|v|]}{n}$$

(2)测站平差值的中误差

$$M = \pm \dfrac{\mu}{\sqrt{m}} \quad (3\text{-}21)$$

(二)测站平差计算示例

现以通云山三等三角点为例,在表3-18所列的"水平方向观测记簿"上进行。表中的其他项目将在后续的课程中讨论。本例计算结果:$\mu = \pm 1.73''$,$M = \pm 0.50''$。

应当指出,由测站平差算出的 M 值,只反映一个测站上观测方向结果的离散程度,即内部符合精度,并不代表实际的测角精度。统计资料表明,M 约为实际测角中误差的一半。

表 3-8

南陵市区通云山点水平方向观测记簿 №209
(方向观测)

三等三角测量 2002 年　观测者:李　明　　图幅 I—50—142 页:
仪器名称:蔡司 010　№101820　　砚　标　类　型:钢寻常标
手簿编号:№210　　　　　　　　　到上标石的高度:
　　　　　　　　　　　　　　　　仪　器　台:
　　　　　　　　　　　　　　　　仪器水平轴　1.39 m
记簿者:张　宁　　　　　　　　　照准目标顶点　6.22
　　　　　　　　　　　　　　　　中心标石类型:岩石地区三角点标石

方向图　从 2002 年 3 月 24 日至 3 月 24 日观测

No	方向名称	等级	θ 或 θ_1 平均值	S	$\theta+M$	c	r	c+r	方向的平均值	(c+r)。	归心改正后的方向	测回数
			° ′	m		″	″	″	° ′ ″	″	° ′ ″	
1	化纤厂	三	8°15′	6800	63°07′	0.0	+4.6	+4.6	0°00′00″.0	0″	0°00′00″.0	
2	人民路	三	264 00	5964	195 11	0.0	-0.1	-0.1	56 18 50.4	-4.7	56 18 45.7	$n=6$
3	橡树湾	三	219 45	7069	219 45	0.0	-0.6	-0.6	124 16 07.1	-5.2	124 16 01.9	$m=12$
4	麻油坊	三	356 30	7862	295 56	0.0	-0.4	-0.4	168 06 45.3	-5.0	168 06 40.3	
5	陈　庄	三	2 00	7129	128 59	0.0	+0.1	+0.1	244 46 03.9	-4.5	244 45 59.4	
6	姚家村	三	336 15	6395	336 15	0.0	-2.1	-2.1	306 57 40.5	-6.7	306 57 33.8	
7	方位点											$d=m$

测站点和照准点归心改正数之计算

方向编号	投影用纸编号	测定日期	平均值 e 或 e_1	θ 或 θ_1							测回号次		方位点
			m	°									
测站点归心	208	02.3.23	0.170	0							I		
照准点归心 1													
2	212	23	0.016								II		
3	211	26	0.030							III			
4	210	24	0.018								中　数		
5	205	22	0.004										
6	205、227	20	0.162										
方位点													

续表

通云山点测站平差计算

起始方向化纤厂 0°0′00″.00　　　记簿编制者：李　明　　2002年　检查者：张宁

观测日期	测回号次	度盘位置 (°′)	1. 化纤厂 观测目标 T	v	2. 人民路 观测目标 T	v	3. 橡树湾 观测目标 T	v	4. 麻油坊 观测目标 T	v	5. 陈庄 观测目标 T	v	6. 姚家村 观测目标 T	v	归零差最大值	2c变化最大值	附注
			0°00′		56°18′		124°16′		168°06′		244°46′		306°57′		″	″	
3.24	Ⅰ	0 00	00.0		52.8	−2.4	05.8	+1.3	43.8	+1.5	07.3	−3.4	42.3	−1.8	1	5	
	Ⅱ	15 11	00.0		49.7	+0.7	08.2	−1.1	46.3	−1.0	06.2	−2.3	39.0	+1.5	3	4	
	Ⅲ	30 22	00.0		49.5	+0.9	08.8	−1.7	46.5	−1.2	06.0	−2.1	41.8	−1.3	3	5	
	Ⅳ	45 32	00.0		51.2	−0.8	10.8	−3.7	48.8	−3.5	06.2	−2.3	41.8	−1.3	3	7	
	Ⅴ	60 43	00.0		51.7	−1.3	08.5	−1.4	46.5	−1.2	01.2	+2.7	41.2	−0.7	5	6	
	Ⅵ	75 54	00.0		52.3	−1.9	08.5	−1.4	43.0	+2.3	03.2	+0.7	42.0	−1.5	1	6	
	Ⅶ	90 05	00.0		49.0	+1.4	06.8	+0.3	42.8	+2.5	04.3	−0.4	39.2	+1.3	5	7	
	Ⅷ	105 16	00.0		51.8	−1.4	04.8	+2.3	48.0	−2.7	01.2	+2.7	38.7	+1.8	2	8	
	Ⅸ	120 27	00.0		(58.5)		05.3	+1.8	45.5	−0.2	03.3	+0.6	39.7	+0.8	1	10	
	Ⅹ	135 37	00.0		52.0	−1.6	06.2	+0.9	45.5	−0.2	02.7	+1.2	39.8	+0.7	2	3	
	Ⅺ	150 48	00.0		50.8	−0.4	06.0	+1.1	43.5	+1.8	04.5	−0.6	41.7	−1.2	4	4	
	Ⅻ	165 59	00.0		(45.3)		05.0	+2.1	43.7	+1.6	01.2	+2.7	39.2	+1.3	2	11	
	重Ⅸ	120 27	00.0		47.0	+3.4									4		
	重Ⅻ	165 59	00.0		47.3	+3.1									3		
中数			00.0		50.4		07.1		45.3		03.9		40.5				
[(+v)]					9.5		9.8		9.7		10.6		7.4				
[(−v)]					9.8		9.3		10.0		11.1		7.8				

一测回方向的中误差　　$\mu = \pm K \sqrt{\dfrac{[vv]}{n}} = \pm 1″.73$

m个测回方向值中数的中误差　　$M = \pm \dfrac{\mu}{\sqrt{m}} = \pm 0″.50$　　$K = \dfrac{1.25}{\sqrt{m(m-1)}} = 95.0$

第七节 垂直角观测

一、垂直角和指标差计算公式

(一) J_2 型光学经纬仪的垂直角和指标差计算公式

下面以蔡司 010 经纬仪为例,说明垂直角和指标差计算公式的推导。如图 3-31a 所示,为蔡司 010 经纬仪的垂直度盘刻度、分划注记及指标安置的情况。

图 3-31b 和图 3-31c 分别表示盘左、盘右观测中,照准垂直角为 $+\alpha$ 的目标时,含有指标差 i 的实际读数 L、R 的情况。若规定图中所示的 i 取正号,参考图中所标示的数据和符号,即可推出:

$$\alpha = 90° - L + i \tag{3-22}$$

$$\alpha = R - 270° - i \tag{3-23}$$

$$\alpha = (R - L - 180°)/2 \tag{3-24}$$

$$i = (L + R - 360°)/2 \tag{3-25}$$

实际工作中,可根据情况选择任一公式来计算垂直角 α。

其他经纬仪,如威特 T_2、苏光 JGJ_2 型仪器等,尽管其指标位置是垂直安置的,但这些仪器的垂直度盘的注记,当视准轴水平时,指标指在 90°处,所以垂直角和指标差的计算公式仍与上四式相同。

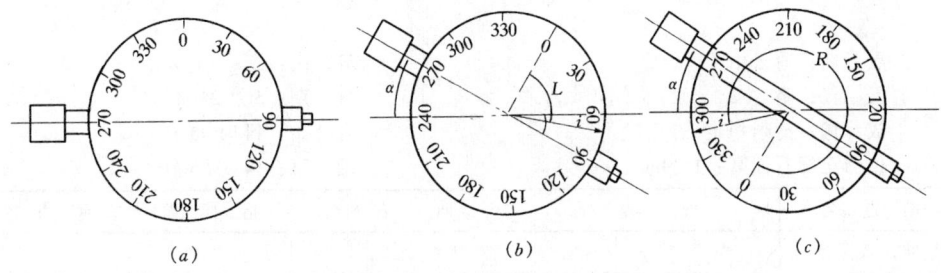

图 3-31

二、垂直角观测

(一) 垂直角观测的最有利时间

三角高程测量的精度,在很大程度上取决于大气垂直折光的影响。在大气垂直折光系数变化较小的时间段内观测垂直角,可使三角高程测量有较高的精度。

以 C 代表地球曲率和大气垂直折光差改正系数。根据实验资料,C 值在日出后至 10h,变化剧烈,16h 后也有较大的变化,13~14h 之间变化最小。总的来说,按地方时计算,中午前后 10~16h 之间 C 值最稳定。

(二) 垂直角的观测方法

垂直角的观测方法有中丝法和三丝法两种。

仅用十字丝系的水平中丝来照准目标的观测方法称为中丝法。依次用上、中、下三根丝来照准目标的观测方法称为三丝法。国家规范规定,各等三角点每个方向的垂直角观测,可用中丝法测四个测回或用三丝法测两个测回。

用三丝法进行分组观测时,一测回的操作步骤如下:

1. 盘左位置，依次用上、中、下三根水平丝照准某组的 1 方向的目标。各丝精确照准目标后，使水准气泡精确居中（有补偿器的经纬仪不需此步操作），并读取垂直度盘读数（测微器读取两次重合读数）。同法依次照准同组的 2，…n 方向的目标并读数。

2. 纵转望远镜，在盘右位置上，依次用上、中、下三根水平丝（从望远镜视场上看）照准第 n 方向的目标，按上法读数。同法依次照准 n–1，…1 方向的目标并读数。

3. 观测垂直角时，应注意：为了消除水平丝不水平的误差，在盘左、盘右两位置精确照准目标时，应使目标影像分别处于竖丝左、右附近的对称位置上，即盘左、盘右均用同丝的同一部位去照准；每次读数之前，应确保垂直度盘气泡精确居中。

（三）观测手簿的记录和计算

中丝法的手簿记录和计算可参考表 3-4。三丝法手簿的记录和计算，见表 3-9。手簿中照准部位以形象符号：Π 圆筒上沿；△ 标尖；∧ 标顶；○ 光心等填写，以表示观测方向目标的照准位置。

原始读数的记录中，秒数不得涂改，对于"分"读数，则各测回不得连续更改同一数字。垂直角的读数和计算，对于 J_2 型光学经纬仪取到 1″。

（四）垂直角观测限差与重测

1. 垂直度盘测微器两次重合读数的差，J_2 型仪器不得超过 3″。

2. 垂直角互差不得大于 10″。垂直角互差的比较方法是以同一方向各测回各丝所测的全部垂直角结果互相比较。

表 3-9

点　名：通云山　　　　　　　　　　　等　级：三
天　气：晴　　　　　　　　　　　　　日　期：5 月 25 日
成　像：清晰稳定　　　　　　　　　　开　始：14 时 45 分
仪器至标石面高：1.39m　　　　　　　结　束：14 时 55 分

照 准 点 名	盘　　左		盘　　右		指 标 差	垂 直 角
照 准 部 位	° ′ ″	″	° ′ ″	″	′ ″	° ′ ″
Ⅰ测回 人　民　路 ∧	89　37　54 　　　53	54	269　47　36 　　　35	36	− 17　15	+ 0　04　51
	89　55　07 　　　07	07	270　04　44 　　　44	44	− 00　04	+ 0　04　48
	90　12　16 　　　16	16	270　22　04 　　　04	04	+ 17　10	+ 0　04　54
				中	数	
Ⅱ测回	89　37　48 　　　48	48	269　47　39 　　　39	39	− 17　16	+ 0　04　56
	89　55　01 　　　00	00	270　04　46 　　　44	45	− 00　08	+ 0　04　52
	90　12　08 　　　09	08	270　22　02 　　　01	02	+ 17　05	+ 0　04　57
				中	数	+ 0　04　53

3. 指标差的互差不得大于 15″。指标差的互差的比较方法是同组、同测回、同丝、同时间段所测算的结果进行比较；当单独方向连续观测时，则按同方向各测回、同一根水平丝所测算的结果进行比较。

4. 垂直角的重测，凡垂直角互差或指标差互差超限的成果必须重测。重测时，不论采用三丝法或中丝法观测，若有一根水平丝所测的某一方向的结果超限，则此方向须用中丝法重测一测回。用三丝法观测时，若同方向一测回中有两根水平丝所测的结果超限，则该方向须用三丝法重测一测回，或用中丝法重测二测回。

复 习 思 考 题

1. 我国三、四等控制测量应使用哪些型号的光学经纬仪？
2. 试述双光楔测微器的测微原理。
3. 试述 J_2 型光学经纬仪采用重合读数法读数的操作步骤和方法。
4. 试述光栅度盘、增量法电子测角的基本原理。
5. 何谓视准轴误差、水平轴倾斜误差和垂直轴倾斜误差？$\Delta c''$、$\Delta i''$ 和 $\Delta v''$ 有何规律？
6. 什么叫 $2c$？在观测中结果如何比较 $2c$ 互差？$2c$ 互差的限差是多少？
7. 试述水平度盘分划误差的种类和它们的特点以及消除这些误差对观测方向影响的方法。
8. J_2 型光学经纬仪，在每期业务开始前需要检验哪些项目？如何检验？
9. 旁折光差产生的根本原因是什么？它有什么规律？作业中如何减弱它的影响？
10. 试述照准目标相位差产生的原因、主要规律和减弱方法。
11. 经纬仪操作误差有哪几种？这些误差有什么规律？作业中如果使它减弱？
12. 在水平角观测中，要遵守哪些基本规则？它们分别减弱或消除哪些系统误差？
13. 方向观测法有何特点？
14. 试述三、四等方向观测一测回的观测操作和手簿记录与计算程序。
15. 用 J_2 型光学经纬仪进行三、四等方向观测时，有哪些测站限差规定？
16. 水平角观测成果超限的种类有哪些？超限成果根据什么原则进行重测？
17. 什么是中丝法和三丝法观测？
18. 如何比较垂直角互差和指标差互差？
19. 垂直角观测限差和重测有什么规定？

习　题

1. 如图 3-32 所示，为一有水库的戈壁测区的三等网，有两个相邻三角形的闭合差 W 分别为 $-5.8″$ 和 $+7.4″$（限差是 $±7″$）。其中 D 点在下午观测，B 点在上午观测，试分析哪个方向有大误差，依据是什么？

2. 某 J_2 经纬仪检测的行差为 $+6″.0$，用该仪器测得一方向值为 $60°13′20″.0$，试计算经行差改正后的方向值为多少？

3. 在四等控制点上，用 J_2 型光学经纬仪进行水平方向观测时，要求观测 9 个测回，试编算观测的基本度盘位置表（凑至整秒）。

4. 在北山测站上进行四等水平方向观测，9 个基本测回观测值见表 3-10，需重测哪些成果，根据是什么？

5. 设在 D 点上用三丝法在一组内观测 A、B、C 三个方向的垂直角，算得各指标差如下：

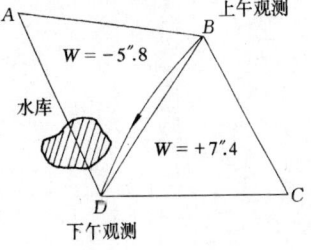

图 3-32

A	I	− 16′ 50″	+ 0′ 16″	+ 17′ 21″
	II	− 16′ 53″	+ 0′ 04″	+ 17′ 13″
B	I	− 16′ 57″	+ 0′ 09″	+ 17′ 14″
	II	− 16′ 58″	+ 0′ 10″	+ 17′ 18″
C	I	− 16′ 59″	+ 0′ 14″	+ 17′ 15″
	II	− 16′ 54″	+ 0′ 10″	+ 17′ 20″

试比较指标差互差，并指出最大的指标差互差是哪个，是否合格？

表 3-10

测回号次	方 向 号 次 及 名 称				归零差最大值	2c 互差最大值
	1. 南山	2. 刘村	3. 西山	4. 马庄		
	0°00′	71°34′	246°22′	297°48′		
I	00″.0	27″.7	60″.2	55″.2	4″.4	7″.2
II	00.0	18.6	57.5	50.8	3.8	10.3
III	00.0	25.5	63.1	54.7	2.6	4.5
IV	00.0	22.6	49.8	50.6	4.8	8.0
V	00.0	19.0	54.5	53.7	5.3	13.8*
VI	00.0	22.6	57.4	50.8	6.2	3.2
VII	00.0	25.6	60.8	52.3	3.4	2.1
VIII	00.0	24.5	58.8	54.7	2.8	1.7
IX	00.0	19.5	59.3	49.6	9.2	4.3

* 2.3 方向的 $2c$ 互差为一大一小超限。

第四章 电磁波测距

第一节 概 述

长度测量是控制测量中的工作之一。目前长度测量大多采用电磁波测距法。

电磁波测距法是以已知电磁波在空气中传播的速度 c 为前提,利用电磁波作为载波,运载测距信号,然后测定该信号在待测距离 D 上往、返传播的时间 t_{2D},进而确定两点间的待测距离,即

$$D = \frac{1}{2} c t_{2D} \tag{4-1}$$

光电测距以红外光或激光光波为载波。用光电测距仪测量距离时,因受大气能见度等因素的影响,故测程较短,但测距精度较高,为测绘单位广泛采用。

一、光电测距仪的分类

(一) 按光源分类

按目前所采用的光源,可分为红外光测距仪和激光测距仪二类。

(二) 按测程分类

短程测距仪——是指测程为 3km 及 3km 以内的测距仪;

中程测距仪——是指测程为 3km 以上至 15km 的测距仪;

远程测距仪——是指测程为 15km 及 15km 以上的测距仪。

(三) 按测距仪的精度分类

测距仪的精度,是指测距仪出厂的标称精度,以 1km 的测距中误差 m_D 为参数。

Ⅰ级:m_D 小于 ±5mm;

Ⅱ级:m_D 为 ±5 ~ ±10mm;

Ⅲ级:m_D 为 ±11 ~ ±20mm。

(四) 按测距原理分类

1. 脉冲式测距仪

测距的主要特点是发射光脉冲,直接测定测距信号在大气中传播的时间,以确定待测距离。它的发射功率大,测程远,可以不要合作目标,但测距精度较低。

2. 固(变)频相位式测距仪

测距的主要特点是发射连续的正弦调制光波,测量测距信号在发射与接收之间的相位差,以确定待测距离。它的测距精度高,但测程短,并且要有合作目标。

此外,还可按测距仪的结构形式,分为组合式、整体式和全站仪等类型。

二、固频相位法光电测距原理

(一) 固频相位法测距的基本公式

如图 4-1 所示,测距仪整置在 A 点上,反射棱镜整置在 B 点上,A、B 两点间的待测距离为

D。固频相位法测距,就是由测距仪发射连续的调制光波,然后测量调制光波往返于待测距离上的相位差 φ,以间接测定时间 t_{2D},并按式(4-1)求得待测距离。见图 4-2,若将调制光波在测线上按往返距离展平,则它返回到 A 点的相位,要比发射时延迟了 φ 角,即

$$\varphi = \omega t_{2D} = \frac{2\pi}{T}t_{2D} = 2\pi f \cdot t_{2D} \tag{4-2}$$

式中 ω 为调制光波的角速度;T 为调制光波的周期;f 为调制光波的频率。

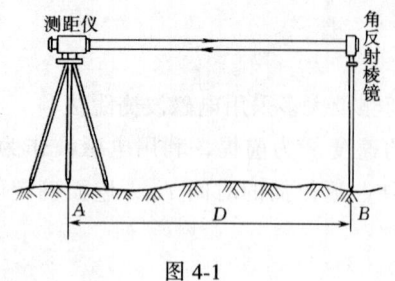

图 4-1

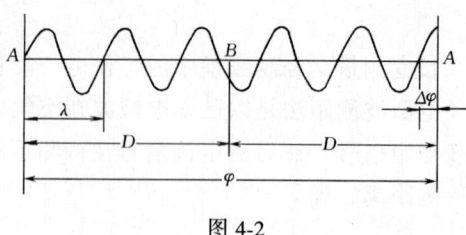

图 4-2

由式(4-2)得:

$$t_{2D} = \frac{\varphi}{2\pi f} \tag{4-3}$$

因为 f 为固定值,故测定调制光波往、返于待测距离上的相位差 φ,实际上是间接测定调制光波在测线上往、返传播的时间 t_{2D}。将式(4-3)代入式(4-1)后,得:

$$D = \frac{c}{2f} \cdot \frac{\varphi}{2\pi} = \frac{\lambda}{2} \cdot \frac{\varphi}{2\pi} \tag{4-4}$$

式中 $\lambda = \frac{c}{f} = c \cdot T$,为调制光波的波长。

在图 4-2 中,设调制光波往、返于待测距离上的相位差整周数为 N,不足一整周的相位差尾数为 $\Delta\varphi$,即

$$\varphi = N \cdot 2\pi + \Delta\varphi$$

将上式代入式(4-4),便可得测距基本公式:

$$D = \frac{\lambda}{2}\left(\frac{N \cdot 2\pi + \Delta\varphi}{2\pi}\right) = \frac{\lambda}{2}\left(N + \frac{\Delta\varphi}{2\pi}\right) = \frac{\lambda}{2}(N + \Delta N) = u(N + \Delta N) \tag{4-5}$$

式中 $\Delta N = \Delta\varphi/(2\pi)$,为相位差尾数折合的不足一整周的周数;$u = \lambda/2 = c/(2f)$,称为测尺长度。

式(4-5)表明,固频相位法测距,就如同用一把长度为 $u = \lambda/2$ 的测尺,去丈量待测距离,其中 N 为量得的整尺段数,ΔN 为量得的不足一整尺段的尾数。在固频相位式光电测距仪中,由于测相器只能测定相位差 φ 的尾数 $\Delta\varphi$(或 ΔN),无法测出整周期数 N,这就使式(4-5)产生多值解,待测距离 D 仍无法确定。当测尺长度 u 大于待测距离 D 时,有 $N=0$,可以获得惟一的单值。然而目前的测相精度一般为 1/1000,则对应的测距精度亦为 1/1000,测尺长度越大,测距精度就越低。测距中这种扩大测程与提高精度之间的矛盾,可以通过在仪器内部设置若干个不同的测尺频率 f_i(即不同的测尺长度),把它们配合起来测距去解决。

(二)测尺频率方式的选择

1. 直接测尺频率方式

由测距仪主控振荡器（石英晶体振荡器）产生的调制频率，即晶体标称频率，称为测尺频率。在固频相位式测距仪内设置的一组测尺频率中，它们与各测尺长度直接对应，即各测尺长度均由 $u_i = c/(2f_i)$ 直接确定。这种测尺频率组合方式，称为直接测尺频率方式，为短程光电测距仪普遍采用。在这组测尺频率中，用来测定相位差或距离的尾数，以保证测距精度的最高频率，称为精测频率，它对应的测尺长度，称为精测尺长；其余用来确定 N 值或距离概长，以扩大测程的较低频率，称为粗测频率，它们对应的测尺长度，称为粗测尺长。

假设某短程红外测距仪的最大测程为 1km，它设置有两个测尺频率，其中精测频率 f_1 = 15MHz，对应的精测尺长 u_1 = 10m；粗测频率 f_2 = 150kHz，对应的粗测尺长 u_2 = 1000m。因为测距精度为 1/1000，故当测量某一段小于 1km 的待测距离时，用粗测尺长 u_2 测量的结果，可测出它的百米位、十米位、米位和分米位数值，例如为 657.2m。用精测尺长 u_1 测量的结果，可测出它的米位、分米位、厘米位和毫米位数值，例如为 7.154m。于是，把两根测尺的测量结果选择其精确的数位衔接起来，便得到完整、单一而精确的待测距离值 657.154m，并由测距仪的显示器显示出来。即

$$65\boxed{7.2}\leftarrow 不显示$$
$$+\ 7.154$$
$$\overline{657.154}$$

很明显，在直接测尺频率方式中，利用测距仪内设置的一组固定测尺频率配合测距，既扩大了测程，又保证了测距精度，从而解决了它们之间存在的矛盾。这就如同钟表用时针、分针和秒针配合起来精确指示时间一样。

2. 间接测尺频率方式

在直接测尺频率方式中，当测程很长时，各个测尺频率将差异悬殊，这就使仪器内的振荡器、放大器和调制器，难以对各个测尺频率有相同的增益和相位移稳定性。因此，有些仪器便设置一组数值上比较接近的测尺频率，并且除精测尺长与精测频率直接对应外，各个相当粗测尺长均由两个测尺频率的差频（相当粗测频率）间接确定。这种测尺频率组合方式，称为间接测尺频率方式。

表 4-1 中的 f_1 = 15MHz 为精测频率，u_1 = 10m 为精测尺长，它们直接对应。$f_{1,i} = f_1 - f_i$（i = 2, 3, 4, 5）为相当粗测频率，与 $f_{1,i}$ 对应的 $u_{1,i}$ 为相当粗测尺长。由表列值看出，各测尺长度按 10 倍数递增，最大测程为 100km，这就是说，利用两个十分接近的测尺频率的差频，可以获得很长的粗测尺长，从而扩大了测距仪的测程。又各测尺频率最大相差仅 1.5MHz，仪器内放大器和调制器等对各测尺频率的增益和相位移稳定性也趋于一致。因此，间接测尺频率方式，一般为中、远程光电测距仪采用。

间接测尺频率方式的工作原理如下：

设用 f_1、f_i 两个测尺频率分别测量同一段距离，根据式（4-5）可得：

$$\frac{2f_1}{c}D = N_1 + \Delta N_1$$
$$\frac{2f_i}{c}D = N_i + \Delta N_i$$

将上述两式相减并移项后，则得：

$$D = \frac{c}{2(f_1 - f_i)}[(N_1 - N_i) + (\Delta N_1 - \Delta N_i)]$$

令 $f_{1,i} = f_1 - f_i, N_{1,i} = N_1 - N_i, \Delta N_{1,i} = \Delta N_1 - \Delta N_i$，则：

$$D = \frac{c}{2f_{1,i}}(N_{1,i} + \Delta N_{1,i}) = u_{1,i}(N_{1,i} + \Delta N_{1,i}) \qquad (4-6)$$

式中 $u_{1,i} = c/(2f_{1,i})$ 为相当测尺长度。

式（4-6）与式（4-5）形式相同。间接测尺频率方式，就是根据这个原理测距的。

表 4-1

间接测尺频率 f_i	相当测尺频率 $f_{1,i}$	相当测尺长度 $u_{1,i}$	测距精度
$f_1 = 15\text{MHz}$	$f_1 = 15\text{MHz}$	10m	1cm
$f_2 = 0.9f_1$	$f_{1,2} = f_1 - f_2 = 1.5\text{MHz}$	100m	10cm
$f_3 = 0.99f_1$	$f_{1,3} = f_1 - f_3 = 150\text{kHz}$	1km	1m
$f_4 = 0.999f_1$	$f_{1,4} = f_1 - f_4 = 15\text{kHz}$	10km	10m
$f_5 = 0.9999f_1$	$f_{1,5} = f_1 - f_5 = 1.5\text{kHz}$	100km	100m

（三）内光路设置

用固频相位法测距，为了提高测量相位差的精度，测距仪内设置有主控振荡器（简称主振）、本地振荡器（简称本振）和混频器。仪器在发射调制光波时，由主振和本振产生的电信号，经混频器混频后得到的电信号，称为参考信号，它是测相的基准信号。在发射调制光波后，由反射棱镜反射回到测站的调制光波，经接收器接收并转换成电信号后，与本振电信号由混频器内混频而得到的电信号，称为测距信号。用相位计测量调制光波往、返于待测距离上的相位延迟，就是测量测距信号与参考信号之间的相位差。

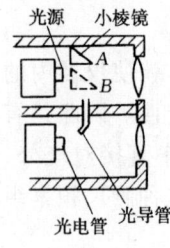

图 4-3

因为仪器内部电子线路在传递信号的过程中将产生附加相位移 φ'，故由相位计所测得的测距信号与参考信号之间的实际相位差（φ）为：

$$\varphi = \varphi_D + \varphi'$$

式中 φ_D 为调制光波在待测距离上往返传播所产生的相位移。

如图 4-3 所示，内光路系统由小棱镜和光导管组成，当小棱镜位于 A 时，光束通过发射物镜射向镜站的反射棱镜，作外光路测量。当小棱镜位于 B 时，光束不再通过发射物镜射出，而是被小棱镜反射，经光导管直接引进接收光电管，作内光路测量。

设内、外光路测量时的相位差分别用 $\varphi_内$ 和 $\varphi_外$ 表示，则有：

$$\left.\begin{array}{l}\varphi_内 = \varphi_d + \varphi'_内 \\ \varphi_外 = \varphi_D + \varphi'_外\end{array}\right\} \qquad (4-7)$$

式中 φ_d 为调制光波在内光路光程上的相位移。

由于内、外光路测量时，发射信号被光电管接收后，所经过的电子线路完全一样，且测量时间比较接近，可认为 $\varphi'_内 = \varphi'_外$。于是，将式（4-7）中的两式相减可得：

$$\varphi_{D-d} = \varphi_D - \varphi_d = \varphi_外 - \varphi_内$$

显然，由内、外光路测量结果求得的相位移 φ_{D-d}，消除了随机相位移 φ' 的影响。

因为 φ_d 是发射光束经过一段光学路线的相位移，对于每一台测距仪来说，它是个常数，可以用加入改正数或预置常数等方法加以消除，从而使测相结果仍为调制光波往、返于待测距离上的相位差。

三、相位式测距仪的基本结构及其作用

相位式光电测距仪在进行距离测量时，一般须经过发射→调制→反射→接收→测相等主要工作过程。因此，仪器的基本结构需要有与其相对应的电子器件和光学部件来组成。下面仅就与红外测距仪基本结构有关部分做一简单介绍。

（一）发射器

发射器即光源，它的作用是产生高频光载波，以便运载测距信号。

相位式光电测距仪的光源主要采用氦氖（He–Ne）气体激光器和砷化镓（GaAs）二极管。前者用于15km以上的远程测距仪上；后者用于中、短程测距仪中。

砷化镓二极管分为砷化镓激光器和发光管两种。其中非激光态的砷化镓发光二极管，为测程在5km以内的中、短程光电测距仪广泛采用。

砷化镓（GaAs）发光二极管是一种晶体二极管，与普通二极管一样，内部也有一个PN结，如图4-4所示。它的正向电阻很小，反向电阻较大。当正向注入强电流时，在PN结里就发射出波长为$0.72\sim 0.94\mu m$之间的红外光，而且它的光强随着注入电流的大小而变化。因此，可以通过改变馈电电流对输出的光强进行直接调制，无需配置结构复杂、功耗较大的调制器。此外，砷化镓发光二极管光源与其他光源比较，有体积小、重量轻、寿命长和耐震等优点，有利于使测距仪小型化和轻便化。

（二）调制器

使光载波的振幅、强度、相位或频率发生有规律变化的过程，称为光的调制。在光电测距仪中，对于光载波通常是采用光波的强度调制（见图4-5）。

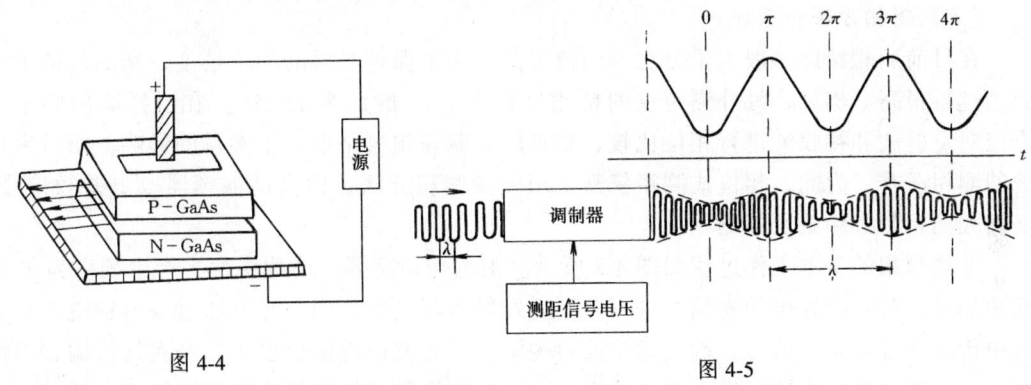

图 4-4　　　　　　　　　　　　图 4-5

调制器的作用是将测距信号"装载"在光载波上，使光载波的振幅随测距信号电压而变化，成为调制光波而发射出去。

光电测距仪按调制方式分为外调制和内调制两种。外调制是光源和调制器为两个独立的器件，调制器的调整方便，对光源没有影响；内调制是在光源内部采取措施来完成调制过程，光源和调制器是一个整体。

（三）棱镜反射器

在使用相位式光电测距仪进行精密测距时，必须在测线的另一端安置反射器，其作用是使发射的调制光经它反射后返回测站，由仪器的接收器所接收。目前常采用角反射棱镜作反射器。它是用光学玻璃制作成的四面锥体，其中三个棱面互成直角，而底面成三角形

平面，如图4-6所示。在三个互相垂直的面上镀银作为反射面，第四个面则是透射面。对于任意入射角的入射光线，在角反射棱镜的两个面上的反射都是相等的，所以通常反射光线与入射光线平行。因此，当安置的反射棱镜大致对准测距仪，而方向偏离在20°以内时，发射的光线经它折射后仍能按原方向反射回测站。但为了使反射棱镜具有足够有效的反光面积、减弱测距误差和保证测程，作业中还应使反射棱镜精确对准测距仪。

（四）光电转换器

在光电测距仪中，光电转换器的作用，是把接收到的光信号转换为电信号并予以放大。有些光电转换器（如光电倍增管），还起到混频器的混频作用。

光电二极管的构造见图4-7。它与一般二极管相似，主要区别是它具有光电压效应（又称为光生伏特效应），即当光波通过聚光镜会聚后，照射到 PN 结时，便使光能转换为电能。其电流大小随着光波的强弱而变化，故可将光信号变为电信号。

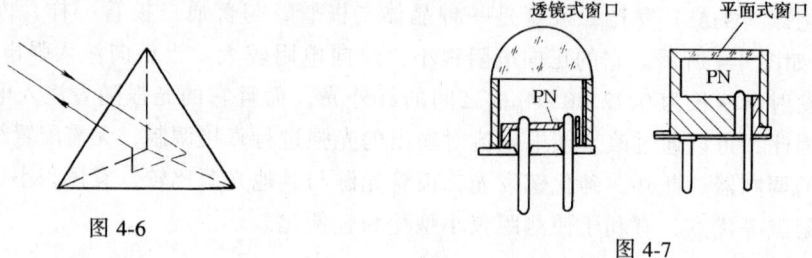

图 4-6

图 4-7

雪崩光电二极管是根据光电压效应和雪崩倍增原理制成的。其工作电压接近击穿电压，它的灵敏度比一般光电二极管高，故得到普遍应用。

（五）测相方法和原理

在目前测相精度一般为千分之一的情况下，为了保证必要的测距精度，精测尺的频率必须选得很高。例如，红外测距仪的精测尺频率 f_1 一般约为 15MHz。在这样高的频率下直接对发射波和接收波进行相位比较，将难以克服高频电路中寄生参量的影响，而带来显著的测相误差。为此，相位式测距仪都采用差频测相方法，即借助混频器取出差频信号，变高频测相为中频或低频测相。

差频测相的基本工作过程如图4-8所示。由主控振荡器（简称主振）产生频率为 f_i 的测距信号，对光源发出的光载波进行调制后发射调制光波。调制光波通过发射物镜，在大气中传输到待测距离的另一端点的角反射棱镜上，光波被棱镜反射后，经大气传输、返回测站，它通过接收物镜后进入光电转换器。光电转换器把接收的光信号转换成电信号，经高频放大器放大后，输入到信号混频器，与由本地振荡器（简称本振）产生频率为 $f_i - f_c$ 的另一个输入信号，在信号混频器内混频，经选频电路取出差频为 f_c 的信号；该信号又经过中频（低频）放大器的放大后，输出频率为中频（或低频）f_c 的测距信号 e_m。

由电子技术学可知，高频的主振电信号和本振电信号混频后得到的中频（或低频）信号，其相位关系保持不变。因此，测距信号 e_m 保留了调制光波往返于待测距离上的相位延迟 φ；又主振 f_i 信号和本振 $f_i - f_c$ 信号，输入参考混频器进行混频后，也取出差频为 f_c 的信号，它再经中频（或低频）放大器放大后，输出频率为中频（或低频）f_c 的参考信号 e_r，作为与测距信号 e_m 比较相位的基准信号。

由于 e_m、e_r 信号频率相同，相位差为 φ，故它们输入相位计进行比相后，输出信号

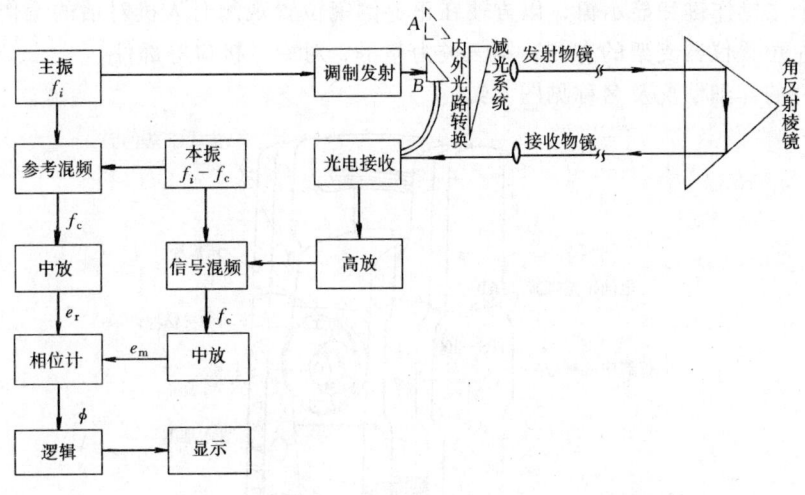

图 4-8

的相位差为 φ。随后，由逻辑电路将相位差 φ 转换成待测距离 D。

目前，相位式测距仪的测相采用自动数字测相法，并自动进行精、粗测距离的衔接和组合。然后从显示器上显示出所测距离。

四、GTS—301D 全站仪

（一）GTS—301D 全站仪的基本情况

随着科学技术的不断发展，由光电测距仪、电子经纬仪、微处理器及数据记录装置融为一体的电子速测仪（简称全站仪）正日臻成熟、逐步普及。它标志着测绘仪器的研究水平、制造技术、科技含量、适用性程度等，都达到了一个新的阶段。

全站仪是指能自动地测量角度和距离，并能按一定的程序和格式将测量数据传送给相应的数据采集器的测量仪器。全站仪的操作主要是通过键盘、菜单、或二者联合使用的方式进行。

GTS—301D 电子全站仪是日本 TOPCON 公司生产的 J_2 级测角精度及 ±（3mm + 2ppm）测距精度的全站仪。该仪器的操作是通过键盘输入的方式实现的。它不仅具有使用方便、操作简单、仪器性能稳定等特点，而且具有精度高及有双轴误差补偿等功能。

GTS—301D 全站仪的基本情况及主要技术指标参数如下：

1. 电磁波测距

精测尺为 10m；精测频率为 14985432Hz；光源为红外光；测量精度为 ±（3mm + 2ppm）；测程：一棱镜 2.4 - 2.7km，三棱镜 3.1 - 3.6km，九棱镜 3.7 - 4.4km；基准温度为 +15℃；基准气压为 760mmHg。

2. 电子角度测量

方法为增量法；精度为不大于 ±2″；补偿范围为 ±3′；最小读数为 1″。

（二）GTS—301D 全站仪的主要部件及作用

仪器的主要操作部件大致分为三类：第一类是转动部分的制动与微动螺旋，该类螺旋采用复合式装置，手基本上在同一位置上就可完成两种操作，另外还有下盘的制动螺旋，为复测功能而设；第二类是操作键与显示窗（屏），在望远镜两端下方的旋转部上各设有相同的 6 个主操作键和显示窗,以方便在正、倒镜位置观测时人机对话的操作,8 个功能键设在盘左位置仪器支架的右侧;第三类为整平、对中、接口等部件。

各部件的详细情况及名称见图 4-9。

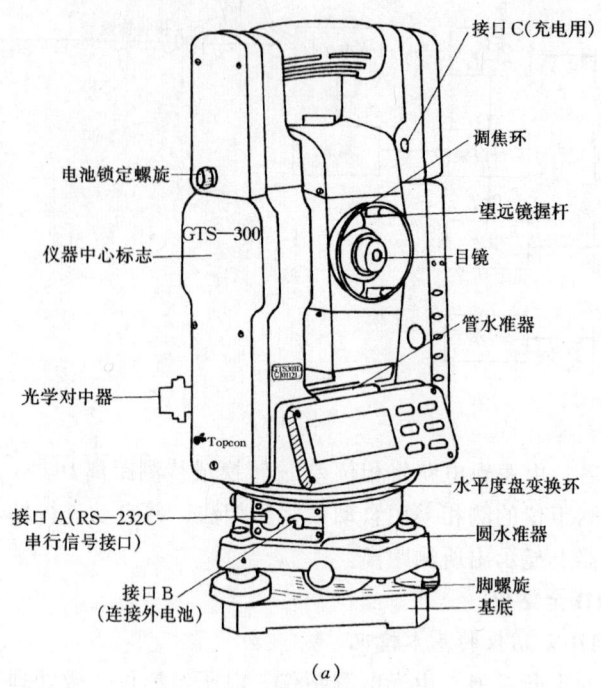

(a)

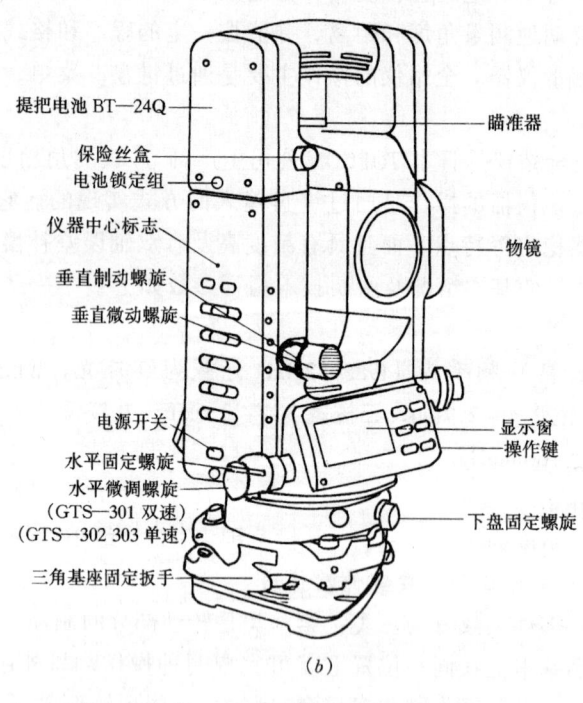

(b)

图 4-9

（三）操作键

1. 主键

显示屏所在的操作面板上有 6 个主操作键，简称主键，见图 4-10。在不同操作模式中，主键具有单重功能、双重功能或三重功能。

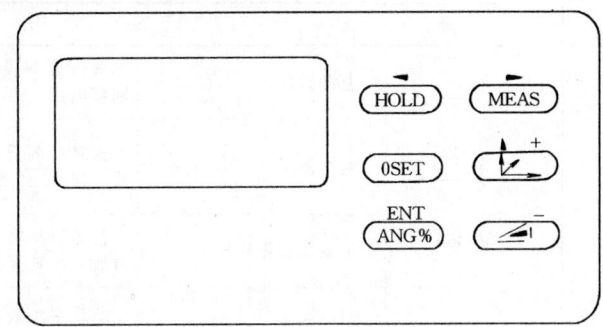

图 4-10

（1）主键第一功能

键		说　明
HOLD	保持水平角	在测角模式下按键一次，保持水平角，再按一次则以该角值为起始位置进行测量
0SET	水平角置 0	在测角模式下按键一次，显示出 0°0′00″水平角，再按一次从 0°0′00″开始测角
ENT ANG%	以百分比显示所测角值	从测角模式到测距模式或坐标测量模式变换。显示垂直角时，将角度化为百分比或做相反的变换
MEAS	测距	按该键一次，置 N 次精测或粗测测量模式。这时自动重复测量 N 次并保持显示数据。连按两次，即为跟踪或粗测模式
↙ +	连续坐标测量显示 N（X），E（Y），Z 坐标	按键一次，从测角模式置入测坐标模式。在测坐标模式下，每次按该键则分别显示 N（X），E（Y），Z 坐标
↙ −	连续测距平距、高差和斜距	每按一次，顺序显示平距、高差和斜距

（2）主键其他功能

键		说　明
◀	光标左移	在数据输入和选择模式下，将光标左移
▶	光标右移	在数据输入和选择模式下，将光标右移
▲ +	光标所在数字增大或置（+）号	在数据输入模式下，置入放样的标准距离。增大光标所在的数字或给置入值赋（+）号
▼ −	光标所在的数字减小或置（−）号	在数据输入模式下，选择测站坐标输入模式。减少光标所在的数字或给置入值赋（−）号
ENT	确认	确认输入的参数或数值，使仪器接收

2. 功能键

功能键共有 8 个，设置在仪器盘左状态右侧支架的侧面上，见图 4-11。在不同的操作模式中，功能键具有单重功能、双重功能或三重功能。

（1）功能键第一功能

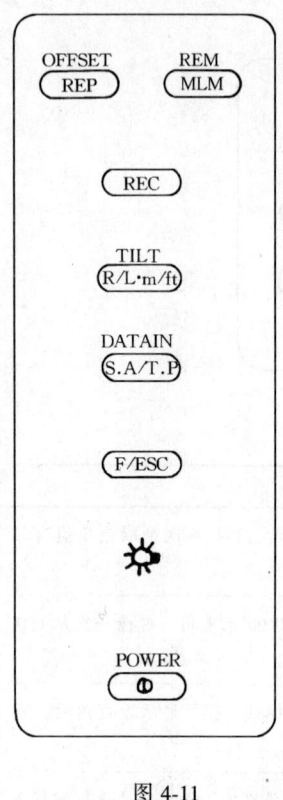

图 4-11

键		说 明
OFFSET REP	复测角度	置入复测模式。按 F/ESC 键，返回原模式
REM MLM	对边测量	置对边测量模式，置双对边测量模式。按 F/ESC 退出键返回原模式
REC	记录（数据输出）	按该键一次开始测量并将数据保留，再按一次则输出数据
TILT R/L·m/ft	水平角右/左 米/英尺	将水平角从右方方式置为左角方式，每按一次键则交换右或左角方式；在测距方式下，距离单位在米与英尺间互换
DATAIN S.A/T.P	置入音响模式	按键一次进入音响模式；显示大气改正值、棱镜常数及回光信号强度；再按键一次，进入输入气象改正值和棱镜常数模式
F/ESC	功能键 退出键	赋于该键上列功能，从置入模式中脱离
☼	照明键	照明十字丝及显示窗荧屏
POWER	电源开关	仪器电源开或关

（2）功能键其他功能

键		说 明
OFFSET	偏心测量模式	置入偏心测量模式。在难于放置棱镜的情况下（例如树木的中心），求得中心坐标值
REM	悬高测量	置入悬高测量模式，在难于放置棱镜时（例如在建筑物上），求垂直距离
TILT	显示倾斜量	在垂直角自动改正状态下，显示自动改正值
DATA IN	数据输入	放样时输入标准距离或输入测站坐标值

（四）GTS-301D 全站仪的基本工作原理

1. 光电测距基本原理

GTS-301D 全站仪采用 GaAs 发光管光源，发射红外光作为载波，按固频相位式测距法测距。

2. 电子测角基本原理

该全站仪的测角系统为电子经纬仪，它采用光栅度盘，属增量法电子测角系统。

第二节 相位法光电测距误差

一、测距误差概述

在相位法光电测距基本公式（4-5）中，顾及 $c = c_0/n_g$ 和仪器加常数后，可得：

$$D = \frac{1}{2}\frac{c_0}{n_g f}\left(N + \frac{\Delta\varphi}{2\pi}\right) + K \tag{4-8}$$

式中 c_0 为真空中的光速值；n_g 为大气群折射率；K 为仪器加常数。

设测距中误差为 m_D，其 c_0、n_g、f、$\Delta\varphi$ 和 K 的中误差分别为：m_{c_0}、m_{n_g}、m_f、$m_{\Delta\varphi}$ 和 m_K，则依误差传播定律，得：

$$m_D^2 = \left(\frac{\partial D}{\partial c_0}\right)^2 m_{c_0}^2 + \left(\frac{\partial D}{\partial n_g}\right)^2 m_{n_g}^2 + \left(\frac{\partial D}{\partial f}\right)^2 m_f^2 + \left(\frac{\partial D}{\partial \Delta\varphi}\right)^2 m_{\Delta\varphi}^2 + \left(\frac{\partial D}{\partial K}\right)^2 m_K^2 \tag{4-9}$$

按式（4-8）取各变量的偏微分。若再顾及仪器加常数的误差、测站和镜站对中误差的影响，则有：

$$m_D^2 = \left(\frac{m_{c_0}^2}{c_0^2} + \frac{m_{n_g}^2}{n_g^2} + \frac{m_f^2}{f^2}\right)D^2 + \left(\frac{\lambda}{4\pi}\right)^2 m_{\Delta\varphi}^2 + m_K^2 + m_p^2 \tag{4-10}$$

式中 m_p 为仪器对中的中误差。

上式表明，相位法测距的距离误差可分为两部分，一部分误差与测量的距离成比例，称为比例误差；另一部分误差与测量的距离无关，称为固定误差。也就是说，测距误差由固定误差和比例误差两部分组成，故其表达式一般写成：

$$m_D = \pm\sqrt{m_a^2 + (m_b \cdot D)^2} \tag{4-11}$$

或：

$$m_D = \pm\sqrt{a^2 + (b \cdot D)^2} \tag{4-12}$$

应当说明，生产厂家给出的仪器标称精度，即测距中误差，它的一般形式为：

$$m_D = \pm(a + b \cdot 10^{-6}D)\text{mm} = \pm(a + b \cdot \text{ppm}D)\text{mm} \tag{4-13}$$

式中 a 为固定误差以 mm 为单位；$b \cdot 10^{-6}$（ppm）D 为比例误差（但习惯上一般称该误差的系数 b 为比例误差），D 以 km 为单位。它们是偶然误差，由统计回归分析得出。

生产厂家所给的仪器标称精度，仅由部分误差确定，它只是一般地说明仪器的性能，并不等于实际测距精度。

二、真空光速值的误差

目前相位法光电测距采用的真空光速值 c_0，是 1975 年国际大地测量和地球物理联合会的推荐值，即 $c_0 = 299792458 \pm 1.2$ m/s，相对中误差为 4×10^{-9}。因目前能达到的测距精度一般为 2×10^{-6}，故此误差可略而不计。

三、大气群折射率误差

测尺长度 $u = c_0/2n_g f$，大气群折射率 n_g 的误差将使测尺长度发生变化，从而产生测距误差。

大气群折射率是气温 t、气压 p 和湿度 e 的函数。当测定的气象元素值有误差 Δt、Δp 和 Δe 时，虽然距离观测值加入了气象改正数，但它仍含有气象元素测定误差的影响。

理论上计算表明，用红外测距仪测距时，若要求测距误差 $\Delta D \leqslant 1 \times 10^{-6}$，则需 $\Delta t \leqslant \pm 1\text{℃}$，$\Delta p \leqslant \pm 2.7\text{mmHg}$，$\Delta e \leqslant \pm 20\text{mmHg}$，可见 Δt 影响最大，Δp 其次，Δe 最小。在实际作业中，除非是高湿地区精密测距，Δe 的影响一般可忽略不计。

为了减弱气象元素值的测定误差影响，应定期检校气象测量仪表；要正确地测量气象元素值，如温度计不要受阳光直接照射，应在仪器附近同高处读取气温；三、四等边长测量，应在观测的始末读取气温（读至 0.2℃）和气压（读至 0.5mmHg）。

四、频率误差

由石英晶体振荡器产生的精测频率决定了精测尺长，当它的实际频率值 f 相对标称频率值 f_0 偏差 Δf 值时，将引起精测尺长变化，从而产生比例测距误差。

因晶体老化、恒温槽热惯性和测距时环境温度变化，将使精测频率产生漂移，这种误差是频率误差对测距影响的主要部分。

减弱频率误差影响的方法是定期检验仪器，对距离进行乘常数的改正或频偏改正；为了减小频率漂移影响，一般还应在开机后待片刻再测距。

五、测相误差

（一）测相设备本身的误差

目前，红外测距仪都采用自动数字测相的方法，把正弦波的参考信号 e_r 和测距信号 e_m 之间的相位差，变换成检相方波并填充时钟脉冲来测定的。由于测相电路稳定性及测相器件的时间分辨率的限制，多次检相结果不会一致而存在测相误差。

这种测相误差的数值，一般不超过 ±1 个最小显示单位。当用多个测回观测读数并取平均值时，误差便可减小。

（二）幅相误差

在测距仪的测程范围内，因接收信号强弱不同，即接收的测距信号幅度不一致而引起的测距误差，称为幅相误差。

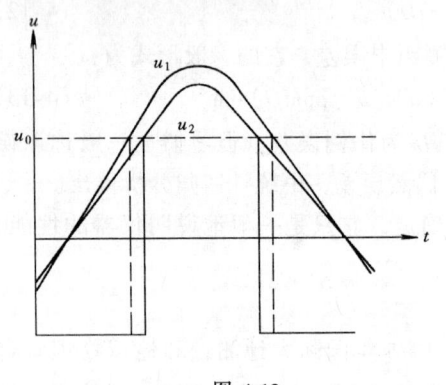

图 4-12

如图 4-12 所示，u_1 和 u_2 是测量同一距离时，先后接收到的两个测距信号，u_0 为整形电平。由于 u_1、u_2 测距信号幅度不同，整形后的方波宽度便不一致，势必使检相方波内的填充脉冲个数发生变化，从而显示出不同的测距结果。

现在生产的红外测距仪，都置有光强自动控制系统，能使测量不同距离时的接收信号光强，自动调节到误差允许的范围内。

（三）照准误差

砷化镓发光二极管，其发光面上发出的调制光束，在同一横截面上各部分的相位不同，兼之光束发散角较大，于是测量同一距离时，因照准目标的偏差不同，反射棱镜将截获不同部分的光斑，从而引起接收的回光信号的相位发生变化，致使测距结果不一致而带来测距误差。这种误差称为照准误差，又称为发光管光相位不均匀误差。

因为发光二极管发光面上中心部分发出的光（简称中心光）的相位延迟，要比边缘部分发出的光（简称边缘光）小，故应力求接收中心光观测，避免用边缘光测距。

在发光管有效发光区域内，中心光倾向于亮度最大处，为了减弱照准误差，测距时应采用电照准（即反射光信号最强的位置）。

（四）周期误差

周期误差主要来源于测距仪内部光、电固定信号的串扰。例如，发射信号通过电子开关、电源线和空间耦合等渠道串到接收部分，形成相位固定不变的串扰信号（见图4-13）。当有固定串扰信号 e_c 时，相位计测得的相位差，是测距信号 e_m 和串扰信号 e_c 的合成信号 e_k 对参考信号 e_r 的相位移 φ_k；而测距信号 e_m 的相位移，应为 φ_m。显然 φ_k 中含有串扰信号引起的附加相位移 $\Delta\varphi$。这种测距误差，称为周期误差。

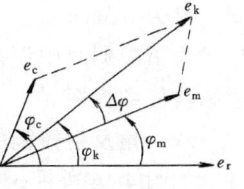

图 4-13

周期误差 $\Delta\varphi$ 的大小是以 2π（即一个精测尺长）为周期、按正弦函数规律变化的（见图4-14）。为了减弱其影响，应定期检测周期误差。当误差的幅值过大时，还应在距离观测值中加入相应的周期误差改正。

六、仪器加常数的测定误差

当待测距离是用内、外光路测量方法测定时，它的观测值是内、外光路测量值之差。如图4-15所示，在内光路测量中，调制光在玻璃棱镜和光导纤维管内传输的光程，折

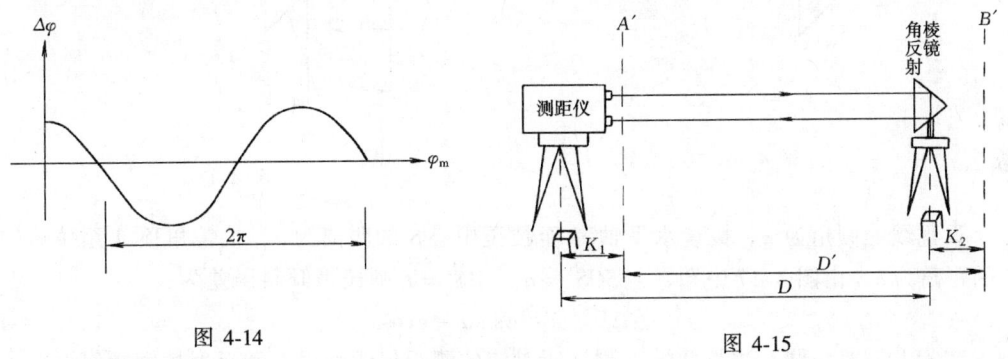

图 4-14　　　　　　　　　图 4-15

合成在大气中传输的等效光程时，内光路棱镜的等效反射面在 A' 处，它与测距仪对中点不一致，从而引起的距离改正数称为仪器常数，以 K_1 表示。在外光路测量中，调制光在反射棱镜内传输的光程，折合成在大气中传输的等效光程时，反射棱镜的等效反射面在 B' 处，它与反射棱镜对中点不一致而引起的距离改正数，称为棱镜常数，以 K_2 表示。红外测距仪通常把仪器常数 K_1 和棱镜常数 K_2 的联合影响称为仪器加常数，以 K 表示。当仪器与不同的棱镜组合使用时，将会有不同的 K 值。

在图4-15中，D 为待测距离，D' 为实测的距离，显然有：

$$K = D - D' = \{(K_1 + D') - K_2\} - D' = K_1 - K_2 \tag{4-14}$$

使用的红外测距仪，均应定期检定仪器加常数值，并把它预置在仪器内，由于它存在着测定误差，致使对加入仪器加常数改正后的测距成果有影响。因改正用的检定值与测距时的实际值不符而含有误差，这种误差即为仪器加常数测定误差，又称剩余加常数。

七、对中误差

在测距作业中，测距仪和反射棱镜的安置中心应位于地面标石中心的铅垂线上，否则将产生对中误差而影响测距精度。

测距仪和反射棱镜的对中误差，当在地面上用三脚架安置时为 ± 1mm，在觇标基板上

安置时为 ±3mm。

为了减弱对中误差的影响，作业时应用检校过的光学对点器精确对中，或用检校过的经纬仪仔细投影。

八、角反射棱镜的倾斜误差

如图4-16所示，仪器加常数是在视线水平、反射棱镜的前平面与视线正交的情况下测定的。图中 H 是调制光束从测距仪到反射镜往、反光程的中点。当视线倾斜 α 角后，为了使棱镜前平面与视线正交，棱镜亦应绕其水平轴旋转而倾斜 α 角（见图4-17），这时棱镜角顶 A 便转移到 A' 位置上，从而产生一段水平距离误差 ΔD。这种误差称为反射棱镜倾斜误差。

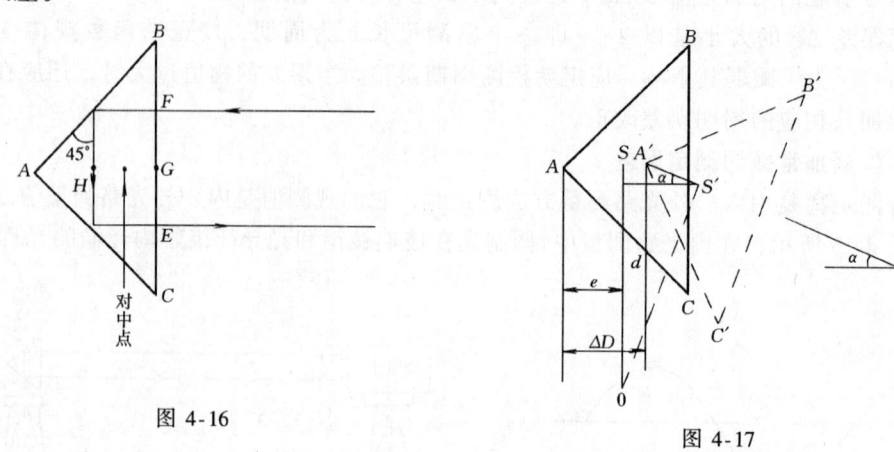

图 4-16

图 4-17

设视线的倾角为 α，棱镜水平轴 O 至棱镜中心 S 的距离为 d，棱镜角顶 A 至棱镜中心 S 的距离为 e，由图4-17中知，$\angle SOS' = \alpha$，$A'S' = e$ 则棱镜倾斜误差为：

$$\Delta D = e + d\sin\alpha - e\cos\alpha \tag{4-15}$$

实际上，对一同一边长两端点测站所对应的测距仪倾斜误差和反射棱镜倾斜误差，其所含的这种误差影响符号相反、数值相近，在其测距成果中，误差可基本抵消。对于三同轴测距仪及适配的棱镜作业时，该项误差不存在。只是由于仪器整平的误差而造成的倾斜误差，会给距离产生偶然的影响。若取往、返测距离中数后，该种误差抵消的就更彻底。故目前测距作业一般都不考虑这项误差影响，也不在测距成果中加入相应改正数。

第三节 测距成果的计算

野外用测距仪测量的距离值，须加入各种有关的改正数，再化算为以标石中心为准、并投影到参考椭球面或高斯平面上的距离。这些改正可分为三类：第一类是因大气折射而引起的改正，如气象改正；第二类是仪器本身误差引起的改正，如加常数改正、乘常数改正（或频率改正）和周期误差改正（该类改正数的参数，应按规定需送专门的仪器检验部门检验得出）；第三类是归算方面的改正，如倾斜改正、归心改正、高程归算改正和投影改正。下面对各种改正数的计算方法分述如下：

一、气象改正 ΔD_{ng}

目前生产的光电测距仪，气象改正数是由仪器本身进行自动改正的。当某种原因需要手算改正数时，应按厂家所给出的气象改正公式计算。

二、加常数改正 ΔD_K

设加常数检定值为 K，则加常数改正计算式为：

$$\Delta D_K = K \tag{4-16}$$

作业中的这项改正，一般是把 K 的检定值预置在仪器内进行自动改正。否则应按式（4-16）手算改正。

三、乘常数改正 ΔD_R

设乘常数检定值为 R；距离观测值为 D'，则乘常数改正计算式为：

$$\Delta D_R = R \cdot D' \tag{4-17}$$

四、周期误差改正 ΔD_φ

设周期误差的振幅检定值为 A；初相位角检定值为 φ_0；精测尺长为 u；距离观测值为 D'；测距仪标称精度中的固定误差为 a，则当新购仪器的 $A > 0.55a$ 或已使用仪器的 $A > 0.77a$ 时，须加入周期误差改正。周期误差改正的计算式为：

$$\Delta D_\varphi = A\sin\left(\varphi_0 + \frac{D'}{u} \times 360°\right) \tag{4-18}$$

有时事先编制好周期误差改正数表，以 D' 中不足一个精测尺长的距离尾数为引数查取。

五、倾斜改正 ΔD_h

在测距边的两端，当测距仪发射光轴和反射棱镜几何中心之间存在高差时，由距离观测值经气象、加常数、乘常数和周期误差改正后的倾斜距离，须加入一个改正数化算为水平距离，这项改正称为倾斜改正。

作业中一般不单独计算倾斜改正数 ΔD_h，而是直接把倾斜距离化算为水平距离。化算的方法有下面两种：

（一）用两点观测高差计算水平距离

设经过气象、加常数、乘常数和周期误差改正后的倾斜距离为 D_s，测距仪发射光轴几何中心与棱镜几何中心之间的高差为 h，水平距离为 D，则水平距离计算式为：

$$D = \sqrt{D_s^2 - h^2} \tag{4-19}$$

（二）用垂直角计算水平距离

设发射光轴的垂直角观测值为 α；垂直角的地球曲率和大气垂直折光改正数为 f；大气垂直折光系数为 K；地球曲率和大气垂直折光改正系数为 C；地球曲率半径为 R；D_s 以米为单位；则水平距离计算式为：

$$\left. \begin{array}{l} D = D_s \cdot \cos(\alpha + f) \\ f = \dfrac{1-K}{2R} D_s \rho'' = C D_s \cdot \rho'' \cdot 10^{-6} \end{array} \right\} \tag{4-20}$$

六、归心改正 ΔD_e

在测距作业中，因障碍物遮挡观测视线；或为了避开不利的地形和地物使测距仪和棱镜的整置位置，分别偏离了测站点和照准点的标石中心，这时测得的偏心水平距离须加入一个改正数，把它归算到标石中心上，这项改正称为归心改正。

在图 4-18 中，设测站和镜站的标石中心分别为 A 和 B；它们之间的水平距离为 D_e；

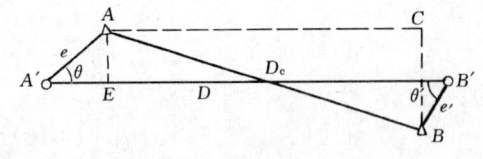

测距仪和棱镜的整置中心分别为 A' 和 B'，它们之间的水平距离为 D；测站的偏心距和偏心角分别为 e 和 θ；镜站的偏心距和偏心角分别为 e' 和 θ'，则归心改正数为：

图 4-18

$$\Delta D_e = D_e - D \tag{4-21}$$

$$D_e = D + \Delta D_e \tag{4-22}$$

在图 4-18 中，作直线 $AC // A'B'$，$AE \perp AC$，$BC \perp CA$，由图不难看出：

$$D_e = \sqrt{AC^2 + BC^2} = AC \cdot \sqrt{1 + \left(\frac{BC}{AC}\right)^2} \tag{4-23}$$

在上式中，BC 比 AC 小得多，故 BC/AC 的数值很小，按级数展开 $\sqrt{1 + \left(\frac{BC}{AC}\right)^2}$ 时，可只取前两项，并且第二项的 AC 用 D 代替后，得：

$$D_e = AC + \frac{BC^2}{2D} \tag{4-24}$$

因为：$AC = D - (e\cos\theta + e'\cos\theta')$；$BC = e\sin\theta + e'\sin\theta'$，故代入上式后可得：

$$D_e = D - (e\cos\theta + e'\cos\theta') + \frac{1}{2D}(e\sin\theta + e'\sin\theta')^2 \tag{4-25}$$

故而归心改正数为：

$$\Delta D_e = -(e\cos\theta + e'\cos\theta') + \frac{1}{2D}(e\sin\theta + e'\sin\theta')^2 \tag{4-26}$$

当偏心距等于或小于 0.3m 时，式 (4-26) 中等式右端第二项的数值可略去不计，这时有：

$$\Delta D_e = -(e\cos\theta + e'\cos\theta') \tag{4-27}$$

七、高程归算改正 ΔD_H

将地面上测量得的水平距离归算为参考椭球面上的距离，须加入的改正，称为高程归算改正，简称归算改正。

根据第二章所讨论的原理和方法，直接应用公式 (2-12) 或 (2-13) 计算。

八、投影改正 ΔD_G

将参考椭球面上的距离 D_0 归算为高斯平面上的距离 D_G，须加入的改正称为距离改正或投影改正。

根据第二章所讨论的原理和方法，直接应用公式 (2-30) 计算。

九、测距边长精度的评定

三、四等边长测量，各测距边均往、返观测。因此，在一个测区进行同一等级边长的测量时，可以根据各边往、返测的距离较差计算出单位权中误差，进而计算各边的实际测距中误差。

设：各测距边化算到同一高程面上的往、返测水平距离较差为 d_i；距离测量的先验权为 P_i；测距边边数为 n；则单位权中误差为：

$$\mu = \pm\sqrt{\frac{[Pdd]}{2n}} \tag{4-28}$$

式中 $P_i = 1/\sigma_{D_i}^2$，$\sigma_{D_i}^2$ 为测距边先验中误差，可按测距仪的标称精度 $(a + b \cdot 10^{-6} \cdot D_i) = \sigma_{D_i}$ 计算。

任一边长的实际测距中误差为：

$$m_{D_i} = \pm \mu \sqrt{\frac{1}{P_i}} \tag{4-29}$$

m_{D_i} 的计算值应满足所执行的规范的要求。例如《城市测量规范》要求三、四等光电测距导线每边的测距中误差应不大于 ± 18mm。

最后，计算各测距边边长相对中误差 m_{D_i}/D_i。例如《城市测量规范》要求三、四等首级三角网的起始边长相对中误差，应分别不大于 1/200000 和 1/120000。

十、计算示例

桥头——南巷四等导线边，用标称精度为 $\pm(5\text{mm} + 3\text{ppm}D)$ 的 DM—S3L 红外测距仪观测，经自动进行气象改正后的往、返测距离观测值分别为 1628.524m 和 1628.521m。仪器检定值有：$K = -25.0$mm；$R = -0.53 \times 10^{-6}$；$A = 0.18$mm；$\varphi_0 = 121°.8492$（十进制角度）。

（一）加常数改正计算

$$\Delta D_K = -25.0\text{mm}$$

（二）乘常数改正计算

$$\Delta D_R = -0.53 \times 10^{-6} \times 1.628522 Km = -0.9\text{mm}$$

（三）周期误差改正计算

因 $A = 0.18$mm < 3.85mm，可以不加入周期误差改正。若加入这项改正，则有：

$\Delta D_\varphi = 0.18 \times \sin(121°.8492 + 8.522 \times 360°/10) = +0.2$mm

（四）倾斜距离计算

往测：$D_s = 1628524$mm $- 25$mm $- 0.9$mm $+ 0.2$mm $= 1628.4983$m

返测：$D_s = 1628521$mm $- 25$mm $- 0.9$mm $+ 0.2$mm $= 1628.4953$m

（五）水平距离计算

往测：$h = +10.710$m；$D = \sqrt{1628.4983^2 - 10.710^2} = 1628.4631$m

返测：$h = -10.595$m；$D = \sqrt{1628.4953^2 - 10.595^2} = 1628.4608$m

（六）归心改正计算

往测：镜站偏心，$e' = 1.798$m，$\theta' = 287°39'$；

返测：测站偏心，$e = 1.798$m，$\theta = 287°39'$。

归心改正数为：

$$\Delta D_e = (1.798 \times \cos 287°39') + \frac{1}{2 \times 1628.462} \times (1.798 \times \sin 287°39')^2$$
$$= -0.5443\text{m}$$

归心改正后的水平距离为：

往测：$D_e = 1628.4631 - 0.5443 = 1627.9188$m

返测：$D_e = 1628.4608 - 0.5443 = 1627.9165$m

（七）投影到参考椭球面上的距离计算

往测 $H_m = 9.610\text{m}$，返测 $H_m = 9.715\text{m}$（H_m 均考虑了仪器高和棱镜高），$h_m = +62\text{m}$，$R_A = 6368188\text{m}$，投影到参考椭球面上的距离为：

往测：$D_0 = \left\{ 1 - \dfrac{9.6 + 62}{6368188} + \left(\dfrac{9.6 + 62}{6368188}\right)^2 \right\} \times 1627.9188 = 1627.9005\text{m}$

返测：$D_0 = \left\{ 1 - \dfrac{9.7 + 62}{6368188} + \left(\dfrac{9.7 + 62}{6368188}\right)^2 \right\} \times 1627.9165 = 1627.8982\text{m}$

往、返测距离中数为 1627.8994m；往、返测距离校差 $d = 2.3\text{mm}$。

往、返测距离较差的限值 $d_{限} = \pm 2 \times (5 + 3 \times 1.628) = \pm 19.8\text{mm}$，故往、返测距离较差符合限差要求。

（八）投影到高斯平面上的距离计算

测距边两端点的横坐标自然值为 76164.814m 和 77780.838m，平均值 $y_m = 76972.826\text{m}$，横坐标之差 $\Delta y = 1616.024\text{m}$，$R_m = 6368192\text{m}$。投影到高斯平面上的距离为：

$$D_G = \left\{ 1 + \dfrac{1}{2} \times \left(\dfrac{76972.826}{6368192}\right)^2 + \dfrac{1}{24} \times \left(\dfrac{1616.024}{6368192}\right)^2 \right\} \times 1627.8994 = 1628.018\text{m}$$

（九）精度估算

测距边数 $n = 19$，$[pdd] = 12.1150$，单位权中误差为：

$$\mu = \pm \sqrt{\dfrac{12.1150}{2 \times 19}} = \pm 0.5646\text{mm}$$

该导线边测量的先验权为：

$$P = 1/(5 + 3 \times 1.6285)^2 = 0.0102$$

测距中误差为：

$$m_D = \pm 0.5646 \times \sqrt{\dfrac{1}{0.0102}} = \pm 5.59\text{mm} < \pm 18\text{mm}$$

边长相对中误差为：

$$\dfrac{m_D}{D} = \dfrac{5.59}{1628000} \approx \dfrac{1}{291000}$$

复习思考题

1. 光电测距仪是怎样分类的？
2. 试述固频相位法测距的基本原理及优缺点。
3. 固频相位式光电测距仪选择的测尺频率方式有哪两种？它们有什么区别？
4. 什么叫精测频率、粗测频率和相当测尺频率？
5. 进行内、外光路测量，为何能消除电子线路随机相位移的影响？
6. GTS—301D 全站仪的主键和功能键有哪些功能？
7. 试述相位法光电测距的误差公式来源。
8. 什么叫固定误差和比例误差？它们具体包含有哪些主要误差？
9. 列表说明各种测距误差的规律及减弱（或消除）方法，并归纳出测距的基本规则。
10. 用红外测距仪实测的距离观测值，一般要加入哪些改正数？顺序如何？

习 题

用 GTS—301D 全站仪测得三等导线点 A、B 间的往、返测的偏心距离观测值及相应的偏心元素分别为：往测 2678.123m，$e = 1.250$m，$\theta = 60°15'$；返测 2678.130m，$e' = 1.250$m，$\theta' = 60°15'$。其他有关数据及参数为：$H_A = 70.553$m，$H_B = 81.942$m，$R_m = 6368192$m，$y_A = 66164$m，$y_B = 67780$m（y_A、y_B 为自然值），$h_m = +45$m，平均仪器高度 1.5m，$K = +10$mm，$R = -6$ppm，$A = 5$mm，$\varphi_0 = 35°.2350$，本测区 $n = 25$，$[pdd] = 35.1286$。试计算高斯平面上对应于 AB 的长度，并进行有关的检核及精度估算。

第五章 导线测量

第一节 导线测量技术设计

随着电磁波测距仪和全站仪应用的普及,导线测量已成为建立平面控制网的主要方法之一。导线测量应遵循由分级布网、逐级控制、具有足够的密度、具有足够的精度、要有统一的技术规格等基本原则。

导线测量方法适用范围是很广泛的,它不仅适用于一般地区,而且在困难地区更为有利。国家导线主要适用于特殊困难地区布设平面控制网,因而它具有一定的局限性。为了更好地发挥导线测量的优势,各有关经济建设部门,都根据自己本行业的特点和要求制定了适合于本行业的导线测量技术规格,使导线测量技术能更好地为国家的经济建设服务。

本节将结合国家导线、地质勘查工程导线以及城市导线情况,重点讨论三、四等及其以下导线测量技术设计的有关问题。

一、技术设计的目的和任务

导线测量技术设计的目的和任务在于根据测区面积、现有的控制点情况、测量服务对象的具体要求等为依据,决定某一等级的导线作为首级网(在测区范围内第一次布设的某一等级的、具有实质性基础控制作用的导线网或三角网,称为首级控制网,简称首级网。首级网可是加密网或独立网)。并在首级网的全面控制下,分几个等级进行加密,合理地规划导线网的分级布设。然后拟定各等级导线的线路走向、间距和结点的大概位置等。据此可以进行精度估算和拟定施测计划。在此基础上编写技术设计书。

二、技术设计的内容和程序

(一)搜集资料及分析

技术设计前,必须广泛地搜集与设计直接有关的资料,如原有的控制测量资料、地形图资料、测量区域内的近期及远期规划、熟悉有关规范的技术规定等。

表5-1、表5-2、表5-3所列,分别为国家导线、地勘导线和城市导线的技术规格。

国家三、四等导线布设规格 表5-1

等级	附合路线长(km)	导线边长(km)	导线边数(条)	测角中误差(″)	边长测量相对中误差	最弱相邻点点位中误差估算值(m)	最弱点点位中误差估算值(m)
三	≤200	7~20	≤20	±1.8	≤1:15万	±0.37	±0.96
四	≤150	4~15	≤20	±2.5	≤1:10万	±0.38	±0.99

地质勘查工程光电测距导线布设规格 表5-2

等级	附合导线路线长度(km)	平均边长(km)	每边测距相对中误差	测角中误差(″)	Δ(″)	全长相对闭合差
三等	30	4	1:120000	±1.8	±3.5	1:60000
四等	20	2	1:80000	±2.5	±5.0	1:40000
一级	10	1	1:40000	±5.0	±10.0	1:20000
二级	5	0.5	1:20000	±10.0	±20.0	1:10000

城市光电测距导线的主要技术规格　　　　　　　表 5-3

等级	附合路线长度（km）	平均边长（m）	每边测距中误差（mm）	测角中误差（″）	导线全长相对闭合差
三等	15	3000	±18	±1.5	1/60000
四等	10	1600	±18	±2.5	1/40000
一级	3.6	300	±15	±5	1/14000
二级	2.4	200	±15	±8	1/10000
三级	1.5	120	±15	±12	1/6000

城市一、二、三级导线的布设可根据高级控制点的密度、测区的具体条件，选用两个级别。

城市一、二、三级导线，如果点位中误差要求为±10cm时，则导线平均边长及总长可放长至1.5倍；如果一级导线的平均边长为400m时，则导线总长可放长至4km，全长相对闭合差为1/15000。

导线网中结点与高级点间或结点与结点间的导线长度不应大于附合路线规定长度的0.7倍。

当附合路线长度短于规定长度的1/3时，导线全长的绝对闭合差不应大于±13cm；如果点位中误差要求为±10cm时，则不应大于±26cm。

当导线平均边长较短，附合导线的边数超过12时，应适当提高测角精度。

(二) 图上设计

1. 确定首级网性质和等级

在踏勘的基础上，再对所搜集的资料进行综合分析研究。控制网一般有以下几种情况：

测区内已建立首级控制网：精度与当前的要求相匹配，点位保存完好，这时可按其等级顺序布设加密网；如原首级网精度与当前的要求不一致，则考虑利用原旧点并加以调整原方案，按原等级应重新建立首级网，然后再考虑进一步加密的问题。

测区内无首级控制网：如测区内及周边附近地区有一定数量的国家高级大地点、具有布设加密网的条件、且其加密网的精度等又符合测区测量工作对控制测量的要求，这时应选择布设加密网作为测区的首级控制网。如首级网控制点密度不够，则考虑进一步加密低等网以作补充。首级网的等级应以高等级点的具体等级顺序选择，或根据需要越级布设。当出现下列情况之一时应选择布设独立网。

(1) 测区及周边附近无已知的高级控制点，或有，但精度和等级都很低；

(2) 测区及周边有已知的高级控制点，但数量不够，仅满足必要的起算数据（两个已知坐标，一个已知方位角）或不满足；

(3) 测区离中央子午线太远，边长的综合变形值大于2.5cm/km；

(4) 测区涉及安全、保密方面的问题；

(5) 面积小于 $25km^2$ 的测区。

建立独立网的方法有：采用抵偿坐标系；采用任意分带；在正常的坐标中加常数；起始点坐标和起始方位角假设等。由第二章的讨论知，在(1)～(4)中所采用的坐标系为地方坐标系，但其观测元素仍按高程归算和高斯投影的理论进行处理。只有在(5)中才可以任意假设起算数据，观测元素可不经归算和投影计算。这时的测量坐标系，可称为

"独立坐标系"。因此，在（1）~（4）中应尽量引入一国家大地点或其他部分数据（精度不高也可以），使其与国家坐标系统取得联系，一是便于计算，二是为了在将来必要时进行转换。（5）中的情况，如条件满足，也可布设成加密网。

首级独立导线网等级、控制面积及测图比例尺之间的关系，可参考表5-4、表5-5。

地质勘查工程首级导线网等级与布设面积配置表 表5-4

（最大测图比例尺 1∶1000）

首级导线网等级	二 级	一 级	四 等	三 等
控制面积（km²）	~30	30~120	120~500	500~1100

城市首级导线网等级与布设面积配置表 表5-5

（最大测图比例尺 1∶500）

首级导线网等级	三 级	二 级	一 级	四 等	三 等
控制面积（km²）	~2	2~6	6~15	15~140	140~320

表5-4和表5-5所列，均为按精度、密度的要求，推导出的有关导线与控制面积的合理配置关系参数，可供布网时参考。

2. 标定点位、设计网形

将测区原有的已知点在适当比例尺地形图上标定出来，设计应从控制整个测区的首级网开始。如果布设单一导线，则应考虑其长度有否超过规范的规定；如果布设成导线网，有节点产生，这时其长度可适当增加。上一级导线网设计线路的间距应顾及下一级导线网布设的容许长度，并尽可能留有余地，直到最后一级平面基本控制导线网下能布设预定的最大比较尺测图的图根导线为止。

将相邻点位，依不同的等级用不同颜色的线条联接起来，即形成了所设计导线网的网形。在后续的选点过程中，如发现有不当之处，还可以加以修改。

（三）设计时应注意的问题

1. 首级导线网的等级，要与测区面积、测图比例尺相适应；
2. 点位分布均匀，利用地形图上的元素正确判断相邻点的通视情况；
3. 导线应力求结构坚强，形状直伸，导线长度和边数以及相邻导线边长的比例应符合技术要求，以保证导线测量的精度；
4. 导线边沿线的地形应适合于电磁波测距，导线边两端点上测量的气象数据，对整条测线要有较好的代表性；
5. 导线边沿线的地形应适合于测角，特别要注意避免旁折光而引起的系统误差影响。在山区，特别是在沿山谷布设导线时，导线点不应在谷底，而要选在稍高且远离山坡的地点上；
6. 相邻导线点的高差不宜过大，其目的是为了保证边长斜距化平距的精度。按国家规范和《地质矿产勘查测量规范》要求，当采用对向三角高程测定导线边两端点的高差时：

$$h \leq 10 \cdot a \cdot S \text{ (km) m} \tag{5-1}$$

式中 S 为导线边斜距，以公里为单位，$a = 10^6 \cdot m_s/S = 10^6/T$；$T$ 为测边要求的相对中误差的分母；高差 h 以米为单位。

当导线边两端点的高差用几何水准，或相应于四等水准测量精度的光电测距高程导线测量测定时，可不受上述的限制。

三、技术设计实例

实例：如图 5-1 所示，某小城市的面积约 60km²，位于平原水网地区，现需要测绘 1:500 规划地形图以及相应的工程测量工作。测区内只有一个已知四等国家大地点，周边有 3 个已知国家二、三等大地点，但有 2 个已被损坏。该测区离中央子午线 100km，边长归算及投影变形值超过 2.5cm/km。故该测区应以四等独立导线网作为测区的首级控制网（参考表 5-5）。可以原四等点作为起算点，通过联测周边的一个国家大地点，以作为本测区导线网的已知方位角，取测区的平均经度作为任意带中央子午线。已知数据需进行换带计算。

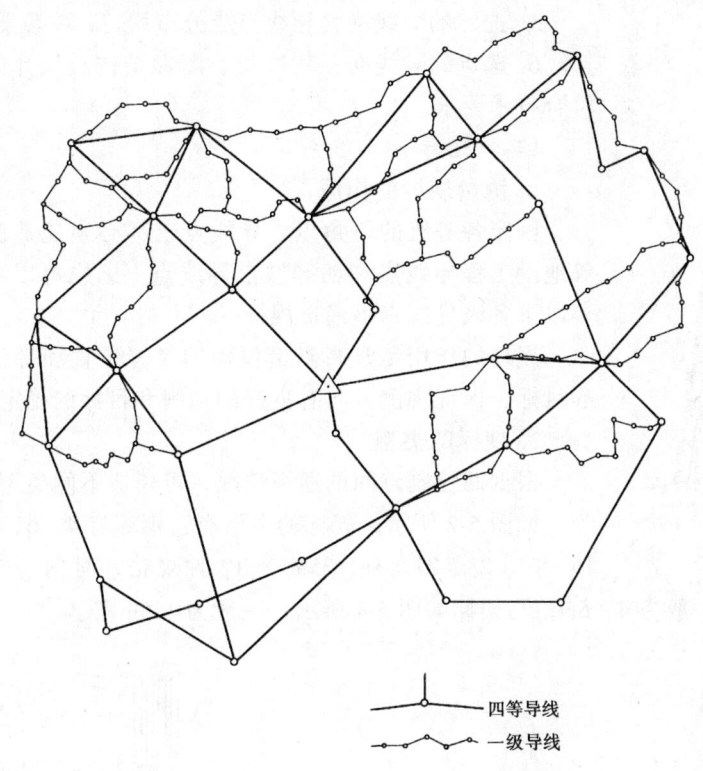

图 5-1

该网共布设 31 个四等点，构成 14 个闭合环，平均边长 1370m。在四等网下为所需测图的局部区域布设了密度较大的一级导线网，形式有单一导线、结点网等，平均边长 250m。故一般情况下可直接加密图根导线。

四、实地选点、造标、埋石

（一）实地选点

实地选点的主要任务是根据设计的要求，结合测区实地情况决定点位和觇标高度。

城市三、四等导线，为了获得全面和良好的控制作用，导线点一般选在自然地形制高点或高层建筑物上。个别沿着道路布设的地面四等导线，由于通视条件的限制和为了便于加密低等导线，应适当缩短边长。而导线点的位置，应尽可能选在十字路口及其他较开阔的地方。为了避免车辆、行人妨碍观测，当条件许可时，可以用高点（在高层建筑物上）和低点（在地面上）相间的方法布设导线，但相邻两个导线点间的高差，须满足把导线边斜距化为平距的精度要求。此外，导线点位置应避开地下管线，以保证埋设的导线点稳固和安全。实地选点的基本要求为：

1. 应选在展望良好，易于扩展和加密以及土质坚实的地方，一般应选在制高点上；

2. 应保证埋设的中心标石能长久保存，造标和观测便利。因此，点位离公路、铁路和其他建筑物应不少于50m，离开高压电线应不少于120m；

3. 应使观测视线超越（旁离）障碍物有足够的高度（距离），对于三、四等测量，这个高度（距离）一般为1.5~2.0m；

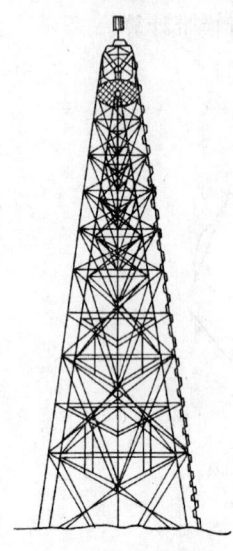

图5-2

4. 新点的位置，应尽量与旧点重合；

5. 选定的导线网，导线点应分布均匀，并覆盖整个测区；

6. 选定的导线网，其边长、图形结构、预计的点位精度，应符合技术要求。

（二）造标

1. 测量觇标的作用

国家各等级的三角点、导线点上都必须建造测量觇标。在四等地勘工程导线点和四等城市导线点上，也可以不建造觇标。四等以下各级导线点不建造觇标。

觇标的作用是升高测量仪器的整置位置和提供角度观测的照准目标，保证观测方向有良好的通视和目标的稳定。

2. 觇标的类型

根据两控制点间的通视情况，可建造不同类型的觇标。

如图5-2所示，觇标的类型有：钢标有4、6、8、10、12、14、16、19、23、27、31、35m等12种规格，有内、外架；寻常标如图5-3所示，一般为4~6m；马架标如图5-4所示，一般为1.5m等。

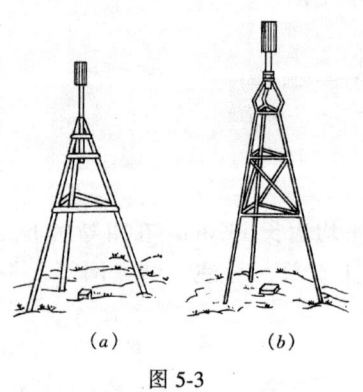

图5-3

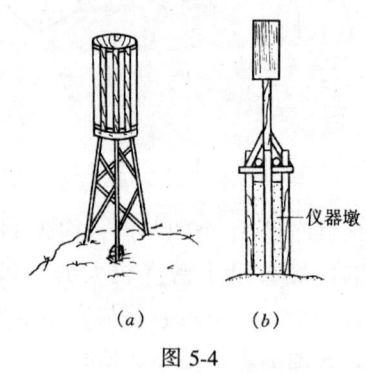

图5-4

3. 建造觇标的基本要求及一般的程序和方法

建造觇标的基本要求是：有足够的刚度、牢固、稳定、标心应处在铅垂位置。

建造觇标的一般的程序和方法：标定觇标脚位；挖基脚坑和测定坑底水平；浇灌混凝土固定层；底层觇标安装、调整、固定。测量觇标一般为专业生产的定型产品，应按规范的规定或说明书的说明，依各材料的编号，逐层安装。

（三）埋石

1．中心标石的类型及作用

中心标石的类型依地质条件和控制点（指导线点或三角点）的等级来划分。三、四等控制点常埋设的中心标石类型有：三、四等三角点标石，这类标石用于一般地区，中心标石由一块柱石和一块盘石组成，见图5-5，柱石和盘石一般用混凝土预制，在它们顶面的中心位置上嵌入一个瓷质或金属标志；岩石地区三角点标石，在三、四等控制点上，可将岩石标志用混凝土固定在岩石凿孔内，见图5-6。

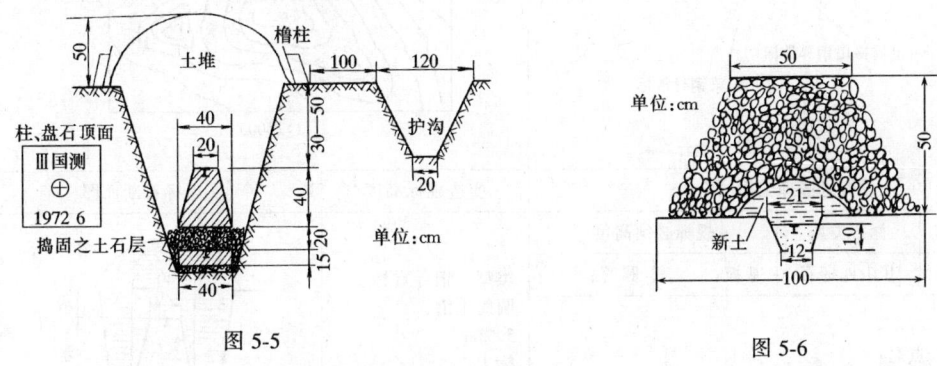

图5-5　　　　　　　　　　　图5-6

中心标石的作用是长期保存测量成果和便于利用。

2．埋石的基本要求

要求标石坚固；埋设稳定；各层标石的标志中心及标心或圆筒中心应在同一铅垂线上；标石面应大致水平，标志上的字头应朝北。

（四）造标埋石后的收尾工作

1．填绘三角点（导线点）点之记

点之记（点位说明）是指示后来使用本点时的重要资料，应在固定的表格中认真、正确地填绘有关内容。见表5-6。点之记表格也有简略的形式，可根据需要选用。

三角点（导线点）点之记　　　　　　　　表5-6

乌丽区（锁）					所在图幅(1:100000)	9-46-74
					点号	07402
点名	红石山	概略经度	90°53′	本点交通情况（水路、陆路、铁路、公路及距本点最近的车站、码头的名称及距离）	由昆仑县城乘汽车，沿青西公路至五道梁271km 由五道梁乘自备加力汽车，沿加力车便道向西北方向越野行驶70km可到小尖山三角点 再由小尖山改换牦牛驮运，向西北方向走15km即到本点	
地类	荒山	概略纬度	32°45′			
土质	砂土	概略高程	4950m			
冻结深度	0.5m	水层深度				
		解冻深度	0.5m			
所在地	青海省昆仑县（市）乌丽公社			大队（村）		
最近水源及里程	点北小河里有水，约1.5km					
最近住所及里程	五道梁，约85km			石子来源	点北小河里有	砂子来源	点北小河里有

续表

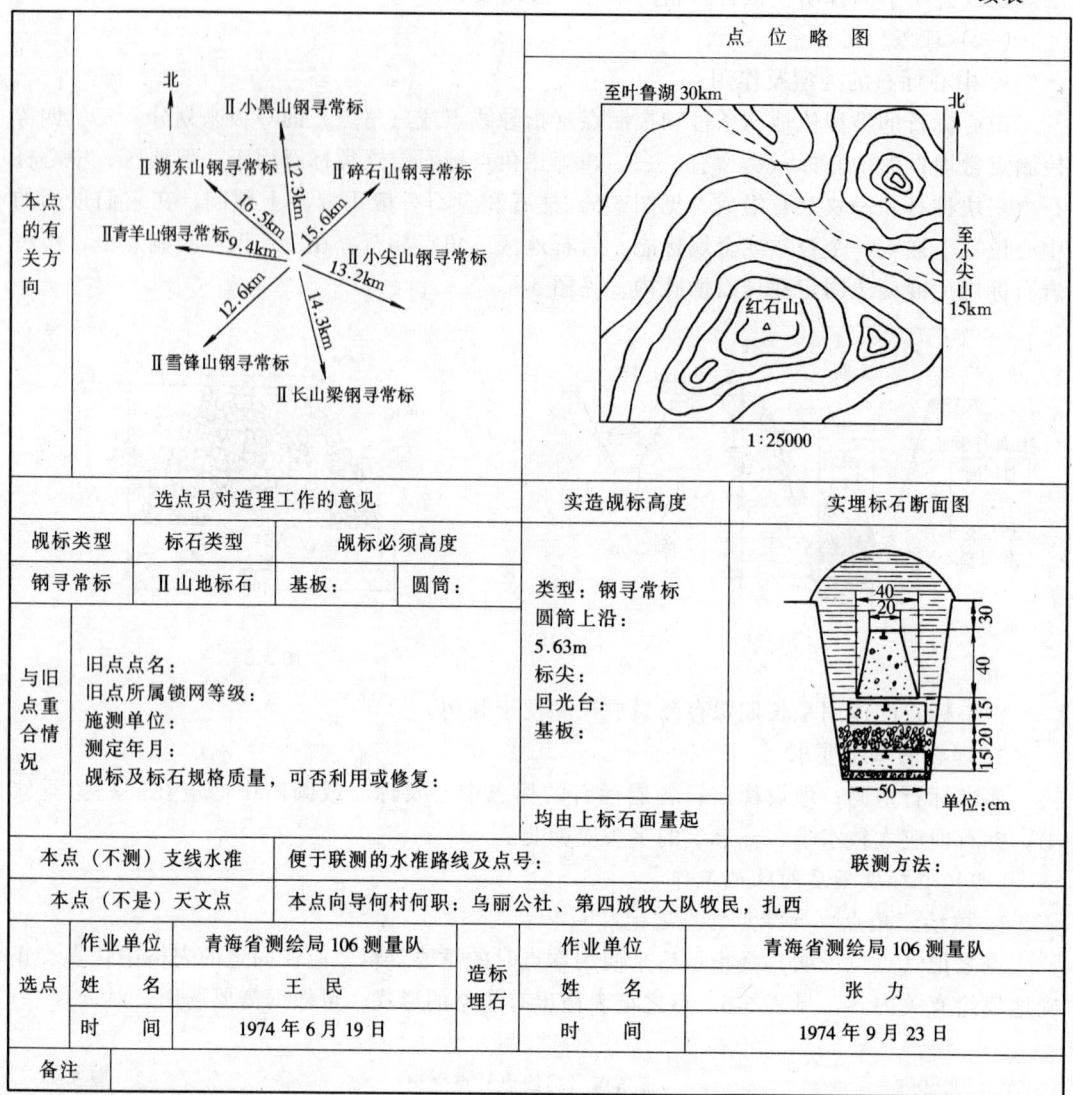

	选点员对造理工作的意见		实造觇标高度	实埋标石断面图
觇标类型	标石类型	觇标必须高度	类型：钢寻常标 圆筒上沿： 5.63m 标尖： 回光台： 基板： 均由上标石面量起	
钢寻常标	Ⅱ山地标石	基板： 圆筒：		
与旧点重合情况	旧点点名： 旧点所属锁网等级： 施测单位： 测定年月： 觇标及标石规格质量，可否利用或修复：			
本点（不测）支线水准		便于联测的水准路线及点号		联测方法：
本点（不是）天文点		本点向导何村何职：乌丽公社、第四放牧大队牧民，扎西		
选点	作业单位	青海省测绘局106测量队	造标埋石	作业单位	青海省测绘局106测量队
	姓名	王民		姓名	张力
	时间	1974年6月19日		时间	1974年9月23日
备注				

队检查者：刘强　　　　　　　　　　　　　　　　　　　检查者：张伟

2. 挖护沟和书写标牌

如图5-5所示。挖护沟的目的主要是防止如雨水浸泡等自然因素可能对测量标志产生的影响；在觇标的适当位置或在专门埋设的标志上，用油漆写上本点的点名、等级以及关于保护测量标志的宣传提示等内容。

3. 办理委托保管测量标志手续

为了确保测量标志安全地长期保存和今后方便找点，应向当地政府或有关部门办理测量标志委托保管手续。

五、编写技术设计书

技术设计书应说明测量任务、测区的自然地理情况、已有资料的情况、作业所依据的技术规范、布设的导线网网形、性质和等级、精度估算的情况；选、造、埋的情况；作业拟采用的仪器设备及检验情况、质量保证体系、预计的作业量和经费预算等。

第二节 导线测量的精度估算和分析

研究导线测量的精度，是用最小二乘原理和方法，导出推算元素精度与导线结构、形状、长度、边数、观测元素精度和起算元素精度之间的函数关系式。目的是掌握导线测量精度的规律，从而科学地拟定布设导线的主要技术规格，以及找出减弱导线测量误差的方法；估算设计好的导线的预期精度，检查技术设计质量；验算外业观测成果并鉴定其质量。

现分三种情况研究和估算设计导线的精度：第一种情况是单一导线，对这一类导线的研究和精度估算，比较直观，容易找出一些关于导线精度问题的普遍的带有共性的规律，可准确估算精度及指导生产；第二种情况是不太复杂的、适应"等权代替法"计算方法的导线网估算精度，该种导线的精度估算可借助普通的计算工具完成计算工作；第三种情况是复杂导线网，该种导线的精度估算，则利用点位误差与先验单位权方差以及协因数设计矩阵之间的关系，采集有关数据，构造出协因数设计矩阵，利用有关计算机软件，按程序在计算机上完成精度估算工作。本节只讨论前两种情况。

一、单一导线的导线边方位角中误差的估算公式和精度分析

（一）一端有已知方位角的自由导线（支导线）

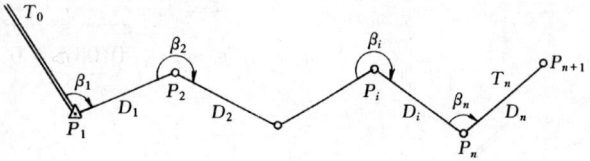

图 5-7

由图 5-7 知，支导线中最弱的方位角是最末边的方位角，其值 T_n 为：

$$T_n = T_0 + \sum_1^n \beta_i - (n - 1) \times 180° \qquad (5-2)$$

若已知方位角 T_0 的中误差为 m_{T_0}，折角 β_i 观测值的中误差为 m_β，且 T_0 与 β_i 相互独立，则便有：

$$m_{T_n}^2 = m_{T_0}^2 + n \cdot m_\beta^2 \qquad (5-3)$$

$$m_{T_n} = \pm \sqrt{m_{T_0}^2 + n \cdot m_\beta^2} \qquad (5-4)$$

（二）两端有已知方位角控制的自由导线（导线节）

如图 5-8 的自由导线，两端已知方位角为 T_0 和 T_{n+1}，中间（1/2 处）边 D_k 的方位角精度最弱。设中间边的方位角为 T_k，由 T_0 和 T_{n+1} 至中间边的折角个数为 $n/2$ 或 $(n+1)/2$，依支导线方位角中误差公式 (5-4)，则分别由两端已知方位角推算至 D_k 边的方位角中误差同为：

$$m'^2_{T_k} = m_{T_0}^2 + \frac{n}{2} m_\beta^2$$

而由两端推算方位角中数的中误差 m_{T_k} 为由一端推算的方位角中误差 m'_{T_k} 的 $1/\sqrt{2}$ 倍，即有：

$$m_{T_k} = \pm \frac{m'_{T_k}}{\sqrt{2}} = \pm \sqrt{\frac{1}{2} m_{T_0}^2 + \frac{n}{4} m_\beta^2} \qquad (5-5)$$

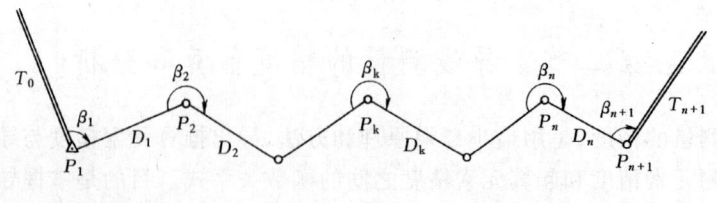

图 5-8

(三) 等边直伸附合导线

因附合导线增加了坐标条件,故该类导线边方位角中误差需用条件平差方法推导其估算公式。为了便于讨论,设附合导线等边和直伸。

对于等边直伸附合导线,当导线边 $n>4$ 时,最弱方位角在导线中的 $n/4$ 处,而不在中间边上。

如图 5-9 中的等边直伸附合导线,根据条件平差理论,可近似地求得未顾及 m_{T_0} 影响时的中间边 $n/2$ 及两侧 $n/4$ 边方位角中误差估算公式分别为:

$$m_{T_{n/2}} = \pm m_\beta \sqrt{\frac{n+1}{16}} \tag{5-6}$$

$$m_{T_{n/4}} = \pm m_\beta \cdot \sqrt{0.08n + 0.1 - \frac{0.16}{n}} \tag{5-7}$$

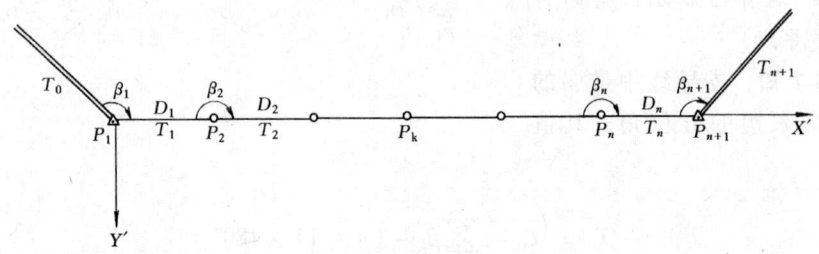

图 5-9

(四) 导线边方位角的精度分析

分析上述三种单一导线的最弱方位角精度,可知其基本规律为:

1. 导线边方位角的中误差与起算方位角中误差、折角个数及测角中误差有关。而与导线的形状无关或关系不大;

2. 在导线边数相同的情况下,若不顾及起算方位角中误差的影响,则上述三种导线的导线边最弱方位角中误差的比例为 3.5:2:1,以附合导线为最好;

3. 在导线长度一定的情况下,边数越少,最弱方位角精度越高。因此作业中应适当控制导线边数,并尽可能采用较长边的直伸导线,以减少折角个数;

4. 最弱方位角与测角中误差成正比,故应尽量提高测角精度。

二、单一导线的纵、横向中误差和最弱点点位中误差的估算公式与精度分析

(一) 一端有已知方位角自由导线 (支导线) 终点的纵、横向中误差及点位中误差估算

1. 纵、横坐标的中误差及点位中误差估算

由图 5-10,根据支导线终点纵、横坐标的计算公式,运用误差理论,得出:

$$\left.\begin{aligned}m_{x_{n+1}}^2 &= [(D_i\cos T_i)^2]\left(\frac{m_D}{D}\right)^2 + (\lambda L\cos\theta)^2 + [(y_{n+1}-y_i)^2]\left(\frac{m_\beta}{\rho}\right)^2 \\ &\quad + (y_{n+1}-y_1)^2\left(\frac{m_{T_0}}{\rho}\right)^2 \\ m_{y_{n+1}}^2 &= [(D_i\sin T_i)^2]\left(\frac{m_D}{D}\right)^2 + (\lambda L\sin\theta)^2 + [(x_{n+1}-x_i)^2]\left(\frac{m_\beta}{\rho}\right)^2 \\ &\quad + (x_{n+1}-x_1)^2\left(\frac{m_{T_0}}{\rho}\right)^2 \end{aligned}\right\} \quad (5\text{-}8)$$

式（5-8）即为计算支导线终点纵、横坐标中误差的公式。

由图 5-10 并结合式（5-8）知，导线终点的点位中误差 M 的平方为：

$$M^2 = m_{x_{n+1}}^2 + m_{y_{n+1}}^2 = [D_i^2]\left(\frac{m_D}{D}\right)^2 + \lambda^2 L^2 + [D_{n+1\cdot i}^2]\left(\frac{m_\beta}{\rho}\right)^2 + L^2\left(\frac{m_{T_0}}{\rho}\right)^2 \quad (5\text{-}9)$$

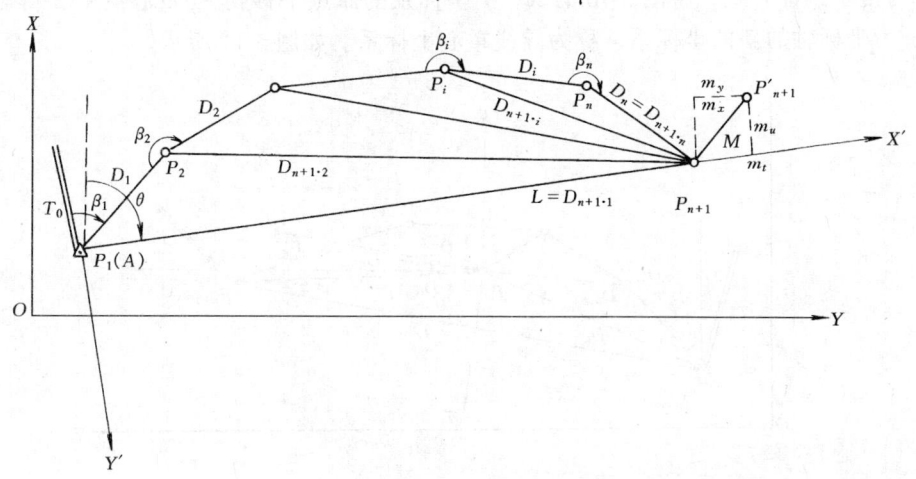

图 5-10

式（5-9）中第一项是导线边长测量的相对偶然中误差的影响，它与导线边长有关；第二项是边长测量的相对系统中误差的影响，它与闭合边长度的平方有关；第三项是测角中误差的影响，它与导线终点至各导线点的距离有关；第四项是导线起算方位角中误差的影响，它与闭合边长的平方有关；λ 为导线边单位长度测量的相对系统中误差；L 为闭合边长度（导线两端点的联线长度）。

2. 纵、横向中误差及点位中误差的估算

沿导线闭合边方向的误差称为导线的纵向误差，用 t 表示；垂直于闭合边方向的误差称为导线的横向误差，用 u 表示。

为了求得支导线的纵、横向中误差，将图 5-10 中的坐标轴顺转 θ 角，使旋转后的坐标轴 X' 与闭合边 L（即 P_1P_{n+1}）方向一致。这时各导线边在旋转后的坐标系中的方位角为：

$$T_i' = T_i - \theta \quad (5\text{-}10)$$

导线各点在新坐标系中的坐标为 x'_i 和 y'_i，这时导线终点的纵、横坐标中误差 m_x' 和 m_y' 就是导线的纵、横向中误差 m_t 和 m_u。

若不顾及起算数据的误差影响，并设支导线等边直伸，则导线的纵、横向中误差为：

$$\left. \begin{array}{l} m_t^2 = \dfrac{L^2}{n}\left(\dfrac{m_D}{D}\right)^2 + \lambda^2 L^2 \\[2mm] m_u^2 = \dfrac{(n+1)(2n+1)}{6n} \cdot L^2 \cdot \left(\dfrac{m_\beta}{\rho}\right)^2 \approx \dfrac{n+1.5}{3} \cdot L^2 \cdot \left(\dfrac{m_\beta}{\rho}\right)^2 \end{array} \right\} \quad (5\text{-}11)$$

当顾及 m_{T_0} 影响时，则由上式可得导线终点的点位中误差 M 的平方为：

$$M^2 = m_t^2 + m_u^2 = \dfrac{L^2}{n}\left(\dfrac{m_D}{D}\right)^2 + (\lambda L)^2 + \dfrac{n+1.5}{3} \cdot L^2 \cdot \left(\dfrac{m_\beta}{\rho}\right)^2 + L^2\left(\dfrac{m_{T_0}}{\rho}\right)^2 \quad (5\text{-}12)$$

（二）两端有已知方位角的自由导线（导线节）终点的纵、横向中误差及点位中误差估算

1. 终点的纵、横坐标中误差及点位中误差估算

为便于推证公式，将图 5-10 的 X、Y 坐标系的原点平移到 P_0 重心点上，得到一个以 ξ、η 为坐标轴的新的坐标系，称为导线重心坐标系。如图 5-11 所示。

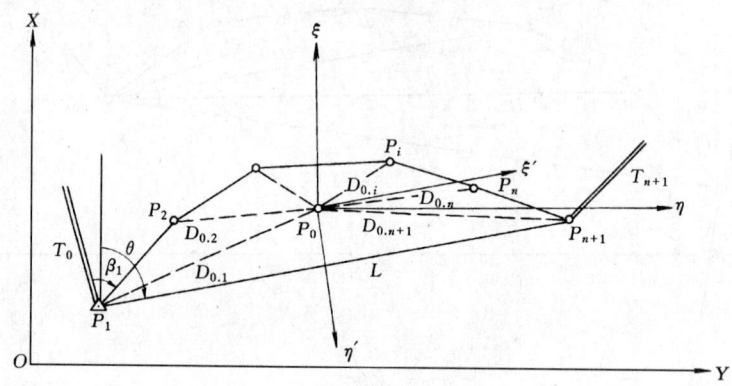

图 5-11

各导线点 P_i 在重心坐标系中的纵、横坐标用 ξ_i、η_i 表示。

当不顾及起算方位角中误差 m_{T_0} 影响时，按条件平差原理，可推导出终点纵、横坐标中误差估算公式为：

$$\left. \begin{array}{l} m_{x_{n+1}}^2 = [(D_i\cos T_i)^2]_1^n \left(\dfrac{m_D}{D}\right)^2 + (\lambda L\cos\theta)^2 + [\eta_i^2]_1^{n+1}\left(\dfrac{m_\beta}{\rho}\right)^2 \\[2mm] m_{y_{n+1}}^2 = [(D_i\sin T_i)^2]_1^n \left(\dfrac{m_D}{D}\right)^2 + (\lambda L\sin\theta)^2 + [\xi_i^2]_1^{n+1}\left(\dfrac{m_\beta}{\rho}\right)^2 \end{array} \right\} \quad (5\text{-}13)$$

导线终点的点位中误差 M 的平方为：

$$M^2 = m_{x_{n+1}}^2 + m_{y_{n+1}}^2 = [D_i^2]_1^n \left(\dfrac{m_D}{D}\right)^2 + \lambda^2 L^2 + [D_{0\cdot i}^2]_1^{n+1}\left(\dfrac{m_\beta}{\rho}\right)^2 \quad (5\text{-}14)$$

式中 $D_{0\cdot i}$ 是 P_0 点至各导线点 P_i 的距离。

2. 终点的纵、横向中误差及点位中误差估算

将图 5-11 的重心坐标顺转 θ 角，使旋转后坐标系 ξ' 轴与导线闭合边 L 即 P_1P_{n+1} 的方

向平行。令各导线边在新坐标系中的方位角为 T_i'，各点的坐标为 ξ_i' 和 η_i'。若导线等边直伸并考虑到起算方位角中误差的影响时，则由式（5-13）得：

$$\left.\begin{array}{l} m_t^2 = \dfrac{L^2}{n}\left(\dfrac{m_D}{D}\right)^2 + \lambda^2 L^2 \\[2mm] m_u^2 = L^2 \cdot \dfrac{n+3}{12}\left(\dfrac{m_\beta}{\rho}\right)^2 + \dfrac{L^2}{2}\left(\dfrac{m_{T_0}}{\rho}\right)^2 \end{array}\right\} \quad (5\text{-}15)$$

导线终点点位中误差 M 的平方为：

$$M^2 = m_t^2 + m_u^2 = \dfrac{L^2}{n}\left(\dfrac{m_D}{D}\right)^2 + \lambda^2 L^2 + L^2\dfrac{n+3}{12}\left(\dfrac{m_\beta}{\rho}\right)^2 + \dfrac{L^2}{2}\left(\dfrac{m_{T_0}}{\rho}\right)^2 \quad (5\text{-}16)$$

（三）附合导线中间最弱点的纵、横向中误差及点位中误差估算

由于附合导线两端高级点坐标的控制作用，其边长测量的系统中误差可以边长成比例地配赋并较好地予以消除，方位角闭合差也得到了较好的调整。故附合导线的最弱点在导线的中间部位。

现用近似方法直接讨论附合导线最弱点的纵、横向中误差。

在图 5-9 中，$P_1 P_{n+1}$ 为等边直伸附合导线，全长为 L，P_k 为导线的最弱点（在 $L/2$ 处）。由 P_1 和 P_{n+1} 点起分别算得 P_k 点的纵、横向中误差，并顾及测边系统中误差被消除，当考虑到起算方位角中误差 m_{T_0} 影响时，则 P_k 点平均值的纵、横向中误差为：

$$\left.\begin{array}{l} m_{t_k}^2 = \dfrac{L^2}{4n}\left(\dfrac{m_D}{D}\right)^2 \\[2mm] m_{u_k}^2 = L^2 \cdot \dfrac{n+6}{192}\left(\dfrac{m_\beta}{\rho}\right)^2 + \dfrac{L^2}{16}\left(\dfrac{m_{T_0}}{\rho}\right)^2 \end{array}\right\} \quad (5\text{-}17)$$

等边直伸附合导线最弱点的点位中误差 M 的平方为：

$$M^2 = \dfrac{L^2}{4n}\left(\dfrac{m_D}{D}\right)^2 + L^2 \cdot \dfrac{n+6}{192}\left(\dfrac{m_\beta}{\rho}\right)^2 + \dfrac{L^2}{16}\left(\dfrac{m_{T_0}}{\rho}\right)^2 \quad (5\text{-}18)$$

（四）导线点点位精度分析

根据上面三种等边直伸导线最弱点点位精度的讨论结果，若不顾及起算数据误差影响的情况下进行比较、分析，可知误差影响的基本规律及减弱误差影响的方法如下：

1. 三种导线最弱点纵、横向中误差的比值为：

$$\begin{array}{l} m_{t_支} : m_{t_节} : m_{t_附} = 1 : 1 : \dfrac{1}{2} \\[2mm] m_{u_支} : m_{u_节} : m_{u_附} \approx 1 : \dfrac{1}{2} : \dfrac{1}{8} \end{array} \quad (5\text{-}19)$$

显然，布设附合导线最有利。所以，应尽可能地将三、四等及以下各级导线布设成单一附合导线或附合导线网。

2. 直伸状导线的纵向中误差仅受测边误差影响，横向中误差仅受测角误差影响。即形状为直伸的导线的测量精度比曲折形状的导线高。因此，应尽可能布设直伸导线。

3. 导线纵、横向中误差和最弱点的点位中误差与闭合边长度 L 成正比，即 L 越长，误差就越大。故为了保证导线测量的精度，导线不宜过长，其长度应有一定的限制。

4. 导线的纵向中误差 m_t 与 n 成反比，横向中误差 m_u 近似地与 n 成正比。故导线测

量横向中误差较大，纵向中误差较小。为了减小横向中误差，应限制导线的边数，并尽可能用长边布设成直伸导线。当导线边数较多时，可考虑在导线的中部联测高级点。

5．导线横向中误差和最弱点点位中误差与测角中误差 m_β 成正比。为此，必须提高测角精度，要特别注意减弱旁折光的影响。

三、用等权代替法估算简单导线网的点位精度

设计或选定好的导线网，应估算最弱点的点位预期精度。对于结构复杂的导线网，应用测量平差原理，使用电子计算机进行计算，这也有利于全面了解推算元素的精度和优化设计。对于某些较简单的导线网，可用等权代替法进行点位精度估算。

（一）路线观测值的权与路线长度的关系

由前述的分析表明：单一导线的导线点点位中误差，在一定的测量精度条件下，与导线的长度 L 成正比，即

$$m_i = \pm m_0 L \tag{5-20}$$

式中　m_0 为单位权中误差。

又由平差理论知，导线点的点位中误差为：

$$M_i = \pm m_0 \sqrt{\frac{1}{P_i}} \tag{5-21}$$

故有：

$$P_i = \frac{1}{L_i^2} \tag{5-22}$$

上式说明，在光电测距导线中路线观测值的权，与路线长度的平方成反比。应用等权代替法估算导线点位精度，除了遵守这一规则外，还要遵守等权路线观测值的权等于被它代替的各条路线观测值的权之和的规则。

（二）单位权中误差 m_0 的确定

单位导线长度 L 终点的点位中误差即为单位权中误差。它可按一端有已知方位角的等边直伸自由导线终点点位中误差公式计算。由式（5-11）、（5-12），当取单位长度 $L=1\text{km}$，M 以 mm 为单位时，则有：

$$m_0 = M_{1\text{km}} = \pm \sqrt{nm_D^2 + \lambda^2 10^{12} + \frac{(n+1)(2n+1)}{6n} \times 23.5 m_\beta^2} \tag{5-23}$$

式中　单位长度测边相对系统中误差 λ 一般为 2ppm；测边偶然中误差 m_D 可按测距仪标称精度的参数计算，以 mm 为单位。

例如，在地勘工程四等导线测量中，若导线网的平均导线边长 $D=2\text{km}$，导线边长用标称精度为 $m_D = \pm(5\text{mm}+5\text{ppm}D)$ 的测距仪测量，则有：

$$m_D = \pm(5 + 5 \times 2) = \pm 15\text{mm}$$

又若 $\lambda = 2\text{ppm}$；$m_\beta = \pm 2.''5$，当取单位导线长度 $L=1\text{km}$ 时，则有 $n = L/D = 1/2 = 0.5$。于是，由式（5-23）可算得单位权中误差为：

$$m_0 = \pm \sqrt{0.5 \times 15^2 + 2^2 + \frac{(0.5+1)(2 \times 0.5+1)}{6 \times 0.5} \times 23.5 \times 2.5^2} = \pm 16.2\text{mm}$$

（三）求导线网中各结点和最弱点的权及点位中误差

等权代替法的基本思想是用等权代替的基本规则，通过合并、代替线路，将图形较复

杂的导线网转化为单一附合导线、单一环线或单结点网等简单图形，进而算出各结点、线路点和最弱点的权及点位中误差。

在图 5-12 所示的导线网中，A、B、C、D 是已知点，其他点为未知点。其中 E、F 为结点，N 及其他小圆点表示路线中的点，L_i 和 i 是各导线段的长度及编号。

为了求得 F 点点位的权，用一条虚拟的路线 T_1E 来代替 1、2 两条路线。T_1E 路线的权 $P_{1,2}$ 为：

$$P_{1,2} = P_1 + P_2 \tag{5-24}$$

式中

$$P_1 = \frac{1}{L_1^2}; \quad P_2 = \frac{1}{L_2^2}$$

$$L_{1,2} = \sqrt{\frac{1}{P_{1,2}}} = \frac{L_1 \cdot L_2}{\sqrt{L_1^2 + L_2^2}}$$

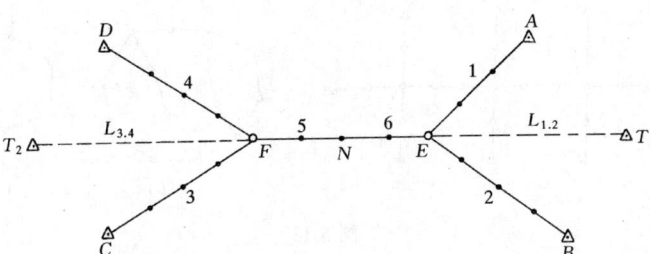

图 5-12

若用 $L_{1,2}$ 代替 L_1 和 L_2 后所组成的导线网与原导线网相比较，其算得的结果完全相同。经代替后，只剩下 F 结点，而 T_1EF 路线长为：

$$L_{T_1EF} = L_{1,2} + L_6 + L_5 = L_{1,2,6,5}$$

T_1EF 路线的权为：

$$P_{1,2,6,5} = \frac{1}{L_{1,2,6,5}^2}$$

F 点的权为：

$$P_F = P_3 + P_4 + P_{1,2,6,5}$$

将 P_F 代入式（5-21），则 F 点的点位中误差为：

$$M_F = \pm m_0 \sqrt{\frac{1}{P_F}} \tag{5-25}$$

同理，可求出 E 点的点位中误差。

现进一步来讨论导线网中非结点的任意点点位中误差。如求导线网中最弱点 N 的点位中误差，按上述方法，先将导线网转化为 T_1ENFT_2 单一等权导线，再分别求路线 T_1EN 和 T_2FN 的权，即：

$$L_{T_1EN} = L_{1,2} + L_6 = L_{1,2,6}; \quad L_{T_2FN} = L_{3,4} + L_5 = L_{3,4,5}$$

$$P_{T_1EN} = \frac{1}{L_{1,2,6}^2}; \quad P_{T_2FN} = \frac{1}{L_{3,4,5}^2}$$

故 N 点的权为：

$$P_N = P_{T_1EN} + P_{T_2FN}$$

N 点的点位中误差为:

$$M_N = \pm m_0 \sqrt{\frac{1}{P_N}}$$

当估算导线网中最弱点点位中误差时,应先初步确定最弱点的位置,然后再用上述方法逐步计算。初步确定的最弱点有时不一定准确,应对可能成为最弱点的点位逐个计算,然后通过比较,最后确定出最弱点并估算其点位中误差,以检查布设的导线网的质量。

必须指出:上述的等权代替法并不是对任何导线网都适用的。如图 5-13 中的图形是适用的,可进行某些点位的精度估算。但图 5-14 所示的图形则不适用,需采用其他的方法进行点位精度估算。当结点过多时,用等权代替法也显得繁琐,不如采用电算方法有利。

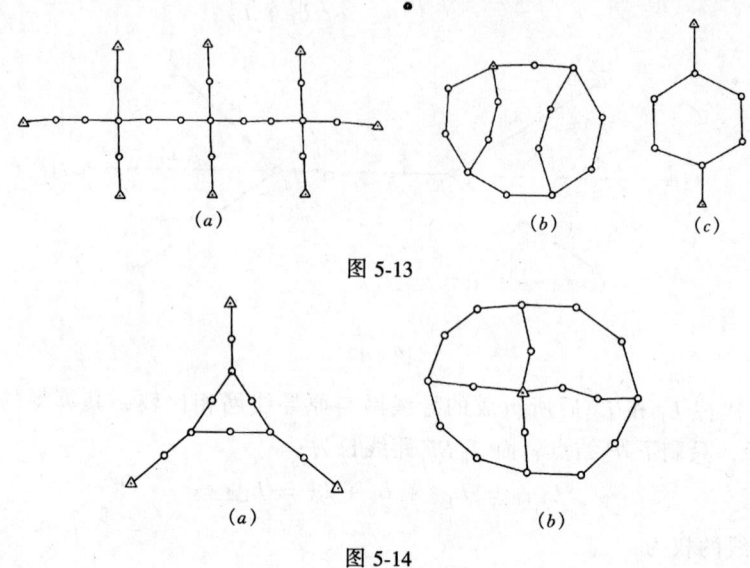

图 5-13

图 5-14

第三节 导线测量外业工作

导线测量的外业工作包括:边长测量、水平角测量和高程测量;归心元素测定;成果的概算和验算等。

一、边长测量

导线边长用光电测距仪或全站仪测量。

1. 导线边测量的精度要求,见表 5-1,表 5-2 和表 5-3 所列。
2. 各等级导线边长测量的技术要求,见表 5-7 和表 5-8。

导线边长测量的时间段和测回数　　表 5-7

等级	仪器级别	时间段	每一时间段测回数
三、四等	Ⅰ、Ⅱ	2	4
一级、二级	Ⅰ、Ⅱ	1	2
	Ⅲ	1	4

导线边长观测限差　　表 5-8

项目 仪器级别	一测回读数较差(mm)	测回较差(mm)	不同时间段或往返较差(mm)
Ⅰ	5	7	$\sqrt{2}(a+b \cdot D$ $\times 10^{-6})$
Ⅱ	10	15	
Ⅲ	20	30	

光电测距一测回，是指照准角反射棱镜一次，读数若干次（一般为四次）。自动取平均值的仪器，每进行一次平均值测量即为一测回。

不同时间段是指：上午和下午；白天和夜间；当天和次日等不同的时间。不同时间段测量可代替往返测量。

不同时间段（或往返）测量的边长较差，应将边长化算到同一高程面上或同一斜面上进行比较得出。城市导线测量中对该项限差的要求为 $\pm 2\,(a+b\times 10^{-6}\cdot D)$ mm。

3. 当边长超过仪器的有效测程，或为避开观测边上的不利地形时，可在导线边的中间附近部位加设辅助点（过渡点）分两个测段进行观测，两测段与导线边的夹角一般不大于30°。要测出导线边与两测段之间的夹角，以间接求出导线边长度。

4. 在导线测量中，一般不进行偏心观测。确因某些原因须进行偏心观测时，要测定归心元素。当受条件限制，必须进行大偏心观测时，偏心距要用钢尺丈量两次，当较差不大于5mm时，取中数采用，偏心角用经纬仪直接测定。

5. 边长测量的原始观测数据，厘米及以下数字不得涂改。测距成果超限时，应认真进行分析，找出原因，然后按规定取舍和重测。

二、水平角观测

1. 导线折角观测的测回数

三、四等及以下各级导线采用方向法观测。

各等级各类导线折角观测所使用的经纬仪类型和测回数的规定见表5-9。

各等级各类导线折角观测经纬仪类型和测回数的规定　　表5-9

导　线	仪器	等级				
		三　等	四　等	一　级	二　级	三　级
		测　回　数				
国家导线	J_1	12	8			
	J_2	16	12			
地勘工程导线	J_1	10	6			
	J_2	12	10	4	2	
城市导线	J_1	8	4			
	J_2	12	6	2	1	1

从表中可以看出，国家导线折角观测的测回数较多，这是因为导线检核测角的几何条件数较少，导线及导线边较长，且测角比三角测量容易受旁折光误差的影响。故为减弱这些不利因素的影响，需提高测角精度而采取的措施。

相反，地勘工程导线和城市导线折角的测回数较少，这是因为该类导线的边长和总长都较短，又常使导线组成环线毗连的导线网之故。

观测时，每一测回均应按规定变换水平度盘的起始整置位置。

2. 三联脚架观测法

由于导线折角的观测一般只有两个方向，在不采用觇标作为照准目标的情况下，大多采用觇牌（或觇牌与反射镜的组合）作为照准目标。为了减小对中误差的影响和提高工作效率，宜采用三联脚架法观测导线折角。

如图5-15所示，三联脚架法要用到脚架、基座、仪器（经纬仪、测距仪或全站仪）、

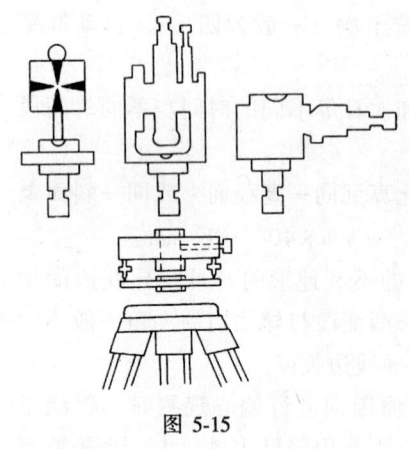

觇牌（或觇牌与反射镜的组合）、独立对点器等设备。基座起到将仪器或觇牌与脚架联结在一起及强制对中的作用。具体使用时，先用独立对点器与基座、三脚架配合，在点位上对中后，将独立对点器取出，随后根据需要将仪器或觇牌直接整置在基座上面，当测角和测距工作与本点无关时，再取走脚架和基座，迁移到另外的点上，见图5-16。

有的仪器、觇牌或基座上直接配有对点器，这时可不使用独立对点器。为适合导线测量的特点，仪器生产厂家大多都将觇牌和反射镜组装在一起，这可使测距、测角工作同时在一测站上先后完成，不必把测距和测角工作分开进行。

图 5-15

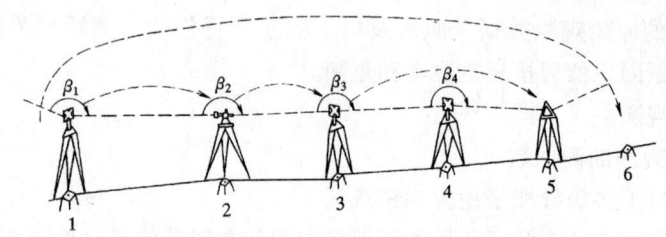

图 5-16

实践证明，采用三联脚架法进行导线测量，由于减弱了对中误差对测角和测距的影响，可以获得好的观测成果，而且也提高了工作效率。因此，在导线测量工作中，当条件许可时，应尽可能地用三联脚架法测量水平角和导线边长。

3. 水平角观测方法

为了增加检核条件，导线的水平角观测，当导线点上只有两个方向时，在总测回数中应以奇数测回观测导线的左角，偶数测回观测导线的右角（按导线前进方向确定左、右角）。观测右角时，仍以左角的起始方向为准变换度盘位置。

计算时，左角和右角分别取中数，并按下式计算不符值 Δ（测站圆周角闭合差），即：

$$\Delta = [左角]_{中} + [右角]_{中} - 360° \tag{5-26}$$

Δ 的限值为：

$$\Delta_{限} = \pm 2 m_\beta \tag{5-27}$$

如三等导线测量时，$\Delta_{限}$ 为 ±3.″6（实际采用 ±3.″0）；四等，$\Delta_{限}$ 为 ±5.″0。

三、高程测量

为了导线边的斜距化平距、归化投影和测图高程控制等方面的需要，各等级导线点必须测定其高程。

高程测定的方法，有三角高程、几何水准和光电测距高程导线等测量方法。

四、用全站仪进行导线测量

用全站仪进行导线测量，因其具有测角、测边、测高程的综合测量的功能，故有很大的优越性。

用全站仪进行导线测量,也最好采用三联脚架法。在每一测站观测时应输入气象、两差改正、仪器加、乘常数、测距次数 N、仪器高、目标高等参数。按相应等级导线规定的测角、测边测回数以及其他的技术要求(如度盘配置、测回较差比较等)进行观测,将观测结果直接传输到电子手簿或内存中去。如仪器无电子手簿配置或有其他的要求时,可记录在测量手簿中。这时可直接记录各测回方向值、平距、高差,在后来的计算中会省去大量繁琐的中间计算过程。另外,还需注意以下问题:

1. 仪器要经过检校和检验;
2. 仪器和棱镜都要严格对中;
3. 电子手簿应具有测站限差检验及测站平差的功能;
4. 电子手簿应有记录测站有关参数和归心元素的功能;
5. 观测员观测时,应仔细照准目标,否则对三种观测元素有影响;
6. 认真量取仪器高和棱镜高;
7. 以前对测角、测边所进行的误差分析及以后对观测高程所进行的误差分析而得出的规律,在这里也适用。

五、归心改正和归心元素的测定

(一) 产生归心改正的原因

控制测量观测的方向值是以标石中心为准的。因此,进行水平角观测时,仪器中心和照准目标中心应与标石中心在同一铅垂线上。可是在建造觇标中,基板中心和圆筒中心或标心柱中心,一般都会偏离标石中心;从建成觇标到进行观测这段时间内,因阳光、风雨等外界因素影响和觇标本身重量的作用,觇标的位置也要发生位移。此外,还可能因橹柱挡住观测方向或旁离观测视线过近,不得不把仪器整置在偏离标石中心的位置上。

所有这些原因,使得角度观测在仪器中心和照准目标中心偏离标石中心的情况下进行,因而在观测成果中,必须加入相应的偏心改正,以便把它归算到标石中心上。这种改正,称为归心改正。归心改正可分为测站点归心改正和照准点归心改正两类。

(二) 归心改正和归心元素

1. 测站点归心改正 c''

控制点的标石中心、仪器中心和圆筒中心在同一个水平面上的投影位置,分别以符号 B、Y 和 T 表示。因仪器中心 Y 不与测站点标石中心 B 一致而产生的归心改正,称为测站点归心改正。

如图 5-17,B_K、Y_K 是测站点 K 的标石中心和仪器中心,T_0、T_i 是观测零方向和 i 方向上照准点的圆筒中心,它们与其标石中心 B_0、B_i 一致。因为方向观测成果应以标石中心为准,故在测站 K 观测照准点 i 时,正确的观测方向值是 $B_K T_i$ 的方向值,由于 $Y_K T_i$ 偏离了 $B_K T_i$,实际的观测方向值 M_i 是 $Y_K T_i$ 的方向值。过 Y_K 作直线 $Y_K T_i'$ 平行于 $B_K T_i$,则 $Y_K T_i'$ 的方向值与 $B_K T_i$ 的方向值一

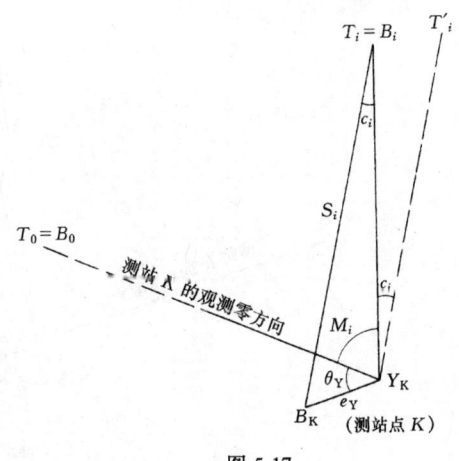

图 5-17

致。很明显，若要将实际的观测方向值 M_i 归算为正确的观测方向值，必须加入一个微小的角度 c_i，这个 c_i 角就是在测站 K 上观测照准点 i 的测站点归心改正数。

从上述可知，测站点归心改正就是改正本测站所观测的方向值。

计算测站点归心改正数要用到测站点归心元素。如图 5-17，e_Y 是仪器中心 Y_K 到测站点 K 标石中心 B_K 的距离，称为测站点偏心距；θ_Y 是以仪器中心 Y_K 为角顶，由偏心距 e_Y 起，依顺时针方向量至本测站观测零方向的角度，称为测站点偏心角。e_Y 和 θ_Y 统称为测站点归心元素，它可用归心投影等方法测定。

在平面三角形 $B_K T_i Y_K$ 中，依正弦定理可得：$\sin c_i = e_Y \cdot \sin(\theta_Y + M_i)/S_i$。因为 c_i 角很小，故有：$\sin c_i \approx c_i = c''/\rho''$。依此代入上式，得测站点归心改正数 c''_i 的基本计算公式为：

$$c''_i = \frac{e_Y}{S_i} \cdot \rho'' \cdot \sin(\theta_Y + M_i) \tag{5-28}$$

式中　S_i 为测站点 K 至照准点 i 的概略边长，可实测或解算三角形求得；M_i 为测站 K 观测照准点 i 的方向值。改正数 c''_i 的正负号取决于 $\sin(\theta_Y + M_i)$。计算结果应加到 Ki 方向的实际观测值 M_i 上。

2. 照准点归心改正 γ''

因照准点的圆筒（或标心）中心 T 不与该点的标石中心 B_K 一致而产生的归心改正，称为照准点归心改正。

如图 5-18 所示，测站点 K 的仪器中心 Y_K 与标石中心 B_K 一致，照准点 i 的圆筒中心 T_i 与该点的标石中心 B_i 不一致。在测站 K 观测照准点 i 时，正确的观测方向值是 $B_K B_i$ 的方向值，由于 i 点的圆筒中心 T_i 偏离了该点的标石中心 B_i，实际的观测方向值是 $B_K T_i$ 的方向值。很明显，若要将实际的观测方向值归化为正确的观测方向值，必须加入一个微小的角度 γ_i，这个 γ_i 角就是在测站 K 上观测照准点 i 的照准点归心改正数。

从上述可知，照准点归心改正就是改正对方测站观测本照准点时的方向值。

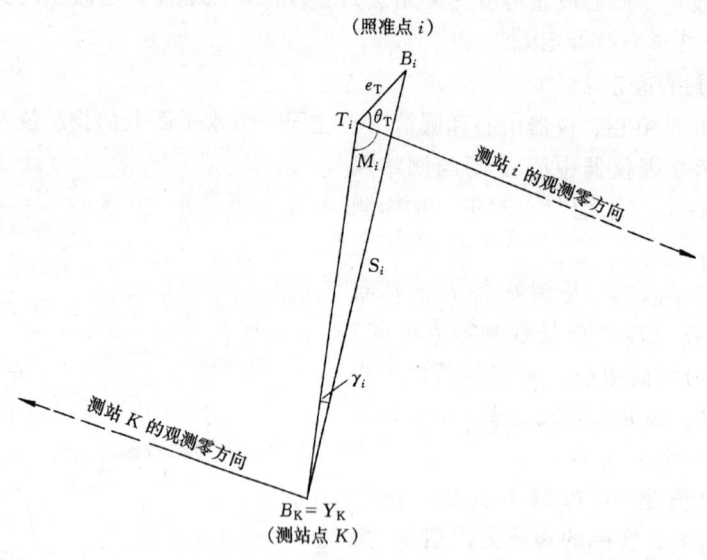

图 5-18

在图 5-18 中，e_T 是照准点 i 的圆筒中心 T_i 到该点标石中心 B_i 的距离，称为照准点偏心距；θ_T 是以圆筒中心 T_i 为角顶、由偏心距 e_T 起，依顺时针方向量至 i 点设站时的观测零方向的角度，称为照准点偏心角。e_T 和 θ_T 统称为照准点归心元素，它们可通过归心投影等方法测定。

在平面三角形 $B_K T_i B_i$ 中，依正弦定理可得：$\sin\gamma_i = e_T \cdot \sin(\theta_T + M_i)/S_i$。因为 γ_i 角很小，故有：$\sin\gamma_i \approx \gamma_i = \gamma''_i/\rho''_i$。依此代入上式，得照准点归心改正数 γ''_i 的基本计算公式为：

$$\gamma''_i = \frac{e_T}{S_i} \cdot \rho'' \cdot \sin(\theta_T + M_i) \tag{5-29}$$

式中　S_i 为测站点 K 至照准点 i 的概略距离；M_i 是照准点 i 上的 T_i 对测站点 K 的观测方向值，它可用 i 点设站时观测 K 点的实际方向值代替；γ''_i 的正负号取决于 $\sin(\theta_T + M_i)$。

计算结果应加到 Ki 方向的实际观测值上。

(三) 测定归心元素的方法

当偏心距小于 0.5m 时，采用图解法；大于 0.5m 时，采用直接法。

1. 图解法

图解法测定归心元素的操作程序如下：

(1) 在归心投影用纸上投影出各个中心的位置

在中心标石的上方，水平地安置小平板并把归心投影用纸固定在平板上。用方框罗针标定平板方位后把平板固定，在投影用纸上画出磁北方向线。

在距标石大于 1.5 倍觇标高度的地方，选择三个投影面交角约 120°或 60°的经纬仪测站，如图 5-19。在各测站整置经纬仪后，均用盘左和盘右两个位置进行投影。

在每个测站上投影各个中心位置的方法，以投影圆筒中心为例，盘左照准圆筒的左、右两边缘，读取水平度盘读数。转动水平微动螺旋，使水平度盘读数对应于照准圆筒左、右两边缘的平均读数，这时视准轴照准了圆筒的中心轴线。俯下望远镜照准平板，依视准轴指示，在投影纸上用铅笔标出前、后两个投影点，标注符号 T_i（$i = 1, 2, 3$）。纵转望远镜，在盘右位置上，用相同的方法进行投影，又标出前、后两个投影点，取前、后两对投影点的中点联线得到该测站的投影线。

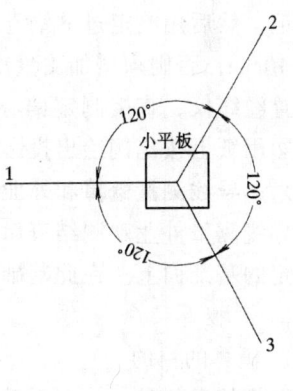

图 5-19

三个测站投影后，三条投影线的交点，就是圆筒中心的投影点。由于存在投影误差，它们一般不交于一点，构成了示误三角形。为了保证投影质量，要求示误三角形的最长边为：对于圆筒、标心柱中心的投影应不大于 10mm；对于标石、仪器中心的投影应不大于 5mm。符合限差后，取示误三角形的中心作为圆筒中心的投影点。详见表 5-10 中的归心投影图。

如果受地形条件限制无法选出三个测站时，可在投影面交角约 90°的两个测站上，各连续投影两次（两次之间须稍变动仪器位置），投影后得到的示误四边形，其长对角线的限差要求与上述相同。

用图解法投影，也可用垂球或经过校正的光学对点器，将标石中心和仪器中心直接刺在投影纸上。在基板上,也可用"正刺"、"反刺"和"交会"等方法决定仪器中心在投影纸上的位置。用上述这些方法投影时,应在投影纸上注明。

(2) 描绘方向线并检查其质量

在投影纸上投影出 B、Y 和 T 三个中心位置后,为了获得偏心角值,在 Y 和 T 点上,分别用测斜仪描绘出本测站观测的两个方向,其中一个最好是观测零方向。这两条方向线间的夹角称为检查角。为了检查描绘方向线的质量,要求检查角的观测值(经纬仪测定值)与在投影图上量得的描绘值之差,当偏心距小于 0.3m 时,应不超过 ±2°;当偏心距大于 0.3m 时,应不超过 ±1°。

(3) 量取和记录归心元素值

在投影图上,用直尺量取偏心距 e_Y 和 e_T,取至毫米;用量角器量取偏心角 θ_Y 和 θ_T,取至 15′。量得的偏心距和偏心角值,记录在表 5-10 相应栏内。应当指出,如果因通视条件限制,投影中在 Y 和 T 点上不能描绘出本测站实际的观测零方向线,则应由投影图上量得的间接偏心角,化算为以实际的观测零方向为准的偏心角后,才能用于计算归心改正数。

2. 直接法

在三、四等控制测量中,当偏心距过大时(采用大偏心观测,偏心距应不超过测站上最短边长度的 1/100),归心投影用纸便容纳不下 B、Y、T 三个中心的位置,须采用直接法测定归心元素值。

直接测定归心元素值的方法,是先将仪器中心和圆筒中心投影到地面上的木桩上或做上标记,然后用检定过的钢卷尺,以不同的部位直接丈量偏心距两次,两次结果之差应不超过 10mm,否则须增加丈量次数,并取中数采用。分别在仪器中心和圆筒中心的投影点上安置经纬仪,直接测定偏心角两个测回,并取至 10″。最后,根据测定的归心元素值,在投影用纸上按比例绘出投影关系位置图,并填写各记录项目。

六、导线测量概算和外业验算

导线测量外业观测结束后,应进行概算,将观测元素经各种必要的改正后,统一归算到一定的基准面上。在此基础上进行外业验算、检核成果质量。

(一) 概算

1. 概算的目的

概算的目的是:一方面系统地检查、整理外业观测成果;另一方面将地面上的观测元素值经过归心改正后归算至参考椭球面上,再将参考椭球面上的观测元素和起算元素值(已经是高斯平面上的除外)归算到高斯投影平面上,为平差计算准备完善而准确的数据。

在三、四等及以下级别的导线测量中,除特殊情况外,由于三差改正数很小,通常就把实测的方向值,视为椭球面上的方向值。将观测边长化算到椭球面上,再把椭球面上的边长归算到高斯平面上去。

2. 概算的步骤

导线测量概算可按以下步骤进行:

(1) 外业成果资料整理和检查;
(2) 编制已知数据表和绘制导线网概算略图;
(3) 有关起算数据的换算;
(4) 归心改正计算;

姚家村导线点归心投影用纸 №206　　　　表 5-10

锁（网）名：南陵市　　　　　　　　　　　　　　图幅编号：1—50—142

测前　第一次　投影 投影时间：2002 年 3 月 20 日	觇标类型：钢标 投影仪器：威特 T_2	投影者：李明 描绘者：张宁	检查者：何华
测站点归心零方向：通云山		照准点归心零方向：通云山	

检查角　通云山——陈庄	观测值　64°02′	检查角　通云山——陈庄	观测值　64°02′
	描绘值　64°00′		描绘值　64°00′
$e_Y = 0.430$m　$\theta_Y = 338°45′$		$e_T = 0.162$m　$\theta_T = 336°15′$	
应改正的方向名称	通云山、陈庄、化纤厂	应改正的方向名称	通云山、陈庄、化纤厂

$e_{Y中数} = 0.430$m　$\theta_{Y中数} = 338°40′$　　　　　　$e_{T中数} = 0.162$m　$\theta_{T中数} = 336°15′$
（参加中数计算的投影纸号码为：206、207）　　　（参加中数计算的投影纸号码为：206、207）

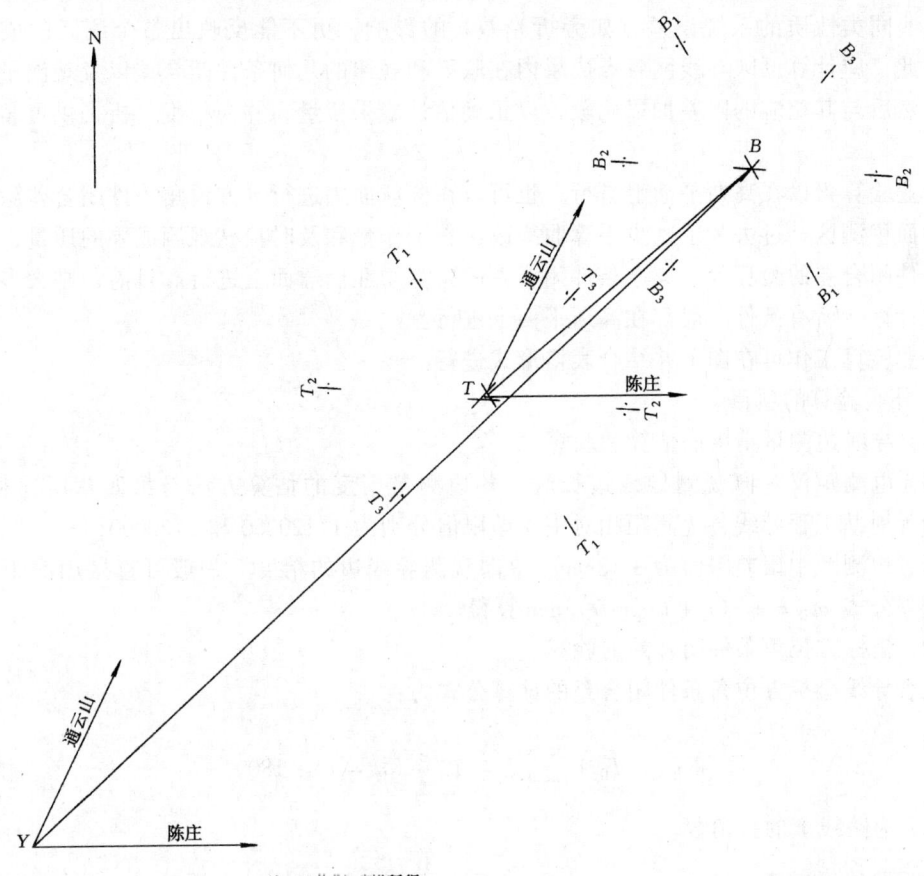

注：Y 为"反刺"所得。

说明：e_Y 或 e_T 为归心距离，量取精度达 0.001m，θ_Y 角为在仪器中心投影点上（θ_T 为在觇标中心投影点上）至标石中心投影点之方向起（即自长为 e_Y 或 e_T 线起）顺时针方向量至零方向的夹角，量取精度达 15′，除零方向外须加描绘另一方向，以便与观测角比较，做为检查描绘方向之用。全部注记，除投影过程中的铅笔点铅笔线痕迹仍须保存外，其余均用墨水进行，并绘出指北线。

(5) 距离的高程归算；

(6) 近似坐标计算，计算中可采用球面边长，和球面角推算，近似坐标方位角的闭合差对于三等导线测量一般不超过 $\pm 5''\sqrt{n+2}$，四等则可放宽到 $\pm 7''\sqrt{n+2}$。坐标方位角的闭合差应配赋后才进行近似坐标的计算，坐标增量闭合差一般不超过 $\pm 3\sqrt{n}\ m$；

(7) 闭合环球面角超计算；

(8) 曲率改正；

(9) 距离投影归算；

(10) 边长整理表编制；

(11) 水平方向整理表编制。

(二) 外业验算

1. 外业验算的目的和方法

导线测量外业验算的目的，是对观测成果进行全面的质量检核。

当成果符合测站限差的要求时，它仅能反映本测站观测成果的内部符合程度，还无法发现某些同类性质的系统误差（如旁折光差）的影响，更不能反映出整个测区的成果质量。为此，应计算反映导线网各点成果内在联系和规律的几何条件闭合差以及观测量的中误差，然后与其相应的限差加以比较，以正确估计成果质量，并为精度分析提供可靠的资料。

外业验算可以在高斯平面上进行，也可以在椭球面上进行（方位角条件闭合差除外）。对于大面积测区，过去为了减少手算曲率改正数工作量及及时检核观测成果的质量，除方位角条件闭合差的验算外，其余条件闭合差的验算均在椭球面上进行。目前，则大多使用计算机计算，所有条件一般都在高斯平面上进行。

外业验算工作可在图上并结合表格形式进行。

2. 外业验算的项目

(1) 导线边测量精度的估算和验算

用光电测距仪对向观测导线边长时，各边测量精度的估算方法与第四章所述相同。三、四等地勘工程导线各边测距相对中误差限值分别为 1:120000 和 1:80000；三、四等城市导线各边测距中误差限值为 $\pm 18mm$。单向观测导线边的精度，一般可直接用测距仪测距中误差公式 $m_D = \pm (a + b\text{ppm}D)$ mm 算得。

(2) 坐标方位角条件闭合差的验算

附合导线坐标方位角条件闭合差的计算公式为：

$$W_{方} = T_0 + \sum_{1}^{n}\beta_i - T_n - (n-1)\cdot 180° \tag{5-30}$$

式中 n 为路线上的折角数。

按误差传播定律，有：

$$m_{W_{方}}^2 = 2m_{T_0}^2 + nm_{\beta}^2 \tag{5-31}$$

取 2 倍中误差为限差，则有：

$$W_{方限} = \pm 2\sqrt{2m_{T_0}^2 + nm_{\beta}^2} \tag{5-32}$$

(3) 图形条件闭合差的验算

当导线构成闭合环时，图形条件闭合差的计算公式为：

$$W_{图} = \sum_1^n \beta_i - (n-2) \cdot 180° \tag{5-33}$$

按误差传播定律，导出 $m_{W_{图}}$，并取其 2 倍作为限差，则有：

$$m_{W_{图}} = \pm \sqrt{n}\, m_\beta \tag{5-34}$$

$$W_{图限} = \pm 2\sqrt{n}\, m_\beta \tag{5-35}$$

(4) 测角中误差的估算

按坐标方位角闭合差估算测角中误差的公式：

$$m_\beta = \pm \sqrt{\frac{1}{R}\left[\frac{W_{方i}^2}{n_i+2}\right]_1^R} \tag{5-36}$$

式中 R 为方位角闭合差的个数。

按图形条件闭合差估算测角中误差的公式：

$$m_\beta = \pm \sqrt{\frac{1}{K}\left[\frac{W_{图i}^2}{n_i}\right]_1^K} \tag{5-37}$$

式中 K 为图形闭合差的个数。

按坐标方位角条件闭合差和图形条件闭合差联合估算测角中误差的公式：

$$m_\beta = \pm \sqrt{\frac{1}{R+K}\left\{\left[\frac{W_{方i}^2}{n_i+2}\right]_1^R + \left[\frac{W_{图i}^2}{n_i}\right]_1^K\right\}} \tag{5-38}$$

应当指出，坐标方位角条件和图形条件闭合差通常不是相互独立的量，所以，式（5-36）、(5-37)、(5-38) 的估算值都是近似的。

按测站上左、右角观测时的圆周角闭合差估算测角中误差的公式：

$$m_\beta = \pm \frac{1}{2}\sqrt{\frac{[\Delta^2]}{n}} \tag{5-39}$$

我们知道 Δ 只反映了测站内部的符合程度，一般不包括诸多外界因素对测角的影响。所以，用上式（有的部门将式中的 1/2 用 $1/\sqrt{2}$ 来代替）来估算测角中误差不尽合理，只能是个近似的估算公式。

由误差理论知，其参与估算的闭合差个数较多时，才能获得较可靠的测角中误差 m_β。

(5) 坐标条件闭合差的验算

国家三、四等附合导线，除上述各有关项目的验算外，还须进行坐标闭合差的验算。

导线坐标闭合差及其限差，按以下公式计算，即：

$$\left.\begin{array}{l} W_x = X_A + [D_i \cos T_i] - X_B \\ W_y = Y_A + [D_i \sin T_i] - Y_B \end{array}\right\} \tag{5-40}$$

$$\left.\begin{array}{l} W_{x限} = \pm 3 m_{x(附)} \\ W_{y限} = \pm 3 m_{y(附)} \end{array}\right\} \tag{5-41}$$

对于三等附合导线,有:

$$\left.\begin{array}{l}m_{x(\text{附})}^2 = 0.04(\Delta X)^2 + 0.44[(\Delta x)^2] + 0.76[(y_\text{终} - y_i)^2] \\ m_{y(\text{附})}^2 = 0.04(\Delta Y)^2 + 0.44[(\Delta y)^2] + 0.76[(x_\text{终} - x_i)^2]\end{array}\right\} \quad (5\text{-}42)$$

对于四等附合导线,则有:

$$\left.\begin{array}{l}m_{x(\text{附})}^2 = 0.04(\Delta X)^2 + 1.00[(\Delta x)^2] + 1.47[(y_\text{终} - y_i)^2] \\ m_{y(\text{附})}^2 = 0.04(\Delta Y)^2 + 1.00[(\Delta y)^2] + 1.47[(x_\text{终} - x_i)^2]\end{array}\right\} \quad (5\text{-}43)$$

在以上各式中,ΔX、ΔY 为附合路线闭合边的坐标增量;Δx、Δy 为各导线边的纵、横坐标增量;$(x_\text{终} - x_i)$、$(y_\text{终} - y_i)$ 为导线终点的坐标与导线各点的坐标之差。以上各值均以 100km 为单位,取至 1km。算得的 m_x、m_y 以米为单位。

(6) 导线全长相对闭合差的验算

在地勘工程导线和城市导线测量的外业验算中,对于附合导线不直接给出坐标闭合差验算的限差指标,而是转换为导线全长相对闭合差的形式作出限差规定的(见表 5-2 和表 5-3)。具体计算过程是:

$$f_D = \sqrt{W_x^2 + W_y^2} \quad (5\text{-}44)$$

$$\frac{f_D}{[D]} = \frac{1}{T} \quad (5\text{-}45)$$

式中 T 为导线全长相对闭合差的分母;$[D]$ 为导线总长度。

对于导线网中各闭合环线,可参照上述方法计算环线坐标闭合差或全长相对闭合差。

(三) 导线概算和外业验算示例

如图 5-20 为一加密的国家四等导线网。外业观测工作结束后进行概算和外业验算。概算和外业验算工作在图上进行。

1. 抄录已知数据表(表 5-11)

已 知 数 据 表　　　　表 5-11

点　名	等　级	坐　标		坐标方位角 ° ′ ″	边长 (m)	备注
		x (m)	y (m)			
小山	二	3557266.710	39544354.650	1 17 38.0	10123.001	抄自省 资料中心
天城	二	3567387.130	39544583.234			
王庄	二	3561998.280	39574701.590	160 49 42.7	11456.000	
青市	二	3551177.630	39578463.700			

2. 归心改正计算(图 5-20)

3. 距离归算改正计算(表 5-12)

4. 近似坐标计算(图 5-21)

5. 球面角超和曲率改正计算及检核(图 5-21)

6. 边长高斯投影距离改正计算(图 5-21)

7. 编写边长计算整理表(表 5-12)

8. 编写水平方向整理表(表 5-13)

9. 外业验算(图 5-22、表 5-12)

归心改正计算

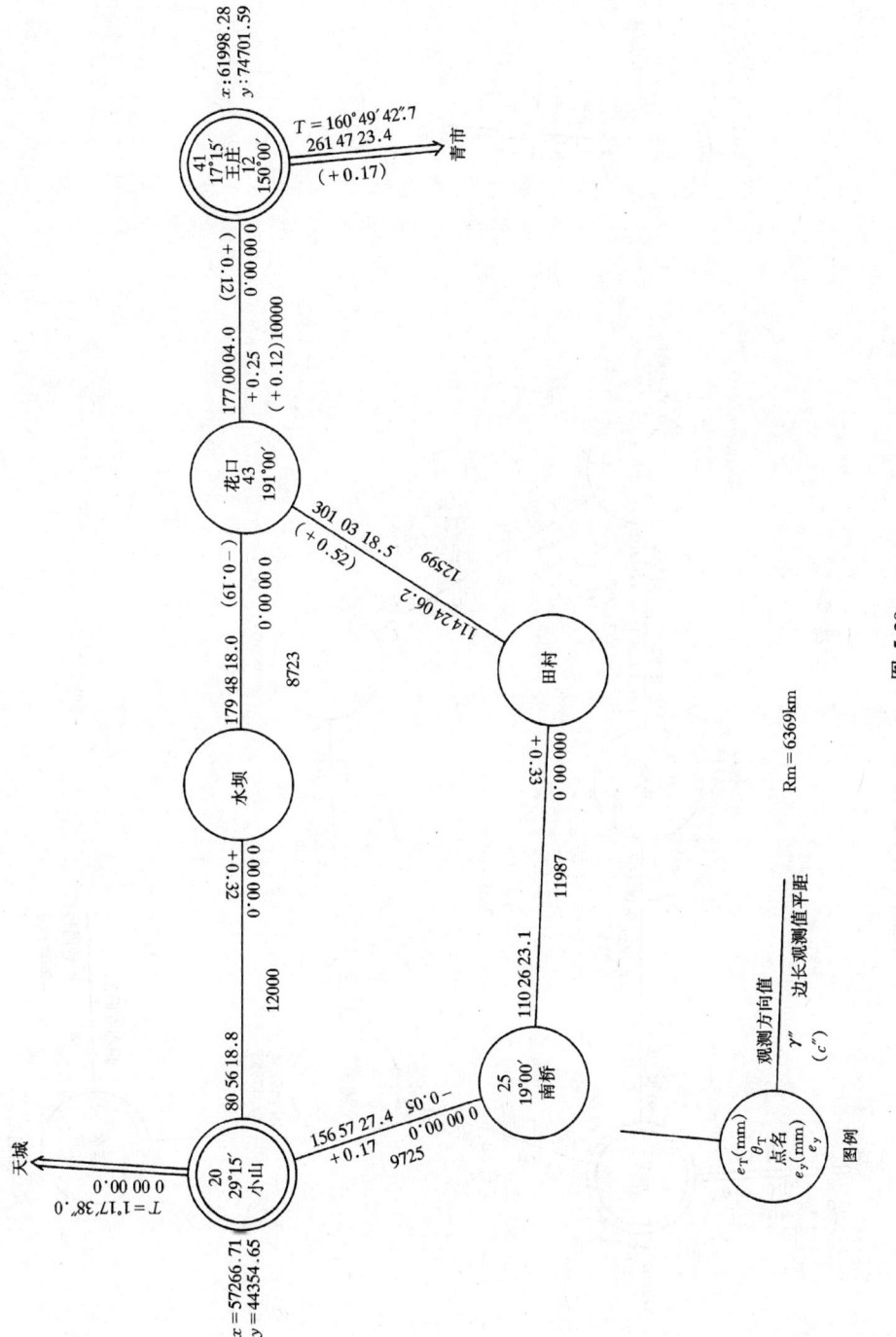

图 5-20

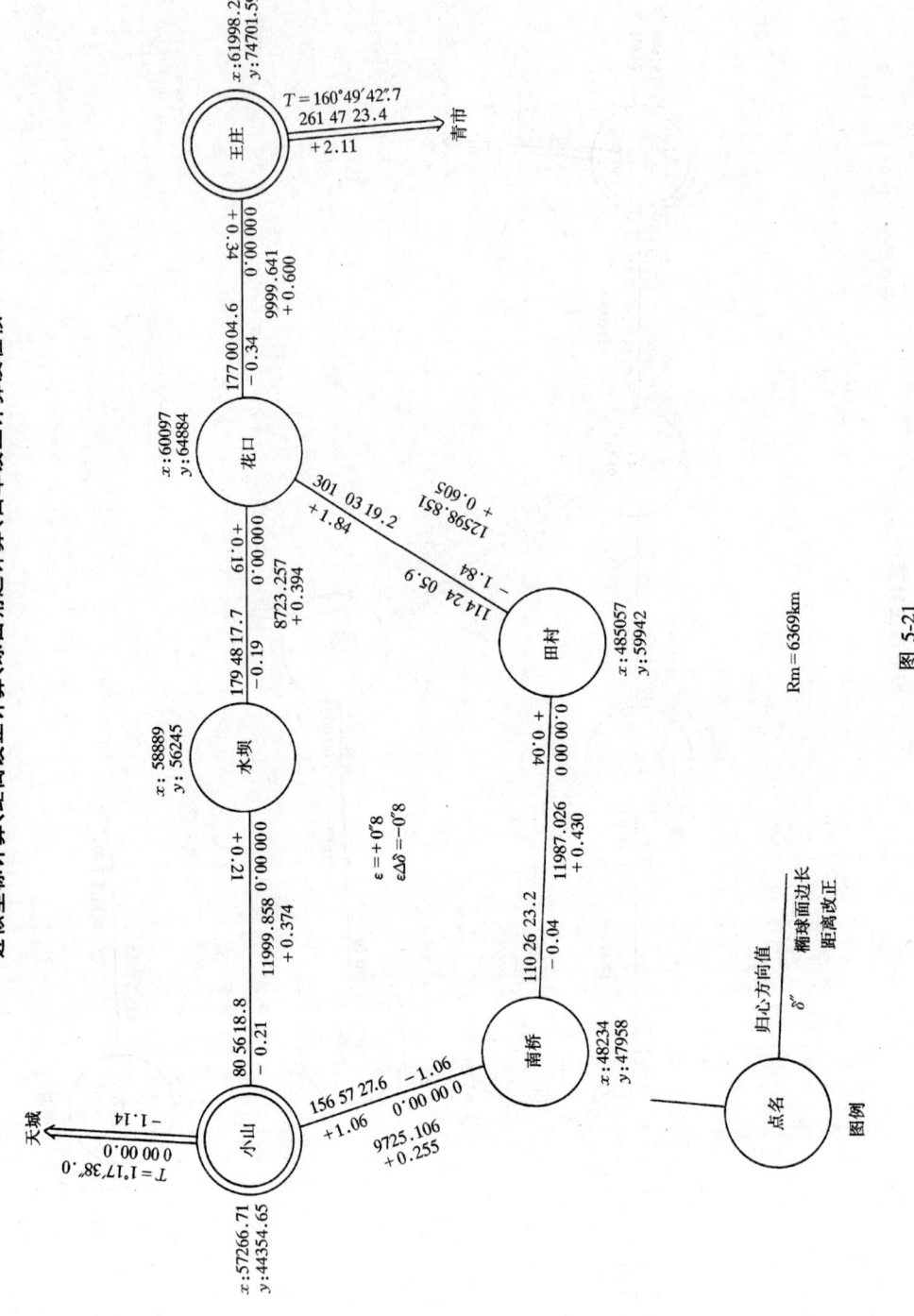

图 5-21

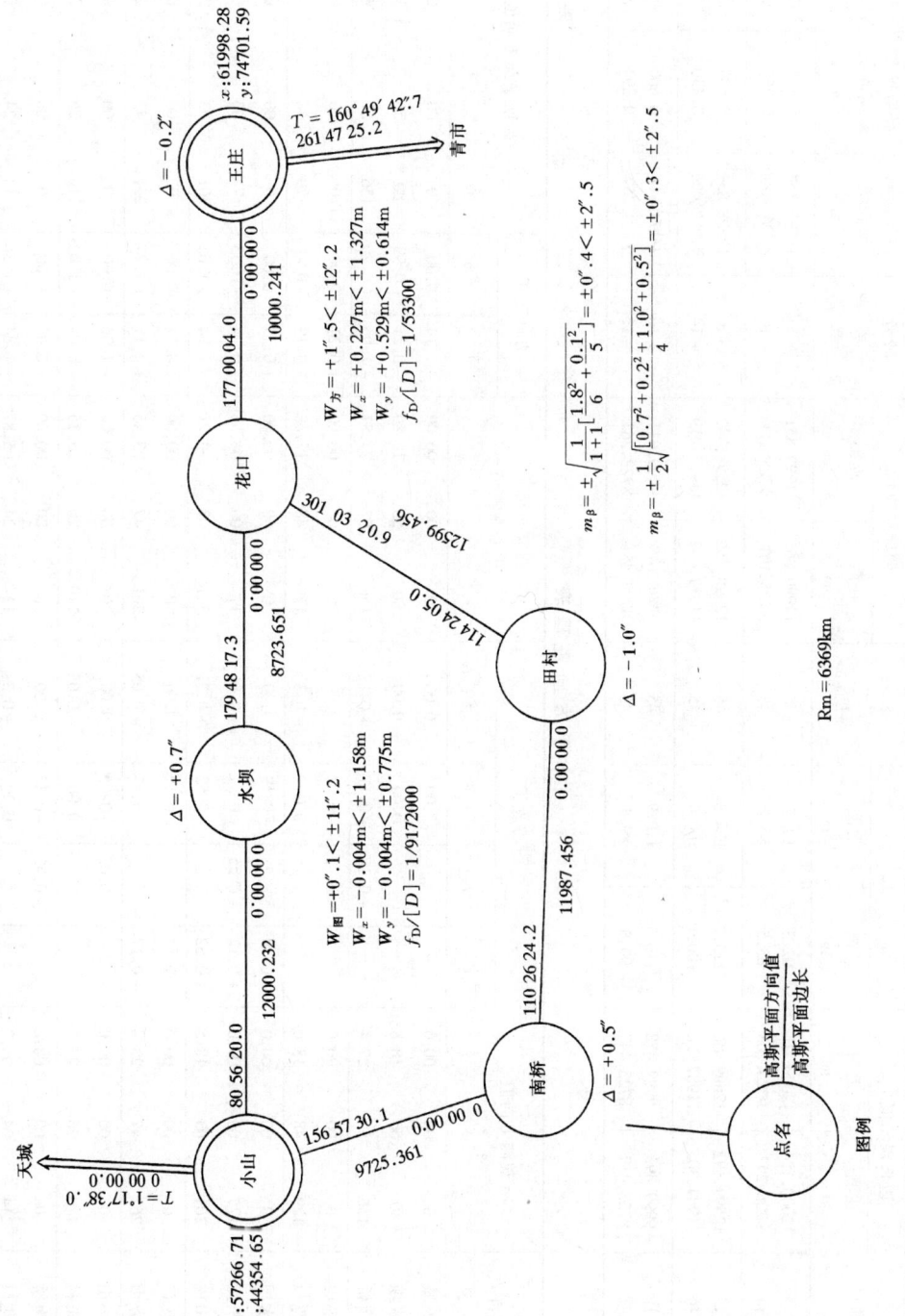

图 5-22

表 5-12

边长计算整理表

测站点	照准点	边长观测值平距		H_m		h_m	椭球面边长		较差	平均椭球面长度	高斯投影距离改正	高斯平面长度
		往测 m	返测 m	往测 m	返测 m	m	往测 m	返测 m	d mm	m	m	m
小山	水坝	12000.124	12000.109	92.3	91.7	45	11999.865	11999.851	+14	11999.858	0.374	12000.232
	南桥	9725.297	9725.308	83.5	84.2	45	9725.101	9725.111	−10	9725.106	0.255	9725.361
田村	花口	12599.192	12599.183	125.2	124.8	45	12598.855	12598.847	+8	12598.851	0.605	12599.456
	南桥	11987.305	11987.293	100.1	100.4	45	11987.032	11987.019	+14	11987.026	0.430	11987.456
花口	王庄	9999.893	9999.878	110.3	110.9	45	9999.649	9999.633	+16	9999.641	0.600	10000.241
	水坝	8723.437	8723.447	90.8	89.4	45	8723.251	8723.263	−12	8723.257	0.394	8723.651

表 5-13

水平方向整理表

测站点	照准点	观测方向值 ° ′ ″			归心改正			归算至标石中心观测值 ° ′ ″			方向改正		高斯平面方向值 ° ′ ″		
					c''	γ''	$c''+\gamma''$	$(c''+\gamma'')_0$				δ''	δ_0''		
小山	天坝	0	00	00.0			0.00	0.00	0	00	00.00	−1.14	0.00	0	00	00.0
	水坝	80	56	18.8			0.00	0.00	80	56	18.80	−0.21	+0.93	80	56	19.7
	南桥	156	57	27.4		+0.17	+0.17	+0.17	156	57	27.57	+1.06	+2.20	156	57	29.8
水坝	小山	0	00	00.0			0.00	0.00	0	00	00.00	+0.21	0.00	0	00	00.0
	花口	179	48	18.0		+0.32	+0.32	−0.32	179	48	17.68	−0.19	−0.40	179	48	17.3
花口	水坝	0	00	00.0	−0.19		−0.19	0.00	0	00	00.00	0.19	0.00	0	00	00.0
	王庄	177	00	04.0	+0.12	+0.25	+0.37	+0.56	177	00	04.56	−0.34	−0.53	177	00	04.0
	田村	301	03	18.5	+0.52		+0.52	+0.71	301	03	19.21	+1.84	+1.65	301	03	20.9
王庄	花口	0	00	00.0	+0.12		+0.12	0.00	0	00	00.00	+0.34	0.00	0	00	00.0
	青市	261	47	23.4	+0.17		+0.17	+0.05	261	47	23.45	+2.11	+1.77	261	47	25.2
南桥	小山	0	00	00.0		−0.05	−0.05	0.00	0	00	00.00	−1.06	0.00	0	00	00.0
	田村	110	26	23.1		0.00	0.00	+0.05	110	26	23.15	−0.04	+1.02	110	26	24.2
田村	南桥	0	00	00.0		+0.33	+0.33	0.00	0	00	00.00	+0.04	0.00	0	00	00.0
	花口	114	24	06.2		0.00	0.00	−0.33	114	24	05.87	−1.84	−1.88	114	24	04.0

(1) 边长往、返测较差计算

花口—王庄 $d_{max} = +16\text{mm} < \pm 2(5+1\times10)\text{mm} = \pm 30\text{mm}$

(2) 观测边长的精度估算

$$\mu = \pm 0.6\text{mm}$$

$$m_{Dmax} = \pm 10.6\text{mm}（田村—花口）$$

$$m_{Dmax}/D = 0.0106/12599 = 1/1189000 < 1/100000$$

(3) 坐标方位角条件闭合差的验算

$$W_{方} = +1''.5 < \pm 12''.2 \;(\text{设 } m_{T_0} \approx m_\beta)$$

$$W_{方限} = \pm 2 \times 2''.5\sqrt{4+2} = \pm 12''.2$$

(4) 闭合环图形条件闭合差的验算

$$W_{图} = +0''.1 < \pm 11''.2$$

$$W_{图限} = \pm 2 \times 2''.5\sqrt{5} = \pm 11''.2$$

(5) 测角中误差估算

按式 (5-38)、(5-39) 分别算得：

$$m_\beta = \pm 0''.4 < \pm 2''.5$$

$$m_\beta = \pm 0''.3 < \pm 2''.5$$

(6) 坐标闭合差的验算

$$W_x = +0.227\text{m} \quad W_y = +0.529\text{m}$$

$$W_{x限} = +1.327\text{m} \quad W_{y限} = +0.614\text{m}$$

同理可进行闭合环坐标条件闭合差的验算。直接写出结果：

$$W_x = -0.004\text{m} < \pm 1.158\text{m}$$

$$W_y = -0.004\text{m} < \pm 0.775\text{m}$$

(7) 导线全长相对闭合差验算

附合路线 $f_D = \pm\sqrt{0.227^2 + 0.529^2} = \pm 0.576$

$f_D/\Sigma D = 0.576/30724 = 1/53300$

闭合路线 $f_D = \pm\sqrt{0.004^2 + 0.004^2} = \pm 0.006$

$f_D/\Sigma D = 0.006/55036 = 1/9172000$

验算结果说明（国家导线可不进行 (7) 项目的验算），该导线网符合规范的各项要求。

(四) 验算项目超限时的误差分析与处理

1. 误差分析

根据理论研究分析和工作实践，当导线测量的外业验算项目超限时，其原因基本上有以下几种情况：

(1) 与仪器有关

当测边误差偏大或超限、导线坐标闭合差超限且纵向误差大、全长相对闭合差超限，这时与测距仪有关。如仪器加、乘常数检测的不准确、或后来发生了变化未被发现。

当测角中误差超限，且各图形条件闭合差和附合路线方位角闭合差偏大，这时与测角仪器有关。如光学对点器没有调整好，导致较大的对中误差，而影响了方向观测值。

(2) 与外界因素有关

当方位角闭合差超限、图形条件闭合差超限、坐标条件闭合差超限时，一般与外界因素即观测环境有关。如局部性或地区性系统旁折光误差所造成的影响等。

(3) 与已知点及数据有关

当附合路线的方位角闭合差超限、坐标条件闭合差超限，当取不同的路线时，也普遍存在闭合差超限或过大的现象。这时可能是已知数据搞错了，或已知点位发生了位移。

(4) 其他原因

当验算项目超限时，除以上分析的原因之外，还与测量员的技术程度、工作责任心、心理素质等有关系。

造成导线测量超限的原因是很复杂的，除参考以上所列的情况外，还要根据具体情况做具体的分析。

2．超限的处理

(1) 导线测量错误的定位

导致各项闭合差超限的原因，主要是表现在个别观测值存有大误差或粗差（在这里称为错误）。确定或判断这些错误所影响的具体观测值的位置，称为错误定位。一般有以下几种方法：

1) 当附合路线方位角闭合差超限时，可以路线两端开始按相对方向对每点推算出两套坐标，其中两套坐标极为相近的点，可能是产生测角错误的点。

2) 当附合路线或闭合路线坐标闭合差或全长相对闭合差超限时，可根据坐标闭合差的符号，算出点位误差 f_D 的方位，其中与 f_D 方位极为接近的边，可能就是产生测距错误的边。

3) 当闭合环闭合差超限时，则其相邻闭合环的闭合差也超限或较大且符号相反，则有错误的观测值在两闭合环的公共部位。

4) 当闭合环的闭合差超限时，其相邻闭合环的闭合差都符合限差，则有错误的观测值在环边缘的某单独边上。

5) 导线的某项闭合差超限时，可从不同的路线推算结点的坐标等，其差异大的路线上可能存在错误的观测值。

(2) 错误的处理方法

对于确定或判定有错误的观测值必须返工重测，直至将错误消除、各项验算项目都符合限差为止。

复 习 思 考 题

1. 导线测量的基本原则是什么？

2. 国家三、四等导线适用于哪些地区？

3. 试述国家三、四等导线、地勘工程导线和城市导线的主要技术指标。

4. 技术设计时应注意哪些问题？

5. 哪些情况下需布设独立网？

6. 怎样确定首级导线网的性质和等级？

7. 在导线测量中，测量觇标和中心标石各有什么作用？

8. 研究导线测量精度估算的目的是什么？

9. 说明三种单线中最弱点纵、横坐标中误差估算公式和纵、横向中误差估算公式中各符号的意义以及公式的具体运用。

10. 提高导线测量精度的具体方法有哪些？

11. 用等权代替法估算导线网的精度时，怎样确定路线和虚拟路线的权？需估算精度的点位的权怎样确定？单位权中误差 m_0 怎样确定？怎样确定最弱点？

12. 边长测量的技术要求有哪些？

13. 怎样用三联脚架法进行测角和测距工作？该法有什么特点？

14. 在导线点上观测水平角，如何实施左、右角观测？

15. 试述用全站仪观测导线的程序和注意问题。

16. 测站点和照准点的归心改正数用什么公式计算？它们改正什么方向的观测值？

17. 试述图解法测定归心元素的方法。

18. 试述概算的程序和方法。

19. 各类导线测量外业验算项目有哪些？试述外业验算的程序和方法。

20. 导线闭合差超限时，怎样分析原因？有哪些常用的错误定位的方法？应如何处理？

习　题

1. 若设计的等边直伸四等地勘工程附合导线全长为 20km，边长为 2km，每公里边长测量的偶然中误差为 $m_D = \pm 0.005$m、单位长度相对系统中误差为 ± 2ppm（± 2mm/km），试求该导线最弱方位角的中误差和最弱点的纵、横向中误差及点位中误差。

2. 如图 5-23 所示，城市四等导线网由六条导线边组成，各导线边长均为 1.25km，A、B、C 为高等点，N_1、N_2、N_3、N_4 为未知点。现用标称精度 $m_D = \pm (5\text{mm} + 5\text{ppm}D)$ 的光电测距仪测量导线边长（$\lambda = \pm 2$ppm），试用等权代替法估算最弱点的点位中误差。

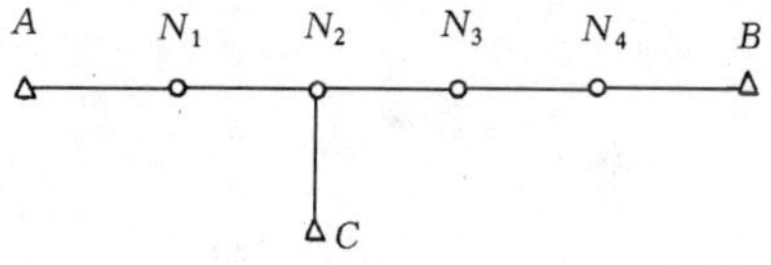

图 5-23

3. 在基北导线点上，投影得照准点归心元素值 $e_T = 0.069$mm，$\theta_T = 245°30'$（至树山方向）。基北测站各方向的观测值和至相邻导线点的距离见表 5-13：

表 5-13

方向名称	方　向　值	距　离
基南	0°00′00″.0	2100m
松山	46°18′30″.2	3066m
树山	290°11′55″.6	1413m

试计算基南、松山和树山导线点观测基北方向时的照准点归心改正数。

4. 图 5-24 为某测区国家三等导线网，图中所列数值均已归算至高斯平面上，已知点的坐标为自然

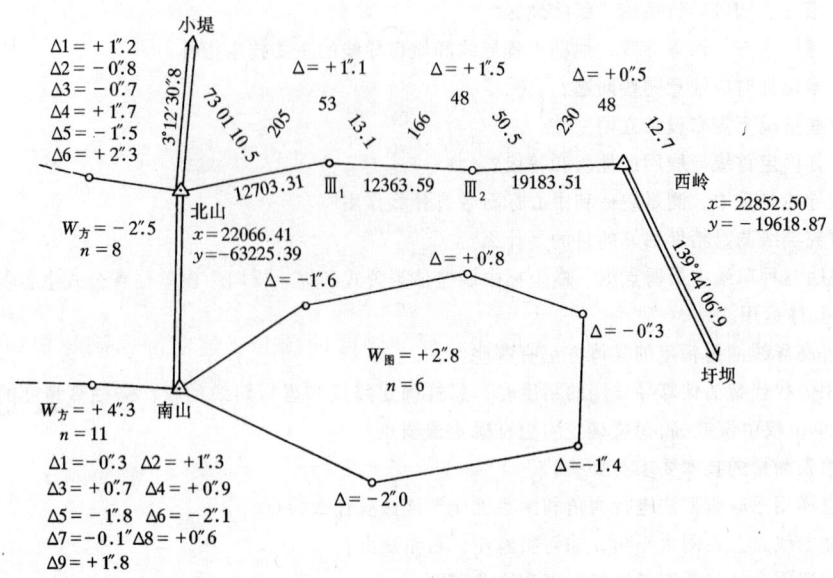

图 5-24

值。试进行有关项目的验算。

5. 复算导线概算和外业验算示例中的各项目。

第六章 高 程 测 量

第一节 国家高程控制网的布设

国家大地控制网包括水平控制网和高程控制网两部分。建立国家高程控制网的目的，是为了在全国范围内施测各种比例尺的地形图和为工程建设提供必要的高程控制基础，并为研究地壳垂直运动等科学技术问题提供精确的高程资料。

按《国家一、二（三、四）等水准测量规范》（下称《水准测量规范》）的技术要求，用水准测量的方法建立的国家高程控制网，称为国家水准网。它是高程控制的基础。

一、布网原则

布设国家水准网的基本原则是：要有统一的高程系统、水准原点和作业规程；要有足够的精度和密度；要分级布网、逐级控制。

在《水准测量规范》中规定了各等级水准测量应达到的精度（见表6-1）。

表 6-1

等　　级	每公里高差中数的偶然中误差 M_Δ	每公里高差中数的全中误差 M_W
一	≤0.45mm	≤1.0mm
二	≤1.0	≤2.0
三	≤3.0	≤6.0
四	≤5.0	≤10.0

二、布网方案

国家水准测量按控制次序和施测精度分为一、二、三、四等。

一等水准测量是国家高程控制网的骨干，一等水准路线应沿地质构造稳定、交通不太繁忙、路面较为平缓的交通路线布设，并构成网状。一等水准网的环线周长，在平原和丘陵地区应在1000～1500km之间；一般山区应在2000km左右。15～20年复测一次。

二等水准网是国家高程控制网的全面基础，它布设在一等水准环内。二等水准路线应尽量沿公路、铁路及河流布设，以保证较好的观测条件。二等水准网的环线周长，在平原和丘陵地区应在500～750km之间；山区和困难地区可适当放宽。

三、四等水准测量直接提供地形测图和各种工程建设所必需的高程控制点。三等水准路线一般可根据需要在高等级水准网内加密，布设成附合路线，并尽可能互相交叉，以构成闭合环。单独的附合路线，长度应不超过150km；环线周长应不超过200km。四等水准路线一般以附合路线布设于高等水准点之间。附合路线的长度应不超过80km。

水准路线附近的验潮站、大地点等其他固定点，可布设水准支线予以连测。在一般情况下，支线长度在20km以内时，可按四等水准测量精度施测；支线长度在20km以上时，按三等水准测量精度施测。

三、技术设计

技术设计是根据测量任务，按《水准测量规范》的有关规定，结合测区实际情况，在合适的比例尺地图上，拟订出最合理的水准网和水准路线的布设方案，并编写技术设计书。

（一）技术设计的工作内容

1. 收集测区有关资料

应收集的资料有测区地形图、交通图；已有的水准测量资料和重力资料；计划连测的其他固定点的位置资料；交通运输、地质、地震、气象、土壤冻结和地下水位深度等资料。

2. 图上设计

在适当比例尺的地形图上，标出测区的主要城镇、交通路线、河流；标出已测水准路线、水准点和连测的其他固定点的位置。然后，根据测量任务的要求和《水准测量规范》的有关规定，在图上逐级拟订水准测量路线及水准点的概略位置。

3. 绘制水准路线设计图，编写技术设计书

水准路线设计图按《水准测量规范》规定的符号绘制。其主要内容包括：拟设的水准路线；路线上各拟设水准点的位置、标石类型及编号；起算水准点的位置、编号及连测路线、水准点所在路线的命名；需要连测的其他固定点的位置等。

技术设计书的主要内容是：任务的性质与用途；测区的自然地理特点；技术设计的依据；所设计的各等级水准路线的数量，各类型的标石数量，任务工日的估算；起算和已知水准点及其高程所在的系统；施测所需仪器装备及各种材料计划数量；质量保证体系等。

水准路线命名和水准点编号的示例见图 6-1。

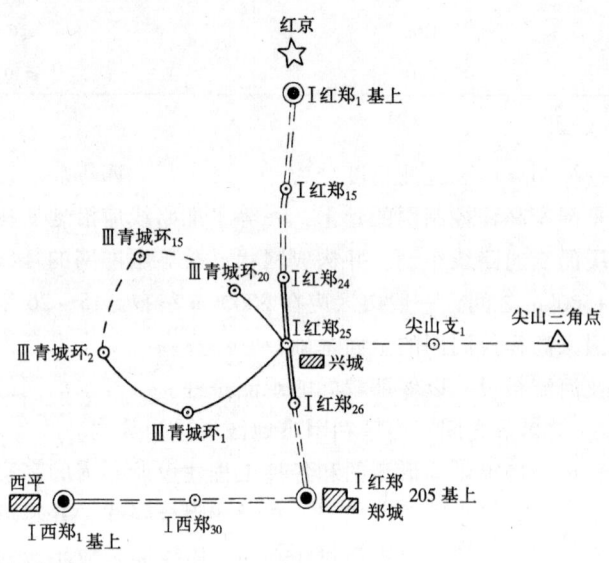

图 6-1

（二）技术设计时的注意事项

1. 水准路线尽量沿公路、铁路和坡度较小、施测方便的道路布设。避开城市、火车站、土质松软的地段和跨越河流、湖泊、沼泽、山谷等障碍物；

2. 拟设水准路线的起点和终点，一般应为已测的高等或同等水准路线的水准点；

3. 拟设的水准路线通过和靠近已测水准路线时，应予以连测。当拟设的三、四等水准路线距已测的各等水准点在4km以内时，应予以连测。连测已测水准点时，可按拟测和已测的水准路线中较低等级精度施测；

4. 拟设水准路线和已测水准路线重合时，应尽量利用旧点。

四、实地选点和埋石

实地选点就是在技术设计的基础上，再到实地确定水准路线和水准点的最后位置。选点前须对技术设计和测区情况进行充分研究，并制订选点工作计划。

选定的水准点位置应能保证埋设的标石稳定、安全和长久保存，并便于观测。地势低洼潮湿、地壳局部变形大、土质松软、易受震动和沉降的地点、地势隐蔽及不便观测的地点，均不宜选作水准点的位置。

二等水准点之记　　　　　　　　　　　　　　表 6-2

蓟文线　　　　　　　　　　　　　　　点名：Ⅱ蓟文 17

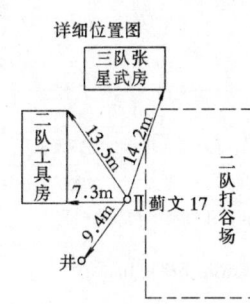
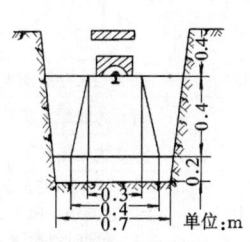

所在图幅	10—50—19	标石类型	普通标石
经纬度	L：117°06′　B：39°22′	标石质料	混凝土、瓷标志
所在地	河北省（自治区）文清县（市）红星公社东风大队第二生产队		
地别	场地	土地使用单位	东风大队第二生产队
交通路线	自文清县沿清宝公路北行3km可达本点		
详细点位说　明	1. 距点西二队工具房东南角7.3m。2. 距点西北二队工具房东北角13.5m。3. 距点东北三队张星武房东南角14.2m。4. 距点西南水井中心9.4m 点正上方埋有指示盘。本点东北距Ⅱ蓟文$_{16}$约5.5km，距西南Ⅰ红山$_{24甲}$约3.0km		
接管单位	东风大队	保管人	二队民兵连长王东、二队饲养员张志财 三队会计张星武
选点单位	第三大地测量队	埋石单位	第三大地测量队　观测单位　第三大地测量队
选点者	刘中	埋石者	刘中　观测者　李华
选点日期	1999.6.3	埋石日期	2000.7.10　观测日期　2001.5.10
备　注			

注：1. 点位必须用三个以上明显固定地物交会，距离量至分米0.1m。
2. 详细位置图可根据实地情况，在易找到点的原则下，采用适当比例尺。
3. 标石断面图根据实埋类型和尺寸填绘。
4. 详细点位说明栏中除了说明与三个以上固定地物的方位距离外，还应详细说明指示碑或指示盘与水准标石的相关位置及至相邻水准点的距离等。
5. 点位经纬度从1/10万或1/5万地形图上量取至分，并应与路线图上经纬度相符。

水准点位置选定后，应在点位上埋设注有点号、水准标石类型的点位标志，并填绘水准点点之记。点之记的格式如表 6-2 所示。在选定水准路线的过程中，应绘制水准路线图。对于水准路线的交叉点，还应绘制交叉点接测图，如图 6-2。

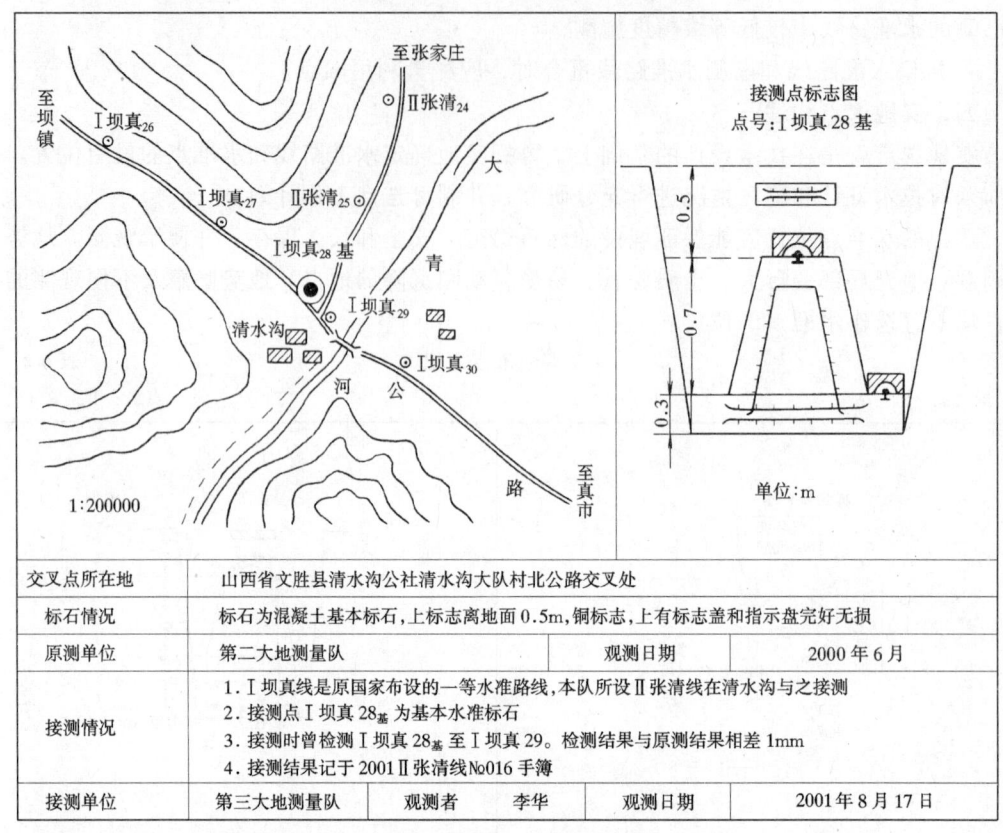

交叉点所在地	山西省文胜县清水沟公社清水沟大队村北公路交叉处		
标石情况	标石为混凝土基本标石，上标志离地面 0.5m，铜标志，上有标志盖和指示盘完好无损		
原测单位	第二大地测量队	观测日期	2000 年 6 月
接测情况	1. Ⅰ坝真线是原国家布设的一等水准路线，本队所设Ⅱ张清线在清水沟与之接测 2. 接测点Ⅰ坝真 28基 为基本水准标石 3. 接测时曾检测Ⅰ坝真 28基 至Ⅰ坝真 29。检测结果与原测结果相差 1mm 4. 接测结果记于 2001Ⅱ张清线 №016 手簿		
接测单位	第三大地测量队	观测者 李华	观测日期 2001 年 8 月 17 日

图 6-2　水准交叉点接测图

水准标石分为基本水准标石、普通水准标石和基岩水准标石。

基本水准标石，埋设在一、二等水准路线上、每隔 60km 左右一座。一、二等水准路线通过大城市时，应在大城市附近的相对方向上各埋设基本水准标石一座。两相邻基本水准标石之间的水准路线称为一个区段。基本水准标石分为混凝土基本水准标石和岩层基本水准标石。这两种水准标石的埋设规格见图 6-3 和图 6-4。

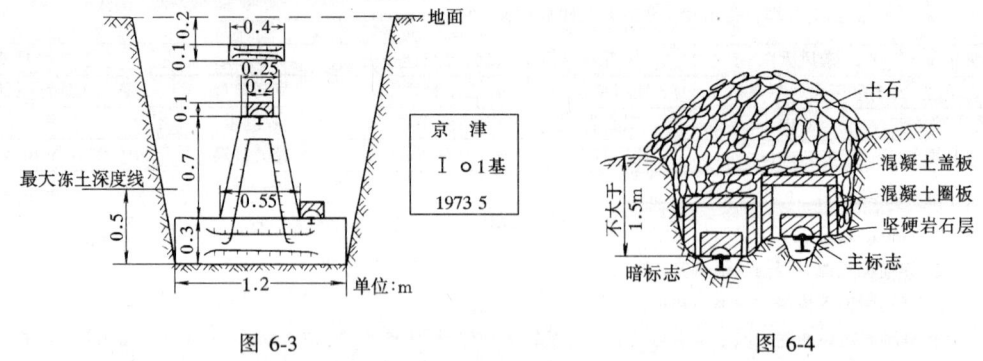

图 6-3　　　　　　　　　　　　图 6-4

普通水准标石，埋设在各等水准路线上，根据居民点的疏密情况，每隔 2～6km 埋设一座。特殊困难和人烟稀少的地区（如沙漠、沼泽）以及水准支线上，可放宽至10km（水准支线长度在15km以内可不埋石）。两相邻普通水准标石之间的水准路线称为一个测段。普通水准标石根据其制作材料及应用地区分为：混凝土普通水准标石（见图6-5）、岩层普通水准标石、钢管普通水准标石、螺旋钢管普通水准标石和墙脚水准标志等。

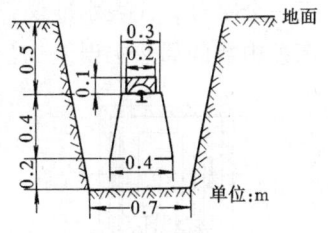

图6-5

基岩水准标石是研究地壳和地面垂直运动的主要依据，在一等水准路线上，每隔500km左右埋设一座，在大城市和地震带附近应适当增设。要保证每一省（市、自治区）内至少有两座。

埋石结束后，须向当地政府机关办理测量标志委托保管手续。并应上交测量标志委托保管书、水准点之记和埋石工作技术总结等。

第二节 精密水准标尺和精密水准仪

一、精密水准标尺

（一）精密水准标尺的基本要求和构造

国家一、二等水准测量称为精密水准测量，精密水准测量使用与精密水准仪配套的精密水准标尺。三、四等水准测量可以使用与普通水准仪配套的普通水准标尺。为了保证观测精度，也应尽量使用精密水准仪和精密水准标尺来进行三、四等水准测量。

精密水准标尺是用膨胀系数极小的因瓦合金带作分划面，合金带装在木质尺身的浅槽内，并用拉力为196N的弹簧牵引，见图6-6。合金带上漆上白色，上有黑色分划线。分划相应的数字注记则漆在木质尺身的左、右两侧上。

因瓦合金水准标尺具有长度变化极小、分划偶然误差和系统误差很小、不易发生弯曲或扭转、底部不易磨损等特点，以保证精密水准测量的精度。

（二）、精密水准标尺类型

精密水准标尺有分格值为10mm的和分格值为5mm的两种。分格值是指两相邻分划线中心之间的距离。

与威特N_3等一类水准仪配合使用的水准标尺的分格值为10mm，见图6-7。这种标尺上有左、右两排分划、分划线宽3mm。右边一排分划称为基本分划，其注记自4～300cm，标尺底部相应于分划注记为零。左边一排分划称为辅助分划，注记自306～600cm。同一视线高度上基本分划与辅助分划差一常数（301.55cm）。这个常数称为基、辅分划读数差常数或尺常差，可用来检核读数的精度和防止粗差。

与蔡司Ni004一类水准仪配合使用的水准标尺的分格值为5mm,见图6-8。水准标尺上分左、右两排分划,分划线宽4mm。左、右两排分划间隔均为10mm,它们彼此错开5mm。左、右分划从0～600cm(名义值)连续排列，但不注数字，而只在右边分划旁注记米数、左边分划旁注记分米数。左、右相邻分划注记值差10mm,而实际分格值为5mm。注记值是实际值的2倍。使用这种标尺时,应注意将测得的测段高差数值乘1/2以求出实际观测高差。

二、精密水准仪

我国水准仪系列标准规定，水准仪分为S_{05}、S_1、S_3等型号。S是汉语拼音"水"字的第一个字母，代表水准仪，下标是仪器的实测精度指标，以实测所能达到的每公里往返测高差中数的偶然中误差 M_Δ 值（以"mm"为单位）表示。

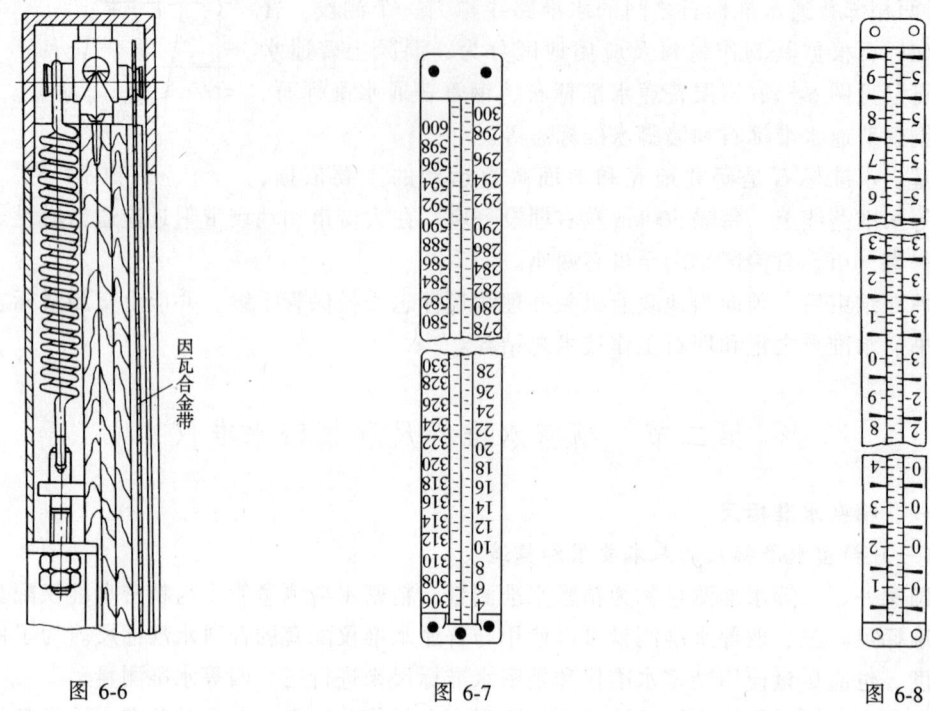

图 6-6　　　　　　　图 6-7　　　　　　　图 6-8

表 6-3

技术参数项目 \ 水准仪系列型号	S_{05}	S_1	S_3	S_{10}
精度指标 M_Δ（每公里水准测量高差中数的偶然中误差）	≤0.5mm	≤1mm	≤3mm	≤10mm
望远镜放大倍率	≥44×	≥40×	≥30×	≥25×
望远镜有效孔径	≥60mm	≥50mm	≥42mm	≥35mm
光学测微器量测范围	5mm	5mm	—	—
光学测微器最小分划值	0.05mm	0.05mm	—	—
符合水准器分划值	10″/2mm	10″/2mm	20″/2mm	20″/2mm

表 6-3 中，列出了《水准测量规范》所规定的各等水准测量所使用的仪器及各系列型号水准仪的主要技术指标等。供选用水准仪时参考。

（一）精密水准仪构造的基本要求

按其结构水准仪可分为：水准管式水准仪和具有补偿器的"自动安平"水准仪两种。用于精密水准测量的水准管式水准仪，其结构应满足以下基本要求。

1．符合水准器应具有较高的灵敏度

用水准管式水准仪进行水准测量时，是以管水准器气泡居中来整平视准轴的。为保证视准轴置平的精度，管水准器应具有较高的灵敏度，即水准管分划值要小。但水准管愈灵敏，就愈难于使气泡居中。因此，水准管的灵敏度要适中。精密水准仪一般采用分划值为 5″/2mm～10″/2mm 的管水准器。

水准管式水准仪的水准器一般都采用符合水准器的形式。为了精确而迅速地使符合水准器气泡两端的影像重合，精密水准仪上装有精细的倾斜螺旋。图 6-9 是威特 N_3 水准仪倾斜螺旋的示意图。旋转倾斜螺旋时，杠杆上着力点 D 向前或向后移动，从而使支臂绕支点 A 转动，作用点 B 作微小上升或下降，推动望远镜绕转轴 C 作微小俯仰。水准管是与望远镜连在一起的，望远镜的俯仰同时改变水准管和视准轴的位置。如果视准轴平行于水准轴，则管水准器气泡居中时，视准轴也居于水平位置。

特别指出，图 6-9 所示仪器的望远镜转动轴 C 不在仪器的垂直轴上，当垂直轴不严格垂直时，在不同方向上用倾斜螺旋整平仪器，所得到的视准轴高度不同。如果在测站上为读定前后视标尺读数而整平符合水准器时，倾斜螺旋的转动量过大，会使前、后视的视准轴高度相差过大而影响前后视高差的精度。为了限制这种误差，规范规定，在测站上先用圆水准器概略整平仪器，其整平精度应使望远镜绕垂直轴转至任何方向上，符

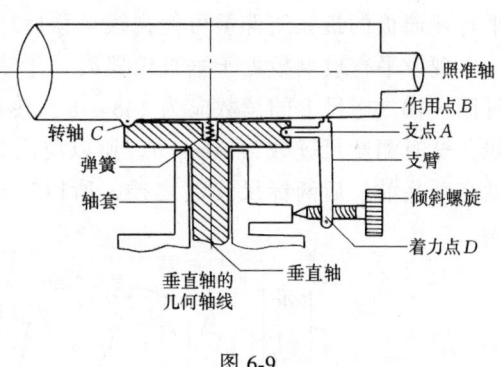

图 6-9

合水准器气泡两端影像的分离距离不得超过 1cm。只有达到这个要求，才允许用倾斜螺旋精密置管水准气泡居中来进行测量。

2．望远镜应有较好的光学性能

为了保证水准标尺在望远镜中的成像有足够的亮度和成像的清晰，精密水准仪望远镜的物镜孔径应在 50mm 以上，望远镜的放大率一般在 40 倍以上。

精密水准仪的十字丝系的水平丝采用一侧为单水平丝，另一侧为楔形丝的形式。用楔形丝夹准标尺分划比用单水平丝照准精度高。

3．仪器的结构必须有利于水准轴与视准轴的相对稳定

精密水准仪的望远镜筒和水准管套一般用因瓦合金制造并铸成一个整体。有些仪器外层是一个绝热的金属外壳，把仪器的各部件罩在其中，以保证其相对稳定。

此外水准仪的脚架也应坚固而稳定。精密水准仪一般不用可伸缩的脚架。

4．应具有光学测微器

要保证精密水准测量的精度，就要提高对标尺读数的精度。因此，仪器应有光学测微器，以便能精确地读取标尺上不足一个分划间隔的小数。

下面以威特 N_3 水准仪的光学测微器为例，说明水准仪光学测微器的构造。

光学测微器的主要部件是平行玻璃板、测微尺、传动杆和测微螺旋，见图 6-10。

平行玻璃板位于望远镜物镜前面，它可绕水平方向的轴 OO' 作前后俯仰。轴 OO' 与视准轴垂直。

测微尺上刻有 100 个分格，对应于标尺上一个整分格值（10mm）。测微尺上每 10 个大分格刻有一较长的分划线，并注有数字，表示相当于标尺上 1mm。每个大分格内又分成 10 个小分格，每一小分格相当于 0.1mm，可估读至 0.01mm。

传动杆一端有一活动环节，它套入平行玻璃板下端的凹槽内，另一端连接测微尺。传动杆中部有齿条与测微螺旋的齿轮啮合。

当平行玻璃板垂直且与视准轴正交时，水平视线垂直入射平行玻璃板，出射光线不发

生折射，这时，测微尺的读数为 50（小）格（g）。转动测微螺旋，传动杆带动平行玻璃板使其俯或仰，同时使测微尺向后或向前移动。这时，入射角改变，由于出射光线连续发生折射而平移了一段距离，见图 6-11。平移量的大小可以从测微尺的移动量读出。例如，逆转测微螺旋，平行玻璃板前俯，使测微分划尺的读数从 50 变为 100，这时水平视线向下平移了 5mm。反之，若顺转测微螺旋使测微器读数从 50 变为 0，水平视线上移了 5mm。平行玻璃板的最大俯仰量可使视线平移标尺上的一个分格值。

现设平行玻璃板处于垂直位置时，十字丝的水平丝位于标尺上 148 与 149 分划之间，见图 6-10，标尺上的读数应为 148 + a。转动测微螺旋，使十字丝的楔形丝夹住 148 分划线，这时测微尺读数为 50g + a，所以应读为 148 + 50g + a，比正确值多了 50g。考虑到测站高差是前、后两标尺读数之差，所以在这种情况下，这多余的 50g 对观测高差并无影响。

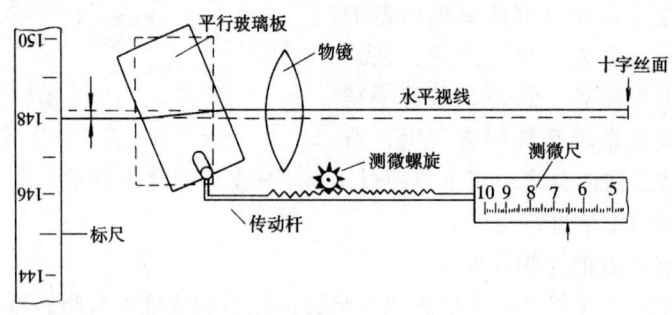

图 6-10

了解了测微器的原理之后，可知用光学测微器来读定标尺读数的方法：

（1）用圆水准器概略整平仪器，照准标尺；

（2）转动倾斜螺旋，使符合水准器气泡两端的影像严密符合；

（3）转动测微螺旋，用楔形丝精确夹准标尺上的一个分划线，读取标尺上的分划数以及测微尺上的读数。如图 6-12，标尺上的分划线读数为 148，测微尺上读数为 65，完整读数为 148.65cm。

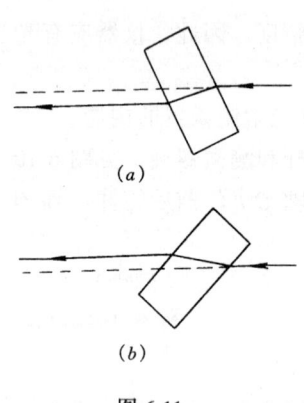

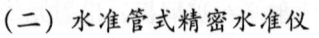

图 6-11

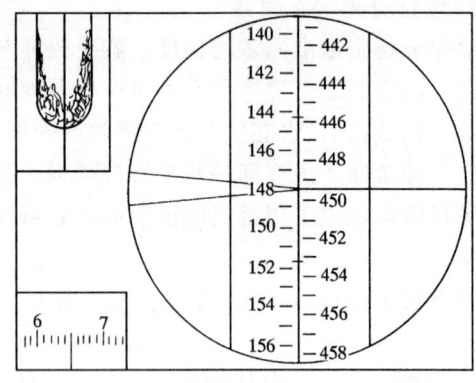

图 6-12

以上读数方法称为光学测微法。

（二）水准管式精密水准仪

1. S_{05}型水准仪

下面介绍威特 N_3 及蔡司 Ni004 两种 S_{05} 型水准管式水准仪。

(1) N_3 水准仪

瑞士威特厂生产的 N_3 水准仪其外貌如图 6-13 所示。

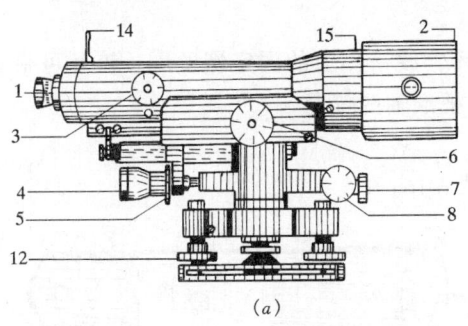 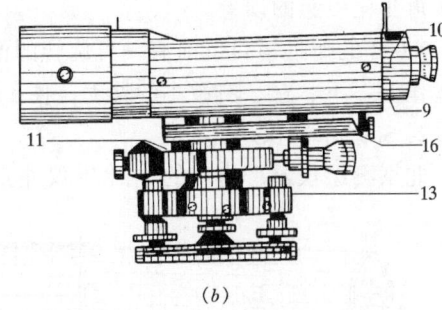

图 6-13 N_3 水准仪

1—望远镜目镜；2—保护玻璃；3—调焦螺旋；4—倾斜螺旋；5—倾斜螺旋分划盘；6—测微螺旋；7—制动螺旋；8—微动螺旋；9—测微器读数目镜；10—水准气泡观察目镜；11—圆水准器；12—脚螺旋；13—三角座；14—照准圆孔；15—准星；16—水准器反光镜

N_3 水准仪要求使用 10mm 分格值的标尺。在该仪器的望远镜视场中可看到标尺读数，在望远镜的目镜左侧另有两个目镜，分别供观察符合水准器气泡影像和读取测微尺之用。

N_3 水准仪的倾斜螺旋上有分划盘，并刻有 50 个分格，每转动一格相当于使视线倾斜 $2''$。应用这个分划盘可以进行跨越障碍物水准测量。

N_3 水准仪望远镜筒前端装有一块楔形玻璃板，用来微调视准轴的位置并起防护作用。

(2) Ni004 水准仪

德国蔡司厂生产的 Ni004 水准仪，其外貌如图 6-14 所示。

Ni004 水准仪要求使用 5mm 分格值的水准标尺。该仪器用装在仪器外部的测微鼓作测微器。测微鼓前装有读数放大镜。测微鼓上刻 100 个小分格，每 10 小格相当于标尺上的 0.5mm。该仪器的望远镜视场及测微鼓读数情况见图 6-15。图中完整的读数为 197.34cm，

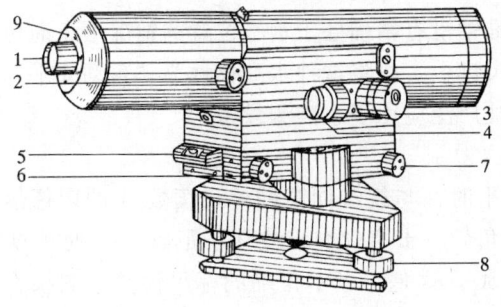

图 6-14 Ni004 水准仪

1—望远镜目镜；2—调焦螺旋；3—测微鼓；4—测微鼓读数放大镜；5—十字水准器；6—倾斜螺旋；7—微动螺旋；8—脚螺旋；9—十字丝调整环

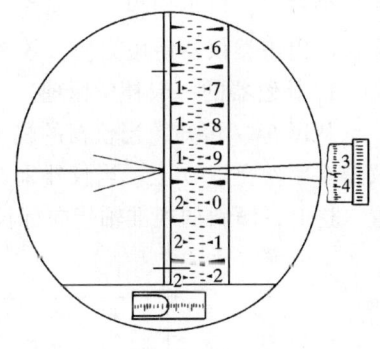

图 6-15

读数比实际值大一倍。仪器的符合水准器成像于视场下方，使观察气泡与读数联系得更紧

密、操作更方便。十字丝系的水平丝由一宽一狭的楔形丝组成，便于照准不同距离上标尺的分划。

Ni004 水准仪有一绝热的外壳，把仪器的望远镜、管水准器、测微器等都防护起来，大大减小了仪器对外界温度变化的感应。这有利于保持水准轴与视准轴关系的稳定，减小其 i 角变化引起的误差。

Ni004 的望远镜目镜前有一可旋转的偏心环，放松环上的固定螺丝后，该环可带动十字丝作上、下、左、右微小的移动，便于调整视准轴的位置。

2. S_1 型水准仪

北京测绘仪器厂生产的 S_1 水准仪外貌如图 6-16。

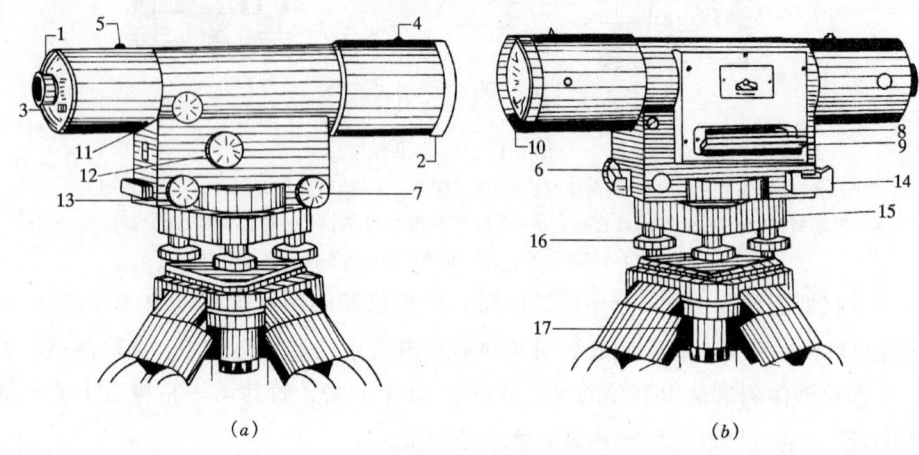

图 6-16　S_1 水准仪

1—望远镜目镜；2—望远镜物镜；3—测微器读数目镜；4—准星；5—缺口；6—制动螺旋；7—微动螺旋；8—符合水准器；9—水准器反光镜；10—保护玻璃；11—调焦螺旋；12—测微螺旋；13—倾斜螺旋；14—十字水准器；15—三角座；16—脚螺旋；17—中心固定螺旋

该仪器配用 5mm 分格值的标尺。

仪器测微尺的读数目镜在望远镜目镜的右下方。读数方法与 Ni004 基本一样。

（三）补偿式自动安平水准仪

补偿式水准仪在仪器概略整平后，即视准轴没有精确处于水平位置的情况下，通过补偿器的作用，可得到相当于视线水平时的标尺读数。故将这种水准仪称为"自动安平"水准仪。因该类仪器使用方便，效率高，所以被广泛应用于水准测量中。

1. 补偿器的一般补偿原理

从图 6-17 可知，当仪器的视准轴严格水平时，与视线同高的标尺读数 A 的影像落在仪器十字丝交点 O 上。当仪器垂直轴倾斜 α 角后，十字丝交点位移了距离 a 而处于 O_1 位置，这时，倾斜的视准轴指向标尺的读数为 A_1，这是一个不正确的标尺读数。如果在望

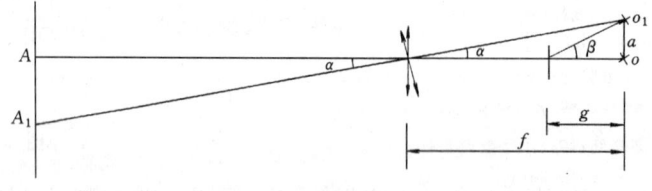

图 6-17

远镜物镜与其焦面之间的 g 距离处，安装一个光学元件，通过该元件的作用，使来自原水平视线上的标尺 A 点的光线偏折 β 角而成像在十字丝交点 O_1 上，从而重新获得标尺正确读数 A，即补偿了十字丝交点位移 a 所引起的标尺读数误差。故称该光学元件为光学补偿器。

在图 6-17 中，因 α、β 都很小，所以有：

$$a = f\alpha = g\beta$$
$$\beta = f\alpha/g \tag{6-1}$$

式中　f 为物镜焦距。

公式(6-1)表达了正确补偿的条件。

如果补偿器安装在 $f/2$ 处，即 $g = f/2$，则 $\beta = 2\alpha$。即当偏折角为两倍视线倾角时，补偿器便能正确补偿。

不同类型的水准仪所采用的补偿器大同小异，其主要的部件是倒三角形重力摆。

如原东德蔡司厂生产的 S_1 型 Koni007 直立式自动安平水准仪，其补偿器的主要部件是一块等腰直角棱镜，用弹性薄簧片（吊带）把棱镜悬挂成重力摆。摆动范围为 $10'$，摆静止后摆轴方向与重力方向一致，见图 6-18。

如图 6-19 所示，当仪器严密水平时，水平视线上的标尺读数 A 由光学系统反射后垂直入射到补偿器，经反射沿着与 A 平行的 A_1 方向射出，再经其他光学元件，最后成像于十字丝交点上。当仪器倾斜 α 角后，由于重力的作用，补偿器摆动，静止后处于一个新位置。对原位置来说，补偿器的直角棱镜平移了一段距离。这时，来自 A 的光线进入补偿器经两次反射后，沿 A_2 方向射出，再成像在十字丝交点上。由于摆的平移，入射点改变，A_2 方向平行于 A_1 方向，但 A_2 相对 A_1 也平移了一段距离。

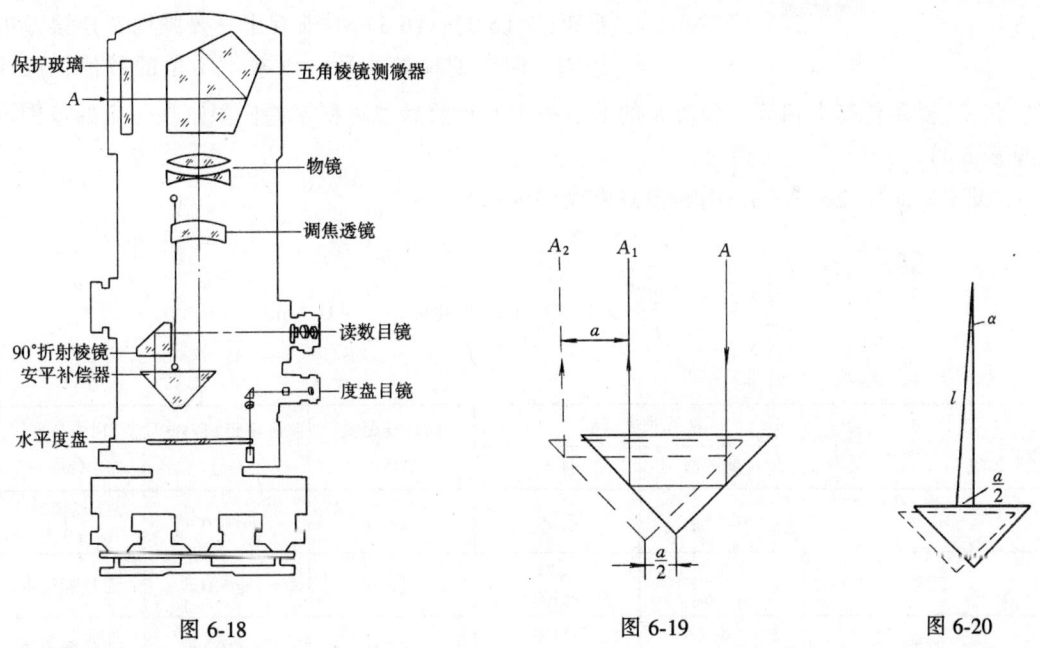

图 6-18　　　　　　　　　图 6-19　　　　　　　图 6-20

Koni007 的补偿器的设计原理是：由补偿摆射出光线的平移量等于补偿摆平移量的两倍，即视线的平移量为 a，摆的平移量为 $a/2$（见图 6-19、图 6-20）。要满足这个条件，

应使摆长 l（补偿摆吊带的长度）和焦距 f 的关系为 $l = f/2$。即满足了式（6-1）的条件。这类仪器的补偿范围一般在 10′ 以内。测微器原理也与前述的大致一样。

第三节 水准测量误差

水准测量误差按其来源有仪器误差、外界因素引起的误差和观测误差。研究这些误差影响规律的目的，是找出减弱或消除误差影响的方法。

一、仪器误差

用于水准测量的仪器，应按规定一般由质检部门定期进行检验和校正。因检校工作不可能进行的十分完善，仪器仍有残存的误差，故对水准测量仍有一定的影响。

（一）视准轴与水准轴不平行的误差

1. i 角误差的影响

水准轴与视准轴在垂直面上的投影不平行而产生的交角 i，称为 i 角。在三、四等水准观测中，要求把 i 角校正到 20″ 之内。当管水准轴水平时，残余的 i 角将使视准轴倾斜，从而产生前、后视标尺读数误差 $S_{前}i''/\rho''$ 和 $S_{后}i''/\rho''$。如图 6-21 所示。于是，测站高差的误差为：

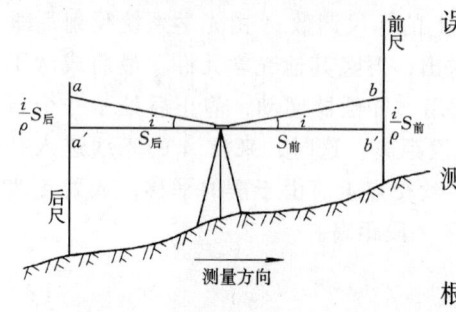

图 6-21

$$\delta h_i = \frac{i''}{\rho''}(S_{后} - S_{前}) = \frac{i''}{\rho''}d \quad (6-2)$$

由上式可知，各测站前后视距差积累值引起的测段高差误差为：

$$\sum_1^n \delta h_i = \frac{i''}{\rho''}\sum_1^n d_i \quad (6-3)$$

根据式（6-2）、（6-3）不难看出，要减弱 i 角误差的影响，应定期检校 i 角，以减小 i 角的数值；各测站前、后视距要基本相等，各测站的前后视距差和前后视距积累差应限制在一定的范围内（见表 6-4）。

设 $i'' = 20''$，$\Sigma d = 5\text{m}$，则测段高差误差为：

$$\sum_1^n \delta h_i = \frac{20''}{\rho''} \times 5000 = \pm 0.48\text{mm} < \pm 0.5\text{mm}$$

表 6-4

等级	项目	视线长度（m）		前后视距差（m）	前后视距积累差*（m）	视线高度（m）
	仪器类型	视距				
二等	S_1，S_{05}	≤50		≤1.0	≤3.0	下丝读数 ≥0.3
三等	S_3 S_1，S_{05}	≤75 ≤100		≤2.0	≤5.0	三丝能读数
四等	S_3 S_1，S_{05}	≤100 ≤150		≤3.0	≤10.0	三丝能读数

* 指由测段开始至每一测站的前后视距积累差。

因为三等水准测量水准高程的计算取至 1mm，显然当各测段高差误差在 0.5mm 之内时，不致显著影响水准点高程的精度。

2. 水准仪 i 角检校

在水准测量中，水准仪 i 角检校工作需经常进行，现介绍常用的方法：

(1) 准备

在一较为平坦的场地上用钢卷尺量取一直线 I_1ABI_2，如图 6-22 所示。其中 I_1、I_2 为安置仪器处，A、B 为立标尺处。在线段 I_1ABI_2 上使 $I_1A = BI_2$。设 $D_1 = BI_2$，$D_2 = AI_2$，使近标尺的距离 D_1 约为 5～7m，远标尺距离 D_2 约为 40～50 m（D_1 和 D_2 的限制，是为了减少由于调焦透镜运行不正确对 i 角产生的影响、经研究后提出的要求）。分别在 A、B 处打一尺桩。

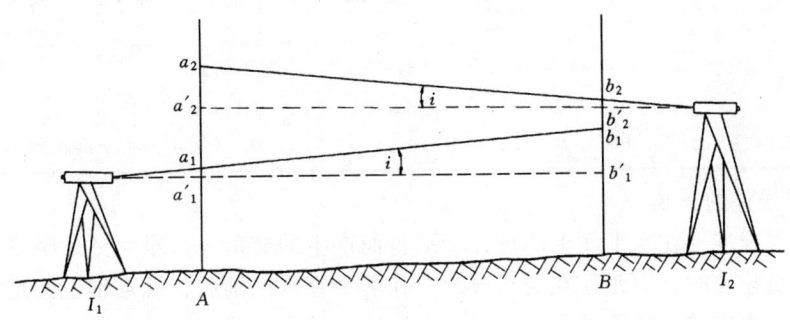

图 6-22

(2) 观测方法

在 I_1、I_2 处先后安置仪器，精确整平仪器后，分别在 A、B 标尺上各照准基本分划读数四次，并取其中数后分别为：a_1、b_1、a_2、b_2。

(3) 计算方法

i 角计算按下列公式进行：

$$\left.\begin{array}{l} \Delta = [(a_2 - b_2) - (a_1 - b_1)]/2 \\ i = \Delta \cdot \rho''/(D_2 - D_1) - 1.61 \times 10^{-5} \cdot (D_1 + D_2) \end{array}\right\} \quad (6\text{-}4)$$

式中 i 以秒为单位；$\rho'' = 206265''$；其他长度都以 mm 为单位；最后一项为两差（球差和气差）改正对 i 角产生的影响的改正数，以秒为单位。

(4) 校正

国家一、二等及三、四等水准测量要求，对 i 角分别大于 15″及 20″的仪器必须进行校正。对于管水准器式水准仪，按下述方法校正。

在 I_2 处，用测微器和倾斜螺旋相配合，对准 A 尺上应有的正确读数 a'_2。

$$\left.\begin{array}{l} a'_2 = a_2 - \Delta \cdot D_2/(D_2 - D_1) \\ b'_2 = b_2 - \Delta \cdot D_1/(D_2 - D_1) \end{array}\right\} \quad (6\text{-}5)$$

然后校正水准器的改正螺丝使气泡居中。再照准 B 标尺的正确读数 b'_2，以作检核。

对于自动安平水准仪，可通过调整十字丝来校正 i 角。

(5) 示例

i 角检校的记录和计算示例,见表 6-5。

表 6-5　　i 角检校

仪器：$N_3 N_0 53877$	方法：$I_1 A B I_2$	观测者：丁文
日期：2002 - 3 - 5	标尺：A_1　B_1	记录者：王亮
时间：9：10	成像：清晰	检查者：刘强

仪器距近标尺距离 $D_1 = 6.1 m$　　仪器距远标尺距离 $D_2 = 40.5 m$

仪器站	I_1		I_2	
观测次序	A 尺读数 a_1	B 尺读数 b_1	A 尺读数 a_2	B 尺读数 b_2
1	139 365	145 812	140 152	146 840
2	363	813	153	839
3	364	816	152	838
4	365	815	152	836
中数	139 364	145 814	140 152	146 838
高差 $(a-b)$ mm	-64.50		-66.86	

$$\Delta = [(a_2 - b_2) - (a_1 - b_1)] / 2 = -1.18 \text{ mm}$$
$$i = \Delta \cdot \rho'' / (D_2 - D_1) - 1.61 \times 10^{-5} \cdot (D_1 + D_2) = -7''.83$$
$$a'_2 = a_2 - \Delta \cdot D_2 / (D_2 - D_1) = 1402.91 \text{ mm}　　b'_2 = b_2 - \Delta \cdot D_1 / (D_2 - D_1) = 1468.59 \text{ mm}$$

3. 交叉误差的影响

水准轴与视准轴在水平面上的投影不平行而产生的交角 α,即为交叉误差。当仪器垂直轴处于垂直位置时,即使存在交叉误差,在置平管水准轴后,视准轴也必定水平,不会对标尺读数产生影响。然而观测中用圆水准器概略整平仪器后,垂直轴一般不严格位于铅垂线上。为便于讨论起见,假定垂直轴在正交于视准轴方向上倾斜了 V 角,则交叉误差 α 将使管水准轴倾斜一个小角度 β。再用倾斜螺旋使管水准气泡居中后,视准轴便要倾斜 β 角,从而影响标尺上的读数。这时前、后视标尺读数误差的数值 $\Delta = S\beta''/\rho''$（S 为前或后视距）,且符号相反,见图 6-23。设仪器和前、后视标尺位置在一直线上,前、后视距相等,前、后视标尺正确的读数为 b'、a',观测读数为 b、a,则有:

$$a = a' + \Delta; b = b' - \Delta$$

测站观测高差为:

$$h = a - b = a' - b' + 2\Delta \tag{6-6}$$

即测站观测高差中存在 2Δ 的误差。

减弱交叉误差影响的方法有:

(1) 定期检校交叉误差,以减小其数值;

(2) 经常检校圆水准器,观测时使圆水准气泡严密居中,以减小垂直轴的倾斜角;

(3) 一测段的测站数应为偶数。在连续各测站上安置脚架时,应使两脚与路线方向平行,第三脚交替置于路线的左、右两侧,如图 6-24 所示。若用该方法安置脚架,在相邻

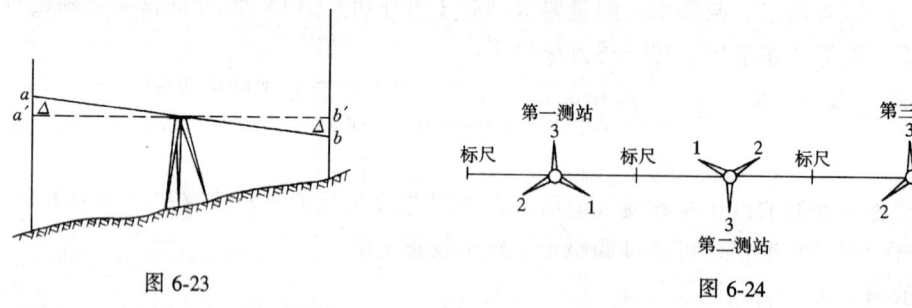

图 6-23　　　　　　　　　　　　　图 6-24

两测站观测中垂直轴就先后向左、右侧倾斜,势必使该两站高差误差的符号相反,从而在相邻两站高差之和中得到抵偿;

(4) 每站的仪器和前、后视标尺位置力求在一直线上,将更好地抵偿交叉误差的影响。

(二) 水准标尺每米间隔真长误差 f 的影响

标尺上 1m 分划间隔的实际长度不等于其名义长度时,用此标尺测出的高差将存在系统性的误差。

设一付水准标尺每米间隔真长的误差为 f,a、b 表示一测站上后视标尺和前视标尺的读数,则 af、bf 分别为后视、前视标尺读数中含有的误差。这时两标尺的正确读数 a'、b' 分别为:

$$a' = a + af; \quad b' = b + bf$$

于是测站的正确高差为:

$$h' = a' - b' = (a - b) + (a - b)f$$

令 $a - b = h$ 则:

$$h' = h + hf \tag{6-7}$$

式中 hf 为每米间隔平均真长误差 f 对一测站高差的影响。

推广到一测段,则有:

$$\Sigma hf = h_{测段}f \tag{6-8}$$

从上式看出,由 f 引起的水准路线的测段高差误差与 f 的大小和测段高差成正比,具有系统误差的性质。它在往返测高差闭合差和环线高差闭合差中反映不出来,也不能通过往、返测高差取中数而消除,只有在符合到已知高等点上才能发现。

减弱标尺每米间隔真长误差影响的方法是:

(1) 采用合理的方法,定期精确检定标尺的每米间隔真长误差。当 $|f| > 0.02$ mm 时,要在测段高差中加入相应的改正数;

(2) 尽可能布设环线水准网,选择路面坡度平缓的交通线作为水准路线;

(3) 作业期间要保护好标尺,防止尺长发生变化。

(三) 一对水准标尺零点差的影响

两根水准标尺零点不一致,它们之间的差值就称为一对水准标尺零点差。

如图 6-25 所示,设水准测量中相邻两测站为 J_1 和 J_2,立尺点为 A、B、C。以 a_i、b_i($i = 1、2$)分别表示各站后视和前视标尺的读数,Δ_a、Δ_b 表示 A 标尺和 B 标尺的零点差。

在 J_1 测站上测得 A、B 两点间的正确高差应为:

$$h'_{AB} = (a_1 - \Delta_a) - (b_1 - \Delta_b) = (a_1 - b_1) + (\Delta_b - \Delta_a) \tag{6-9}$$

在 J_2 测站上测得 B、C 两点间的正确高差应为:

$$h'_{BC} = (a_2 - \Delta_b) - (b_2 - \Delta_a) = (a_2 - b_2) + (\Delta_a - \Delta_b) \tag{6-10}$$

于是,AC 间的高差为:$h'_{AC} = (a_1 - b_1) + (a_2 - b_2)$。即一对标尺零点差已被消除。

推广到一个测段,只要一测段测站数为偶数,且相邻测站间前、后标尺互换,就可以消除一对标尺零点差的影响。

二、外界因素引起的误差

水准测量是在室外进行的,外界因素中诸如土质、空气、日光、风力、地球磁场等,都会对水准测量产生影响而存在误差。外界因素的影响主要有下面几种:

(一) 温度变化对 i 角的影响

气温变化使水准仪的 i 角改变,这种改变也是呈现一定的规律性的,对观测读数有系统性的影响。

从实验资料得到的结论是,仪器周围温度逐渐升高时,标尺读数趋向逐渐减小;周围温度逐渐降低时,读数逐渐增大。在正常天气下,上午气温逐渐升高,下午逐渐降低。因此,上午观测,读数有逐渐减小的趋势,而下午则有读数逐渐增大的趋势。

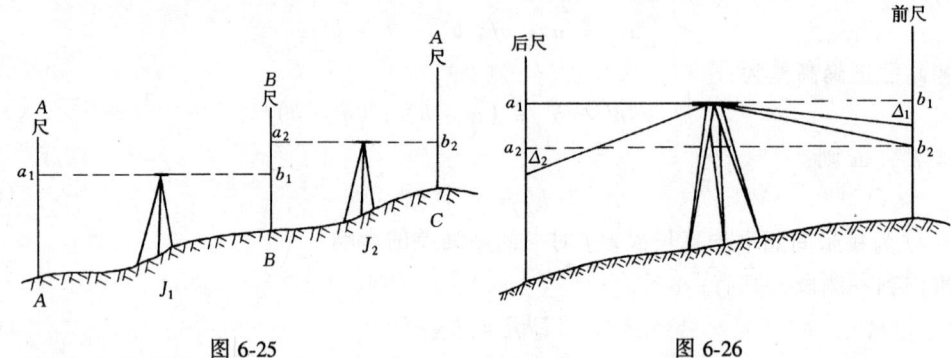

图 6-25　　　　　　　　　　图 6-26

依照这个 i 角变化对读数影响的规律,上午观测时,一测站上的读数情况如图 6-26 所示。若观测顺序为后、前、前、后,那么,后视第一次读数为 a_1,前视第一次正确读数应为 b_1,但由于 i 角的变化,使读数变小,读得 $b_1 - \Delta_1$。同理,前视第二次读数为 b_2,后视第二次读数应为 $a_2 - \Delta_2$。

用第一、二次前、后视标尺读数分别算得的高差为:
$$h_1 = (a_1 - b_1) + \Delta_1; \quad h_2 = (a_2 - b_2) - \Delta_2$$

高差中数为:
$$h_中 = \frac{1}{2}\{(a_1 - b_1) + (a_2 - b_2) + \Delta_1 - \Delta_2\} \tag{6-11}$$

如前、后视距相同,i 角随温度成正比变化,每次读数的间隔时间相等,则 $\Delta_1 = \Delta_2$。也就是 i 角变化对读数的影响在高差中数中被消除。如读数间隔时间不相等,则 $\Delta_1 \neq \Delta_2$,在测站高差中仍有 i 角变化引起的残余误差。在一测段中,若各测站的观测顺序相同,因各站高差的残余误差具有相同符号便会积累起来。

假如在下一测站上,采用与上一站相反的前、后、后、前的观测顺序,则这一站与上一站的 $\Delta_1 - \Delta_2$ 数值大致相等而符号相反,基本抵偿了它的影响。在设偶数站的一测段中,这种误差影响将更好地减弱,下午观测情况也一样。

综合上述的分析,减弱仪器 i 角受外界温度影响的措施是:

1. 防止仪器在作业中被阳光照射和受热。测量工作过程中,要用白色测伞遮阳光;
2. 各测段的往、返测分别安排在上午和下午进行;
3. 每站要快速对称观测,奇数测站和偶数测站的观测顺序应相反。

(二) 地面大气垂直折光的影响

近地面空气层的温度，随高度和时间而变化，使空气层密度的垂直分布不均匀，当标尺分划的光线通过时，便在垂直面上发生弯曲，从而产生大气垂直折光差。如图 6-27 所示，设想沿着一条较长的匀坡水准路线观测，往测时是上坡，各测站的后视高度恒大于前视高度，当前、后视距基本相同时，各站高差的折光误差 $\Delta a_i - \Delta b_i$ 均为负值而积累；下坡时的情况正好相反，各站高差的折光误差 $\Delta a_i - \Delta b_i$ 均为正值而积累。因此，一个测段或一条路线的往返测高差中数，不能使误差得到抵偿。

减弱折光误差对水准测量影响的方法和措施是：

1. 在日出后半小时至正午前 2.5h 和正午后 2.5h 至日落前半小时内的有利时间观测；

2. 折光误差数值的大小与视线长度的平方成正比。因此，精密水准观测须采用短视距；

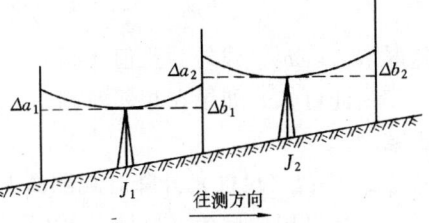

图 6-27

3. 选择坡度平缓的水准路线作为水准路线，并布设成环线水准网，有利于减弱大气垂直折光的影响；

4. 作业中观测视线离地面的高度要适当，不应过低或过高。

（三）仪器脚架和尺台（尺桩）垂直位移的影响

1. 脚架升降对观测高差的影响

脚架插入土中后，由于土壤的反作用力，使脚架多半上升。在最初 5min 内，上升较明显且与时间成正比。然后，逐渐减缓。观测者绕脚架走动，在侧面压力影响下，也会使脚架发生升降。

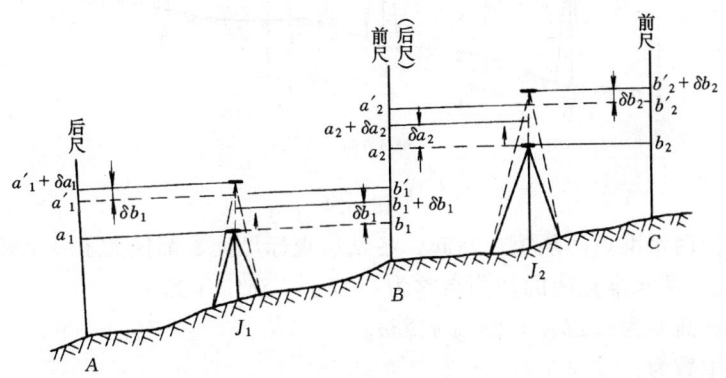

图 6-28

图 6-28 所示，在测站 J_1 上观测立于 A、B 点上的标尺，观测顺序为后、前、前、后。后视第一次读数为 a_1，这时脚架垂直位移未发生影响。与 a_1 同一水平视线上前视读数相应为 b_1。

在仪器转向前视到读数时，由于脚架上升了 δb_1，因此读数为 $b_1 + \delta b_1$。

前视第二次读数为 b'_1，后视相应读数应为 a'_1，但由于脚架上升，实际读得 $a'_1 + \delta a_1$，于是 A、B 点的高差为：

$$h_{AB} = \frac{1}{2}\{a_1 - (b_1 + \delta b_1) + (a'_1 + \delta a_1) - b'_1\}$$

$$= \frac{1}{2}\{(a_1 - b_1) + (a'_1 - b'_1)\} + \frac{1}{2}(\delta a_1 - \delta b_1) \qquad (6\text{-}12)$$

式中 第二项就是脚架上升对测站观测高差的影响。

根据上面所述的规律，有 $\delta b_1 > \delta a_1$，残差为负值，即误差影响不能全部抵消。

同理，在测站 J_2 上观测 B、C 点上的标尺，如果采用前、后、后、前的观测顺序，则有：

$$h_{BC} = \frac{1}{2}\{(a_2 - b_2) + (a'_2 - b'_2)\} + \frac{1}{2}(\delta a_1 - \delta b_2) \qquad (6\text{-}13)$$

这时 $\delta a_2 > \delta b_2$，残差为正值。

由此可知，如果在相邻两测站上，观测标尺的顺序相反，就能较好地减弱脚架升降的影响。

2. 尺台（尺桩）升降对观测高差的影响

立标尺用的尺台（尺桩），由于本身的重量、尺子的重量及扶尺时的压力作用，一般要稍有下沉。该误差对观测的影响与脚架升降造成的影响相似。因此，可以用相邻两测站观测顺序相反的方法使大部分误差抵消。

但是在从上一站迁到下一站的时间内，原来的前视标尺的尺台继续下沉。在迁站时间内由尺台下沉所引起的测段高差误差，称为转点误差，如图 6-29 所示。

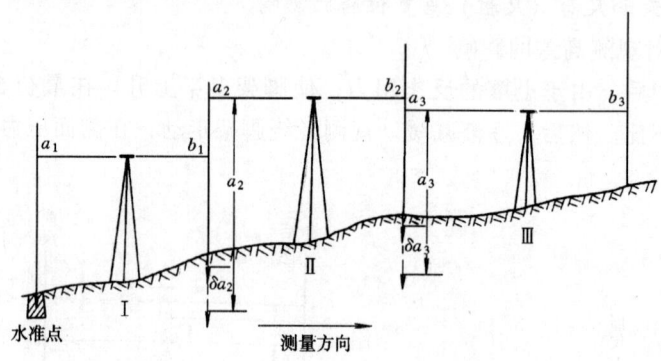

图 6-29

转点误差使两水准点间从第二站起，各站后视标尺读数都偏大了一个转点尺台下沉的数值 δa_i。因此，两水准点间的往测高差为：$\Sigma h_{往} = \Sigma h'_{往} + \Sigma \delta a_{往}$。

同理，返测高差为：$\Sigma h_{返} = \Sigma h'_{返} + \Sigma \delta a_{返}$。

测段高差中数为：

$$h_{中} = \frac{1}{2}(\Sigma h_{往} - \Sigma h_{返})$$

$$= \frac{1}{2}(\Sigma h'_{往} - \Sigma h_{返}) + \frac{1}{2}(\Sigma \delta a_{往} - \Sigma \delta a_{返}) \qquad (6\text{-}14)$$

式中 第二项为转点误差引起的测段高差中数的误差。$\delta a_{往}$、$\delta a_{返}$ 符号相同，可以互相抵消。

如果往、返测的转点位置相同，误差数值就基本相等，误差影响还可以减弱得更小。这种误差对往返测闭合差影响是较明显的。因为，在忽略其他误差影响时，有：

$$\Delta = \Sigma h_{往} + \Sigma h_{返} = \Sigma h'_{往} + \Sigma h'_{返} + \Sigma \delta a_{往} + \Sigma \delta a_{返} = \Sigma \delta a_{往} + \Sigma \delta a_{返} \qquad (6\text{-}15)$$

3．减弱仪器脚架和尺台（尺桩）升降影响的措施和方法

(1) 水准路线应沿中等密度土壤的道路布设；

(2) 往、返测应沿同一路线进行，并使用同一类型仪器及尺承；

(3) 相邻两测站的观测顺序相反；

(4) 安置的脚架不要有过大的弹性张力。观测员应离脚架 0.5m 之外走动；

(5) 精密水准测量时，尽量用尺桩。土质紧密地区可用不轻于 5kg 的尺台；

(6) 扶尺用力要均匀。迁站时，原前视标尺要从尺台上取下。观测读数应在立尺 20~30s 之后进行。扶尺员应离尺台 0.5m 以外走动。

三、观测误差

观测误差是由于观测员视觉器官判别能力的限制，在正常的观测过程中所产生的误差对观测成果的影响。观测误差主要有水准器置中误差和照准标尺分划误差。对具有符合水准器（或补偿器）和测微设备的精密水准仪来说，这两种误差都很小，对观测成果不足以产生显著的影响。如水准管式水准仪，1km 测线的观测误差影响约为 ±0.23mm；Koni007 补偿式水准仪 1km 测线的观测误差约为 ±0.13mm，因为这种仪器不存在观测员置平水准器的误差。

四、M_Δ 和 M_W 的估算

当一个测区的水准测量外业工作结束后，应进行每公里水准测量高差中数的偶然中误差 M_Δ 和每公里水准测量高差中数的全中误差（偶然误差和系统误差的综合影响）M_W 的估算。以进行质量检核。

设测段的往返测较差为 Δ_i（mm）、测段距离为 R_i（km）（$i = 1, 2, \cdots n$）；环线闭合差为 W_i（mm）、环线距离为 F_i（km）（$i = 1, 2, \cdots N$）。则有：

$$M_\Delta = \pm \sqrt{\frac{1}{4n}\left[\frac{\Delta\Delta}{R}\right]} \tag{6-16}$$

$$M_W = \pm \sqrt{\frac{1}{N}\left[\frac{WW}{F}\right]} \tag{6-17}$$

五、水准观测的一般规则

由以上的讨论和分析，可总结出水准测量的一般规则：

1．应沿路面坡度平缓的交通线进行水准观测；

2．选择标尺分划像清晰、稳定和气温变化小的时间观测；

3．观测前半小时整置仪器，设站时打伞，迁站时罩上仪器罩，以减小外界温度影响；

4．视线不宜过长，视线高出地面的高度不应过低和过高；

5．每站的前、后视距基本相等；

6．安置脚架应使两脚与水准路线方向平行，第三脚轮换置于路线的左、右两侧，观测员要在半米外走动；

7．每站两次观测前、后视的标尺顺序及时间应成对称，相邻两站观测标尺的顺序相反；

8．一测段的测站数应为偶数；

9．各测段应沿同一路线和用同类仪器进行往、返观测，最好是测站和尺承位置相同；

10．一测段的往测和返测，应分别在上午和下午不同的时间段完成。

精密水准测量应遵守上述观测规则。对于三、四等水准观测，因精度要求降低，可以酌情放宽或变通。

第四节 高程系统和水准原点

建立国家统一的高程控制网,必须首先解决两个基本问题,即选择高程系统和建立水准原点。高程系统是指确定表示地面点高程的统一基准面,这个基准面就作为计算地面点高程的起算面。而水准原点是指通过国家高程控制网传算高程的统一起始点。

地面上的点相对于高程基准面的高度,通常称为绝对高程或海拔高程,也简称为标高或高程。

一、水准面的不平行性

水准测量实质上是假定不同高度的水准面互相平行来测定高差的。这个假定在较短距离内与实际相差微小,但对于较长的距离,这个假定并不是正确的。

由地球物理学知,空间重力场中的任何物质都受到重力作用而使其具有位能。对于单位质量的质点,其位能大小与质点所处的高度及该处的重力加速度有关。我们把这种随位置和重力加速度而变化的位能,称为重力势,以 W 表示,并有:

$$W = g \cdot h \tag{6-18}$$

式中 g 为重力加速度;h 为单位质量的质点所处的高度。

水准面是一个重力等位面,同一水准面上各点的重力势相等。将单位质量的质点从一个水准面移至另一个水准面所做的功,在数值上就是两水准面的重力势之差 ΔW。图 6-30 表示两个非常接近的水准面,它们在 A、B 两处的垂直距离为 Δh_A、Δh_B,重力加速度为 g_A、g_B,此时两个水准面的重力势之差为:

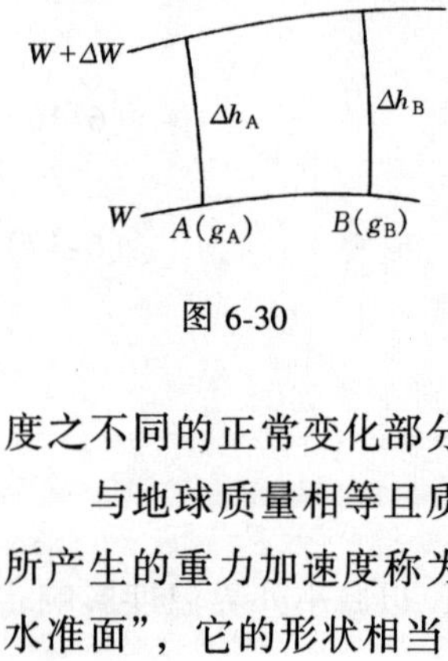

$$\Delta W = g_A \cdot \Delta h_A = g_B \cdot \Delta h_B \tag{6-19}$$

A、B 作为地球上不同的两点,它们的重力加速度是不相等的。所以 Δh_A 与 Δh_B 也就不相等。这就是说,任意两个水准面都是不相平行的,这个特性称为水准面的不平行性。地面上不同点重力加速度的变化可分为两部分:一个是随纬度和距椭球面高度之不同的正常变化部分;另一个则是随地壳内部物质密度不同的异常变化部分。

图 6-30

与地球质量相等且质量分布均匀的椭球称为正常椭球。正常椭球对其表面与外部的点所产生的重力加速度称为正常重力加速度。相应的正常重力加速度等位面,称为"正常位水准面",它的形状相当于一族向两极收敛的旋转椭球面,其不平行性是规则的,仅随纬度而变。即正常重力加速度只与点位纬度有关,且可以按下列公式计算之:

$$\gamma = \gamma_{45°}(1 - \alpha \cos 2\varphi) \tag{6-20}$$

式中 $\gamma_{45°}$ 为纬度 45°处的正常重力加速度,单位是 m/s^2;α 为常数,约等于 0.0026;φ 为某点所处的纬度。

点的位置每升高 1m,重力加速度要减小 0.3086×10^{-5} m/s^2。所以,当点位高出正常椭球面 H(m)时,正常重力加速度应为:

$$\gamma_H = \gamma - 0.3086 \times 10^{-5} H \quad m/s^2$$

地壳内部物质质量分布实际上是不均匀的,它也将引起重力加速度的变化,使得地面点的实测重力加速度 g 与相应点的正常重力加速度 γ 不相等,其差值 $\Delta g = g - \gamma$,称为

"重力异常"。

与实测重力加速度相应的重力等势面,称为"重力位水准面",其不平行性是复杂而不规则的,必须通过实测重力加速度才能反映出来。

由于上述原因所产生的水准面的不平行性,无疑将对水准测量成果产生影响。这对于国家高等级的精密水准测量来说,是不能忽视的。

如图 6-31,OEC 表示大地水准面,由 O 点开始沿 OAB 路线测得 B 点的高程是一系列高差之和,即

$$H^B_{测} = \Delta h_1 + \Delta h_2 + \cdots\cdots = \Sigma \Delta h$$

同样,由 O 点开始沿路线 ONB 测得 B 点的高程又是另一系列高差之和,即

$$H'^B_{测} = \Delta h'_1 + \Delta h'_2 + \cdots\cdots = \Sigma \Delta h'$$

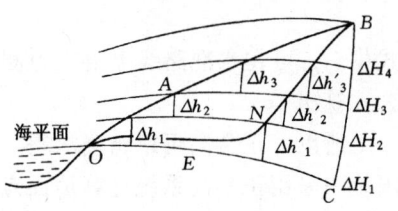

图 6-31

由于水准面的不平行性,相应的高差 Δh_i 与 $\Delta h'_i$ 就不会相等。因此,对同一点 B,沿不同路线进行水准测量,所得高程并不相同。如果将图 6-31 中 OAB 和 ONB 水准路线合并成一个水准闭合环 $OABNO$,即使水准测量没有误差,也还会出现闭合差。这个由水准面不平行所产生的环线闭合差,称为理论闭合差。

为了解决理论闭合差所产生的矛盾,使某点高程具有惟一的数值,必须合理地选择高程系统。

二、正高系统

所谓正高系统,就是以大地水准面为高程基准面的高程系统。地面一点的正高,就是该点沿铅垂线至大地水准面的距离。图 6-31 所示的 B 点的正高为:

$$H^B_{正} = \sum_{CB}\Delta H_i = \int_{CB} dH \tag{6-21}$$

在铅垂线 BC 的不同点上,重力加速度有不同的数值。如果相应于 dH 处的重力加速度为 g^B,由式(6-19)可以写出:

$$g^B \cdot dH = g \cdot dh$$

或者

$$dH = \frac{g}{g^B} dh$$

式中 g 为水准路线上相应于 dh 处的重力加速度。

将上式代入式(6-21),并取铅垂线 BC 方向上的重力平均值 g_m,可得:

$$H^B_{正} = \frac{1}{g^B_m} \int_{OAB} g \cdot dh \tag{6-22}$$

这就是求定 B 点正高的基本公式。

式中 g^B_m 为一常数,$\int g \cdot dh$ 为过 B 点的水准面与大地水准面之间的重力势之差,其值不随路线而异。就是说,正高是惟一确定的数值,可以用来表示地面点的高程。但是,g^B_m 是地壳内部 BC 线上的重力加速度平均值,它无法由实测求得。同时 g^B_m 与地壳质量分布及密度密切相关,也无法将它精确计算出来。因此,正高是不可能精确求定的。

基于这些原因,促使人们寻求建立一种与正高系统非常接近,而实际工作中又能严格和精确求定高程的系统——正常高系统。

三、正常高系统

如前所述，正常椭球表面与外部点的正常重力加速度可以准确计算，它和地球相应点的重力加速度 g 不但数值接近，而且具有相同的性质。所以我们可以用正常重力加速度 γ_m^B 代替公式 6-22 中的 g_m^B，于是就得到 B 点的正常高：

$$H_{常}^B = \frac{1}{\gamma_m^B} \int_{OAB} g \cdot dh \tag{6-23}$$

式中 g 可在水准路线上由重力测量测定；dh 由水准测量测得；γ_m^B 可由正常重力加速度公式算出。

所以，正常高可以精确求得，其数值也不随水准路线而异，是唯一确定的。因此，我国统一采用正常高系统计算地面点高程。

按地面各点的正常高沿正常重力线向下截取一系列的相应点，将这些点联成的一个连续曲面，就称为"似大地水准面"。可见，正常高系统是以似大地水准面为基准面的高程系统。尽管似大地水准面并不具备水准面的性质，正常高也无严格的物理意义，但是似大地水准面却极接近于大地水准面，它们之间相差甚微，在高山地区约有几米的差距，平原地区不过相差几厘米。所以，正常高的数值与正高很接近，又能严格求得，故在实际工作中具有重要意义。

在平均海水面上，由于观测高差 $dH = 0$，故 $H_{常} = H_{正} = 0$，此时似大地水准面与大地水准面重合。这说明，大地水准面的高程零点，对于似大地水准面也是适用的。

此外，应用天文重力水准测量方法，可以测定似大地水准面与椭球面之间的距离。所以利用正常高系统，可以足够准确地求出地面点到椭球面的距离。这样就可以将地面观测数据（距离、角度等）精确地归算到椭球面上。

四、水准观测高差归化为正常高高差的计算

用正常重力加速度 γ 代替式（6-23）中的实测重力加速度 g，可以得到正常高的近似值：

$$H_{近}^B = \frac{1}{\gamma_m^B} \int_{OAB} \gamma \cdot dh \tag{6-24}$$

近似正常高相当于将地球视为理想的正常椭球，而没有顾及地壳内部质量分布不均匀所产生的重力异常影响。

式（6-24）中的正常重力加速度值 γ 可根据式（6-20）求得，不需要经过重力测量就能算出一个改正数，并将这个改正数与观测高差相加，便可求得近似正常高高差，即

$$H_{近}^B - H_{近}^A = (H_{测}^B - H_{测}^A) + \varepsilon \tag{6-25}$$

这个改正数称为"正常位水准面不平行的改正"，以符号 ε 表示。经推导得出其计算公式为：

$$\varepsilon_A^B = -\frac{2\alpha}{\rho'} \cdot \sin2\varphi_m \cdot \sum_A^B H(\Delta\varphi)' \tag{6-26}$$

对于一条水准路线来说，则有：

$$A = \frac{2\alpha}{\rho'} \cdot \sin2\varphi_m = 0.0000015371 \cdot \sin2\varphi_m \tag{6-27}$$

它是一个常数。这时式（6-26）可写成最后形式：

$$\varepsilon_A^B = - A \cdot \sum_A^B H(\Delta\varphi)' \tag{6-28}$$

对于水准路线上的 i 测段，正常位水准面不平行的改正数可以写成：

$$\varepsilon_i = - A \times H_i \cdot \Delta\varphi'_i \tag{6-29}$$

式中 H_i 是第 i 测段始、末点的近似高程平均值；而 $\Delta\varphi'_i = \varphi_2 - \varphi_1$，其中 φ_1 与 φ_2 为第 i 测段始、末点的纬度（以分为单位）。

在水准环线各测段的观测高差中，加入了正常位水准面不平行改正数之后，其近似正常高高差的闭合差应为零。所以，由于水准面不平行性所产生的理论闭合差，就等于构成该水准环线的各测段的正常位水准面不平行改正数之和，符号相反。

比较正常高公式（6-23）和近似正常高公式（6-24）不难看出，两者之差是由水准面路线 OAB（图 6-31）的重力异常所引起，即

$$H_{常}^B - H_{近}^B = \frac{1}{\gamma_m^B} \int_{OAB} (g - \gamma) dh$$

式中 $(g - \gamma)$ 为沿着水准面路线 OAB 的重力异常值。

根据上式，又可以写出水准路线 AB 之间的正常高高差公式：

$$H_{常}^B - H_{常}^A = (H_{近}^B - H_{近}^A) + \frac{1}{\gamma_m} \int_{AB} (g - \gamma) dh \tag{6-30}$$

式中 $(g - \gamma)$ 为水准路线 AB 的重力异常值。且忽略了 γ_m^B 与 γ_m^A 的差异，而以它们的平均值 γ_m 来取代。

若引用符号 λ 代表式（6-30）的后项，则有：

$$\lambda = \frac{1}{\gamma_m} \int_{AB} (g - \gamma) dh = \frac{1}{\gamma_m} (g - \gamma)_m \sum_A^B \Delta h \tag{6-31}$$

顾及式（6-25），则可得到根据观测高差计算正常高高差的公式：

$$H_{常}^B - H_{常}^A = (H_{测}^B - H_{测}^A) + \varepsilon + \lambda \tag{6-32}$$

式中 等号右边第一项为水准观测高差；第二项为水准路线的正常位水准面不平行改正；第三项为重力异常改正。其中前两项在水准测量外业中计算，可计算出各点的概略高程。在内业平差水准网时，才加入重力异常改正，以便求得各点的正常高高程。

五、水准原点

我国的水准原点设在青岛附近。由一个原点和五个附点构成一个水准原点网。图 6-32 为其示意图。水准原点采用玛瑙标志，花岗岩柱石牢固地埋在地质情况良好的基岩上。用精密水准测量把它们与青岛验潮站的水位标尺进行联测，并于 1956 年求得水准原点高出黄海平均海水面（即水准零点）的正常高为 72.289m。这就是 1956 年黄海高程系的国家高程基准。

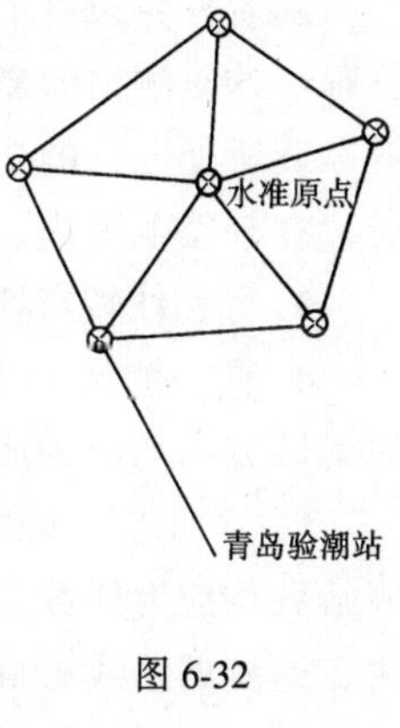

图 6-32

经国务院批准,"1985国家高程基准"已从1988年1月1日开始启用。"1985国家高程基准"是采用青岛验潮站1952~1979年验潮资料和重新联测资料计算确定的,依此推算的青岛水准原点的正常高为72.260m。原规定使用的国家高程基准和青岛水准原点高程值(72.298m)即相应废止。新布测的国家一等和二等水准网整体平差的成果是以"1985国家高程基准"进行推算的。因此,凡使用国家水准点高程数据的各类成果,均应注明所采用的高程基准。以其他高程基准推算的水准点高程成果,也应尽可能地与国家新布测的水准网点联测。如不便于联测时,可通过加入一固定改正数的方法,逐步归算至"1985国家高程基准"上。由于新、旧国家高程基准相差29mm,对一般地形图来说仍能继续使用。

第五节 水准测量的实施

在建立高程控制网时,二、三、四等级应用的较多。对于一、二水准测量必须使用相应的精密仪器,而三、四等水准测量可使用精密仪器或使用 S_3 普通仪器并配合区格式木质双面标尺施测。为了保证必要的测量精度,尤其在高差甚大地区,应尽可能地使用相应的精密仪器施测。

一、水准测量的实施

除遵守水准测量的一般规则之外,还有一些应注意的事项。

(一) 水准测量作业的注意事项

1. 用于水准测量作业的仪器必须按要求进行 i 角、交叉误差、圆水准器(包括水准标尺上的圆盒水准器)、水准标尺每米间隔真长误差等的检校和检定,确保仪器处于良好的运行状态和保证测量成果的质量。其中 i 角的检验和校正,在作业开始后的一周内,要求每天上、下午各检验 i 角一次。若确认 i 角较为稳定,以后可每隔15天检校一次;

2. 对于管水准器式水准仪,观测前应测出倾斜螺旋的置平零点(或标准位置),并做记号。其方法是将仪器基本整平后,使仪器视准轴置于同仪器任两个脚螺旋连线相平行的位置,用倾斜螺旋使符合气泡的影象精密重合,然后将仪器望远镜(视准轴)转动180°;若符合气泡的影象不重合,则用该两个脚螺旋及倾斜螺旋各改正气泡影像偏离的一半,如此反复进行,直到仪器望远镜转动180°前后气泡的影像基本重合为止;再将仪器望远镜转动90°,直接用第三个脚螺旋将气泡的影像导致重合,这时倾斜螺旋所处的位置即为倾斜螺旋置平零点。每个测站工作结束后,必须将倾斜螺旋恢复到置平零点位置。

随着外界条件的变化,倾斜螺旋置平零点也会发生变化,应注意随时调整置平零点的位置。这时测出倾斜螺旋置平零点的简单方法是:取照准前后视标尺、精密整平气泡时倾斜螺旋所处位置的中数,即可做为倾斜螺旋的置平零点。对于自动安平水准仪的圆水准器,在补偿范围内,尽可能严格整平;

3. 除路线转弯处外,每一测站上仪器和前后视标尺的3个位置,应尽量在一条直线上;

4. 同一测站上观测时,不得两次调焦。转动仪器的倾斜螺旋和测微螺旋时,其最后的旋转方向均应为旋进;

5. 除四等(支线除外)可只进行单程观测外,其他等级均应进行往、返观测,且其测站数均应为偶数;由往测转为返测时,两水准标尺必须互换位置,并应重新整平仪器;往、返测的路线最好一致;

6. 四等支线水准或三等水准有时也采用单程双转点的方法施测。单程双转点的方法，即在后、前视立尺点处，各放置两个并左、右（按观测方向）相距0.5m的尺垫，在每一个测站上观测时，按规定的观测顺序，先对右路线对应的后、前视标尺观测，后进行右路线对应的后、前视标尺观测。当一个测段观测结束后，就得到了左右两条路线的观测结果；

7. 最好每测站用测绳丈量确定仪器和标尺位置；

8. 扶尺员应借助撑竿，将标尺稳定地垂直竖立在尺台或点位上；

9. 水准测量的观测工作间歇时，最好能结束在固定的水准点上，否则，应选择两个坚稳可靠、光滑突出、便于整置水准标尺的固定点，作为间歇点并加以标记。间歇后，应对两个间歇点的高差进行检测，检测结果如符合限差要求，就可以从间歇点起测。若仅能选定一个固定点作为间歇点，则在间歇后应仔细检视，确认没有发生任何位移，方可由间歇点起测。

表 6-6

往测自Ⅱ红郑$_2$至Ⅱ红郑$_3$			末时分		2001年6月10日	
时刻 始6时30分			云量2		成像 清晰	
温度 23.5℃			土质 坚实土		风向风速 东风2级	
天气晴					太阳方向 前右	

测站编号	后尺 下丝 上丝 后距 视距差 d	前尺 下丝 上丝 前距 Σd	方尺及向号	标尺读数 基本分划（一次）	辅助分划（二次）	基加K减辅（一减二）	备考
	(1)	(5)	后	(3)	(8)	(14)	
	(2)	(6)	前	(4)	(7)	(13)	
	(9)	(10)	后—前	(16)	(17)	(15)	
	(11)	(12)	h	(18)			
1	1972	2887	后5	172.30	172.31	−1	
	1474	2387	前6	263.70	236.69	+1	
	498	500	后—前	−91.40	−91.38	−2	
	−0.2	−0.2	h	−91.390			
2	2573	3071	后	232.18	232.20	−2	
	2070	2569	前	282.02	282.04	−2	
	503	502	后—前	−49.84	−49.84	0	
	+0.1	−0.1	h	−49.840			
3	·	·	后	·	·	·	
—	·	·	前	·	·	·	
73	·	·	后—前	·	·	·	
	·	·	h	·			
74	3974	3848	后6	372.25	372.28	−3	
	3471	3343	前5	359.65	359.64	+1	
	503	505	后—前	+12.60	+12.64	−4	
	−0.2	−0.6	h	+12.620			
往测计算	233228	168786	后	2110186	2110204	−18	
	188806	124258	前	1464422	1464432	−10	
	44422	44428	后—前	+645764	+645772	−8	
	−0.6		h	+64.57680			
测段小结	$D_往$	4.44km	后	$h_往$	+32.28840m		
	$D_返$	4.42	前	$h_返$	−32.28713		
	$D_中$	4.43	后—前	$h_中$	+32.28776		
			h	$\Delta = +1.27mm < \pm 8.42mm$			

表 6-7

等级 \ 项目	基、辅分划读数的差 mm	基、辅分划所测高差的差 mm	上下丝读数平均值与中丝读数之差 mm	左右路线转点差 mm	检测间歇点高差的差 mm
二等	0.4	0.6	3.0		0.7
三等	1.0	1.5		3.0	3.0
四等	3.0	5.0		5.0	5.0

（二）光学测微法一测站的观测操作

1．测站观测顺序

不同等级的水准测量，其观测顺序不相同。

二等水准测量每一测站的观测顺序是：

往测时，奇数站：后（基）—前（基）—前（辅）—后（辅）

　　　　偶数站：前（基）—后（基）—后（辅）—前（辅）

返测时，奇数站：前（基）—后（基）—后（辅）—前（辅）

　　　　偶数站：后（基）—前（基）—前（辅）—后（辅）

三等水准测量每一测站的观测顺序是：后（基）—前（基）—前（辅）—后（辅）

四等水准测量每一测站的观测顺序是：后（基）—后（辅）—前（基）—前（辅）

2．一测站的观测操作

以"后（基）—前（基）—前（辅）—后（辅）"为例，一测站的观测操作程序如下：

（1）整平仪器，使望远镜绕垂直轴旋转时气泡两端的影像分离不大于 1cm。对于自动安平水准仪，要求圆气泡基本位于指标圆圈中央。

（2）用望远镜照准后视标尺，使气泡两端的影像分离不大于 2mm，用下上丝照准水准标尺的基本分划进行视距读数，其中读数的第四位由测微器读得，以 mm 为单位记入观测手簿的（1）和（2）栏，如表 6-6 所示。然后使气泡两端影像准确符合，转动测微轮，用楔形丝精确照准标尺的基本分划，读取标尺基本分划与测微器的读数，完整的标尺读数共五位，以 cm 为单位记入手簿的第（3）栏。

（3）旋转望远镜照准前视标尺，使气泡两端影像准确符合，转动测微轮，用楔形丝精确照准标尺的基本分划，读取标尺基本分划与测微器的读数，以 cm 为单位记入手簿的第（4）栏；然后用下上丝分别照准水准标尺的基本分划进行视距读数，以 mm 为单位记入观测手簿的第（5）和第（6）栏。

（4）照准前视标尺的辅助分划，使气泡两端影像准确符合，转动测微轮，用楔形丝精确照准标尺的辅助分划，读取标尺辅助分划与测微器的读数，以 cm 为单位记入手簿的第（7）栏。

（5）旋转望远镜，照准后视标尺辅助分划，使气泡两端影像准确符合，转动测微轮，用楔形丝精确照准标尺的辅助分划，读取标尺辅助分划与测微器的读数，以 cm 为单位记入手簿的第（8）栏。

当使用无辅助分划的水准标尺时，在每一测站观测的基本分划和辅助分划的读数，应分别以第一次和第二次用楔形丝精确照准标尺分划的读数代替,并记录在相应栏中。

当使用自动安平水准仪观测时,操作程序与上述相同,只是没有与倾斜螺旋有关部分的操作。

另外,四等水准测量可以直读距离。

3. 手簿的记录和计算

(1) 一个测站上的记录计算

在表6-6中页头上的各项目要在现场及时填好。

表6-6中括号内的数字表示记录和计算的次序。其中(1)～(8)是观测记录的数据,而(9)～(18)则是视距计算、高差计算及检核计算部分的项目。有关的取位规定,见表6-9。

视距部分:

$$(9) = (1) - (2); (10) = (5) - (6);$$

$$(11) = (9) - (10); (12) = 本站(11) + 前站(12)$$

其中(9)、(10)以0.1m为单位;(11)、(12)以m为单位。

高差部分:

$$(13) = (4) + K - (7); (14) = (3) + K - (8);$$

$$(16) = (3) - (4); (17) = (8) - (7); (18) = \{(16) + (17)\}/2;$$

$$(15) = (13) - (14) = (16) - (17)$$

其中(13)、(14)、(15)以0.1mm为单位;(16)、(17)、(18)以cm为单位。K为基辅差常数,对于N_3水准仪所配用的水准标尺,$K = 301.55$cm。

作业中在测站上只要保证(13)、(14)、(15)三项计算正确,则(16)、(17)、(18)三项也可不必计算,待一测段观测结束后,再直接计算测段的往测或返测高差并进行检核。

测站计算视距部分及各环节上的要求和检核,均不得超过表6-4和表6-7中的规定。

(2) 测段观测结束后的计算和检核

一测段的往测或返测结束后,应进行测段的检核计算,其内容有:

视距部分:

$$\Sigma(9) = \Sigma(1) - \Sigma(2); \Sigma(10) = \Sigma(5) - \Sigma(6);$$

$$末站(12) = \Sigma(9) - \Sigma(10)$$

高差部分:

$$\Sigma(3) - \Sigma(4) = \Sigma(16) = h_{基}; \Sigma(8) - \Sigma(7) = \Sigma(17) = h_{辅};$$

$$h_{中} = (h_{基} + h_{辅})/2 = \Sigma(18);$$

$$\Sigma(3) + nK - \Sigma(8) = \Sigma(14); \Sigma(4) + nK - \Sigma(7) = \Sigma(13);$$

$$h_{基} - h_{辅} = \Sigma(14) - \Sigma(13) = \Sigma(15)$$

一测段的往返测结束后,还要做测段小结,其内容有:

测段距离:

$$D_{中} = (D_{往} + D_{返})/2$$

往返测高差不符值 Δ 及其限差 $\Delta_{限}$:

$$\Delta = h_{往} + h_{返};\quad 如二等\ \Delta_{限} = \pm 4\sqrt{K}\text{mm}$$

式中 K 为测段距离,以 km 为单位。

有关闭合差限差的规定,见表 6-8。

当使用 5mm 分格值的水准标尺观测时,测段的距离和高差观测值,则应取其二分之一化算为真实的距离和高差。

(3) 手簿记录和计算的基本要求

观测手簿的记录和计算,须做到记录真实、注记明确、整洁美观、格式统一。原始的文字和数字的记录,不得擦去或涂改。当原始的数字(只限于 m、dm)和文字有误时,应以单线划去,在其上方写出正确的数字和文字,并在备考栏内注明原因。但在同一测站内两个相关的数字,不得同改一个常数。作废的观测记录,应以单线划去,并注明重测原因及重测结果记于何处。重测记录需加注"重测"二字。

(4) 电子手簿及操作的基本要求

目前在水准测量中的很多情况下,都采用电子手簿的方法。电子手簿为配有相应程序的、具有一定存储容量的专用电子记录器或小型计算机,一般用键盘输入观测数据。其程序用算法语言按上述的观测、记录、计算检核的顺序设计,具有逻辑判断功能。对水准测量的每一步工作以及是否达到一定的技术要求、是否符合限差等给以提示,并具有保护数据安全的措施。应用起来非常方便,提高了效率。根据需要,可通过电子手簿的通讯接口,传输或打印出全部的测量成果,也可只传输或打印出测段的距离、高差等实际需要的最后的测量成果。

在使用电子手簿时,应准确地输入有关的测站信息、如实地输入观测员读报的读数,避免误操作。

(三) 水准测量的限差和超限成果的处理

1. 水准测量的限差

除表 6-4、表 6-7 的有关规定外,还有往返测高差不符值、路线和环线闭合差、检测已测测段高差的限差以及左右路线高差不符值的限差等,见表 6-8。

表 6-8

等 级 \ 项 目	路线测段、往返测高差不符值 mm	左右路线高差不符值 mm	附和路线闭合差 mm	环闭合差 mm	检测已测测段高差的差 mm
二等	$\pm 4\sqrt{K}$		$\pm 4\sqrt{L}$	$\pm 4\sqrt{F}$	$\pm 6\sqrt{R}$
三等	$\pm 12\sqrt{K}$	$\pm 8\sqrt{K}$	$\pm 12\sqrt{L}$	$\pm 12\sqrt{F}$	$\pm 20\sqrt{R}$
四等	$\pm 20\sqrt{K}$	$\pm 14\sqrt{K}$	$\pm 20\sqrt{L}$	$\pm 20\sqrt{F}$	$\pm 30\sqrt{R}$

注:表中 K、L、F、R 分别为测段、路线、环线、检测测段的长度,以 km 为单位。

2．超限成果的处理

（1）若测站观测限差超限，则应立即重测；如果迁站后才发现，则应从起始点或间歇点开始，重新观测；

（2）测段往返测不符值超限时，应先对可靠程度较小的往测或返测进行整测段重测。若重测高差与同方向原测高差的不符值，不超过往返测高差不符值的误差，且其中数与另一单程原测高差的不符值亦不超限，则取其中数做为该单程的高差结果（若同向超限则仅取重测结果）。若该单程重测后仍超限，则重测另一单程。如果出现同向不超限，但异向间超限的分群现象时，要进行具体分析，找出产生系统误差的原因，然后采取有效措施再进行重测；

（3）路线和环线闭合差超限时，应先对路线上可靠程度较小的某些测段进行重测；

（4）由往返测高差不符值和环线闭合差分别计算的 M_Δ、M_W、超限时，要分析原因，一般要重测往返测高差不符值的绝对值较大的有关测段；

（5）单程双转点观测左、右路线高差不符值超限时，可只重测一个单程单线，并与原成果中符合限差的一个取中数采用；若重测结果与原测成果均符合限差，则取三个结果的中数。当重测结果与原测的两个单程结果均超限时，应分析原因再重测一个单程单线。

二、水准测量概算

（一）水准测量概算的目的和内容

在认真检查、确认外业成果正确无误的情况下，需进行水准测量的概算。其目的是进行各种改正计算和必要的精度估算；为水准测量的平差计算做好数据准备。

水准测量概算的内容包括标尺每米间隔真长误差的改正、正常水准面不平行改正、水准路线闭合差的改正、各水准点概略高程的计算以及 M_Δ、M_W 的估算等。

（二）水准测量概算示例

水准测量概算工作，主要在"外业高差与概略高程表"中进行。各计算环节的取位规定见表6-9。现结合宜河至柳城二等水准路线观测成果的具体例子，说明水准测量概算的过程。

表 6-9

等 级	往（返）测距离总和 km	往（返）测距离中数 km	各测站高差 mm	往（返）测高差总和 mm	往（返）测高差中数 mm	高程 mm
二等	0.01	0.1	0.01	0.01	0.1	1
三等	0.01	0.1	0.1	1.0	1.0	1
四等	0.01	0.1	0.1	1.0	1.0	1

1．准备工作

在手簿中摘录水准测量成果以及有关资料，填入表6-10中的1～18栏；将已知点的高程填写到22栏；一对水准标尺每米间隔平均真长的误差参数 f 填写到备考栏。

2．水准标尺一米长度误差的改正计算

当一对水准标尺每米间隔平均真长的误差$|f|>0.02$mm时，要对观测高差进行改正。改正数 δ（以 mm 为单位）按下式计算，即

$$\delta = f \cdot h \tag{6-33}$$

式中 f 为一对水准标尺每米间隔平均真长的误差；如本例中，经检定一对水准标尺每米间隔平均真长值为 999.96mm，则 $f = 999.96$mm $- 1000$mm $= -0.04$mm；h 为测段往测或返测高差，以 m 为单位。

如第一测段相应的改正数为：

$$\delta_1 = f \cdot h_1 = -0.04 \times (\pm 20.345) = \mp 0.81\text{mm}$$

该项的计算结果填写在表 6-10 中的第 17、18 栏内。余类推。

3．正常水准面不平行的改正

各等级的水准测量成果，均须进行正常水准面不平行的改正。正常水准面不平行的改正数 ε 可按式 (6-29) 计算。水准点的纬度，可从地形图或路线图上查取。实际工作中取路线上水准点的最大纬度值和最小纬度值的中数作为整条路线上的平均纬度值，然后再计算 A 值。如本例中：

$$\varphi_\text{m} = (24°28' + 24°08')/2 = 24°18'$$

$$A = 2\alpha \cdot \sin 2\varphi_\text{m}/\rho' = 1153 \times 10^{-9}$$

正常水准面不平行的改正计算，可在表 6-11 中进行，然后将计算结果再转抄到表 6-10 中的第 21 栏中。如第一测段的正常水准面不平行的改正数为：

$$\varepsilon_1 = -1153 \times 10^{-9} \times 435 \times (-3) = +1.5\text{mm}$$

4．水准路线（或环线）闭合差的改正

水准路线闭合差 W 的计算公式是：

$$W = (H_0 - H_n) + \sum_1^n h'_i + \sum_1^n \varepsilon_i \tag{6-34}$$

式中 H_0、H_n 为附合路线起点和终点的已知高程；$\Sigma h'_i$ 为各测段经 δ 改正后的往返测高差中数的和；$\Sigma \varepsilon_i$ 为各测段正常水准面不平行改正数的和。

各测段闭合差改正数，可依测段的长度按比例计算，即

$$v_i = -\frac{R_i}{\sum_1^n R_i} \cdot W \tag{6-35}$$

式中 R 在本例中表示测段距离。该项计算结果填写在表 6-10 中的第 21 栏内。如本例：

$$W = 424.876\text{m} - 573.128\text{m} + 148.2565\text{m} + 5.0\text{mm}$$

$$= +9.5\text{mm} < \pm 4\sqrt{80.9}\text{mm} = \pm 36.0\text{mm}$$

二等水准测量外业高差与概略高程表

表 6-10

路线名称：Ⅱ宜柳线 自宜河至柳城
仪器：S1 71002 施测年份：2001 年
观测者：马兆良 校算者：陆为民
编算者：马兆良 检查者：余 兴

标石类型	水准点编号	水准点位置（至重要地物的方向与距离）	纬度 φ	测段编号	测段距离 R (km)	距起算点距离 (km)	往测方向	地质（土、砂、石松与紧、植被等）	天气（阴晴和风力） 往测	天气（阴晴和风力） 返测	施测月日 往测	测站数 往测 上午	测站数 往测 下午	施测月日 返测	测站数 返测 上午	测站数 返测 下午	观测高差 标尺长度改正 δ 往测 m	观测高差 返测 m	往返测高差不符值 Δ mm	不符值累积 mm	加δ后往返测高差中数 h' 正常水准面不平行改正ε mm	加δ后往返测高差中数 h' 附合差改正γ mm	概略高程 $H = H_0 + \Sigma h' + \Sigma \varepsilon + \Sigma v$ mm	备注 mm
1	2		3	4	5	6	7	8	9	10	11	12	13	14	15	16	17	18	19	20	21		22	23
基本Ⅰ柳宝35基	基宜柳₁	宜州县第二中学院内	25°28′	1	5.8	0.0	东南	坚实粘土	阴无风	阴晴不定2级风	7.2 3	60	38	7.28 29	38	58	+2.34442 −81	−20.34628 +81	−1.86	0.00	+20344.5 +1.5 −0.7		424876*	f = −0.04
普通	Ⅱ宜柳₂	宜州县太平公社良川村2号电线杆北20m处	25	2	5.6	5.8	东南	坚实土	晴无风	晴无风	3 4	40	60	26 27	60	38	+77.30418 −3.09	−77.30285 +309	+1.33	−1.86	+77300.4 +1.7 −0.7		445221	
普通	Ⅱ宜柳₃	宜州县太平公社春秀村13号公里碑西50m	22	3	5.0	11.4	东南	坚实土	晴1~2级风	晴无风	5	34	40	24	40	32	+55.57608 −294	−55.57765 +222	−1.57	−0.53	+55574.6 +1.9 −0.6		522523	
普通	Ⅱ宜柳₄	宜州县太平公社东河村北约200m处	19	4	0.6	16.4	东南	带沙实土	阴晴不定无风	阴2级风	6 7	58	40	22 23	58	40	+73.45180 −294	−73.45180 +294	−1.62	−2.10	+73448.0 +2.1 −0.7		578099	
岩连	Ⅱ宜柳₅	沂城县欧司公社新象村小学北100m处	16	5	5.4	22.4	南	坚实土	阴晴不定1~2级风	阴1~2级风	7 8	38	56	20 21	54	40	+17.09470 −68	−17.08410 +68	+0.60	−3.72	+17093.7 +1.5 −0.6		651548	
岩连	Ⅱ宜柳₆	沂城县欧司公社龙门村小学南55m处	14	6	5.7	27.8	南	坚实粘土	阴2级风	阴1~2级风	10	40	42	19	40	40	+32.77058 −131	−32.77295 +131	−2.37	−3.12	+32770.5 +2.4 −0.7		668643	
岩连	Ⅱ宜柳₇	沂城南北58m处	11	7	5.9	33.5	东南	坚实土	阴3级风	阴2~3级风	11 12	56	38	17 18	38	54	+80.57852 −322	−80.54705 +322	1.47	−5.49	+80544.6 +1.7 −0.7		701415	
普通	Ⅱ宜柳₈	沂城县公里碑西50m处 33号里碑明江村	9	8	4.9	39.4	东南	坚实粘土	阴晴不定2~3级风	阴1~2级风	12 13	34	60	16 17	62	32	+11.74528 −47	−11.74502 +47	+0.26	−4.02	+11744.7 +0.9 −0.6		781960	
岩连	Ⅱ宜柳₉	沂城长小塘公社青龙观村南60m处	8	9	5.3	44.3	东	实土	阴1~2级风	阴1~2级风	8.3 38	38	40	8.22 23	38	38	−18.07448 +72	+18.071482 −72	−2.66	−3.76	+18072.4 +0.9 −0.6		793705	
岩连	Ⅱ宜柳₁₀	沂城南里高公社光明村南40m处	10	10	4.8	49.6	东	带沙实土	晴无风	晴无风	4	40	40	21	36	38	−10.14555 +41	+10.14612 −41	+0.57	−6.42	−10145.4 −0.9 −0.6		775632	
普通	Ⅱ宜柳₁₁	柳河县三都公社平阳村小学西北140m处	11	11	5.6	54.4	东	坚实土	晴无风	晴3级风	5 6	60	42	19 20	40	53	−101.09735 −404	+101.09932 −404	+1.97	−5.85	−101094.3 −0.8 −0.7		765485	
普通	Ⅱ宜柳₁₂	柳河县三都公社粮食仓库院内	13	12	5.2	60.0	东北	坚实土	阴晴不定2~3级风	阴1~2级风	6 7	38	58	18 19	58	38	−61.95932 +248	+61.95985 −248	+0.53	−3.88	−61957.1 −1.5 −0.7		664389	
普通	Ⅱ宜柳₁₃	柳河县汽车站东南400m处	15	13	4.7	65.2	东北	实土	阴1~2级风	阴1级风	8	36	38	17	36	36	−54.99660 +220	+54.99618 −220	−0.42	−3.35	−54994.2 −0.9 −0.6		602430	
普通	Ⅱ宜柳₁₄	柳河县北关公社小学南40m处	17	14	5.9	69.9	东北	坚实土	阴无风	阴1~2级风	9	62	40	14 15	38	60	+10.05025 −40	−10.05168 +40	−1.43	−3.77	+10050.6 −1.3 −0.6		547434	
普通	Ⅱ宜柳₁₅	柳城公安局院内	20	15	5.1	75.8	东北	坚实土	晴无风	晴1~2级风	10 11	32	58	13 14	52	30	+15.64822 −63	−15.64972 +63	−1.50	−5.20	+15648.3 −2.0 −0.6		557482	
基本Ⅰ柳南1基						80.9														−6.70			573128*	

注："*"为已知高程，计算时应用红色填写。

139

正常水准面不平行改正与路线闭合差的计算　　　表 6-11

二等水准路线：自宜河至柳城　计算者：马兆良

水准点编号	纬度 φ	观测高差 h' m	近似高程 m	平均高程 H m	纬差 $\Delta\varphi$ '	$H \cdot \Delta\varphi$	正常水准面不平行改正 $\varepsilon = -AH\Delta\varphi$ mm	附 记
Ⅰ柳宝35基	° ′ 24 28	+ 20.345	425	435	3	− 1305	+ 1.5	
Ⅱ宜柳$_1$	25	+ 77.304	445	484	− 3	− 1452	+ 1.7	
Ⅱ宜柳$_2$	22	+ 55.577	523	550	− 3	− 1650	+ 1.9	
Ⅱ宜柳$_3$	19	+ 73.451	578	615	− 3	− 1845	+ 2.1	
Ⅱ宜柳$_4$	16	+ 17.094	652	660	− 2	− 1320	+ 1.5	已知：
Ⅱ宜柳$_5$	14	+ 32.772	669	686	− 3	− 2058	+ 2.4	Ⅰ柳宝$_{35基}$
Ⅱ宜柳$_6$	11	+ 80.548	702	742	− 2	− 1484	+ 1.7	高程为：424.876m
Ⅱ宜柳$_7$	9	+ 11.745	782	788	− 1	− 788	+ 0.9	Ⅰ柳南$_{1基}$
Ⅱ宜柳$_8$	8	− 18.073	794	785	+ 1	785	− 0.9	高程为：573.128m
Ⅱ宜柳$_9$	9	− 10.146	776	771	+ 1	771	− 0.9	本例的 A 按平
Ⅱ宜柳$_{10}$	10	− 101.098	766	716	+ 1	716	− 0.8	均纬度 24°18′
Ⅱ宜柳$_{11}$	11	− 61.960	665	634	+ 2	1268	− 1.5	计算为：1153×10^{-9}
Ⅱ宜柳$_{12}$	13	− 54.996	603	576	+ 2	1152	− 1.3	
Ⅱ宜柳$_{13}$	15	+ 10.051	548	553	+ 2	1106	− 1.3	
Ⅱ宜柳$_{14}$	17	+ 15.649	558	566	+ 3	1698	− 2.0	
Ⅰ宜柳$_{1基}$	20		573				+ 5.0	

$$v_1 = -\frac{5.8}{80.9} \times 9.5 = -0.7 \text{mm}$$

5. 各水准点概略高程的计算

经过以上的几种改正后，即可推算各水准点还未进行整体平差的所谓概略高程。该项计算直接在表 6-10 的第 22 栏内进行。概略高程的计算公式为：

$$H_i = H_0 + \sum_1^i h' + \sum_1^i \varepsilon + \sum_1^i v$$

如示例中Ⅱ宜柳$_1$ 和Ⅱ宜柳$_2$ 水准点的概略高程（凑整到毫米）为：

$H_1 = 424876 + 20344.5 + 1.5 - 0.7 = 445221 \text{mm}$

$H_2 = 424876 + (20344.5 + 77300.4) + (1.5 + 1.7) + (-0.7 - 0.7) = 522523 \text{mm}$

其他各点的计算，依次类推。

6. M_Δ 的估算

M_Δ 的估算，可由表 6-10 第 5 栏中的测段距离和第 19 栏中的往返测高差不符值数据，直接按式（6-16）计算每公里高差中数的偶然中误差 M_Δ。

本例计算的结果为：

$$M_\Delta = \pm 0.32\text{mm} < \pm 1\text{mm}$$

由计算结果可知，符合限差要求。

当水准网构成水准环线的个数超过 20 个时，需计算每公里往返测高差中数的全中误差 M_W。M_W 可直接按公式（6-17）计算。

复 习 思 考 题

1. 水准测量技术设计的任务是什么？有哪些程序？对水准路线的基本要求是什么？
2. 实地选点应做哪些工作？水准点的位置应满足什么要求？
3. 水准标石有哪些类型？其作用是什么？水准标石的埋设密度有什么要求？
4. 国家各等水准测量，使用什么型号的水准仪和水准标尺？
5. 与 N3 水准仪和 Ni004 水准仪配用的标尺的主要特点是什么？
6. 水准管式精密水准仪的构造应满足哪些基本要求？为了减弱用倾斜螺旋精密整平仪器所引起的视线高度变化误差，圆水准器、管水准器和倾斜螺旋应如何配合使用？为什么？
7. 试述光学测微器的测微原理和光学测微法读数的操作步骤。
8. 试述自动安平水准仪补偿器的一般补偿原理。
9. 水准测量误差的主要来源有哪些，研究这些误差的目的是什么？
10. 水准仪误差有哪几种，工作中用什么方法减弱或消除其影响？
11. 怎样减弱和消除水准标尺误差的影响？
12. 外界温度作用对水准仪有何影响？i 角变化对水准测量的影响有什么规律，如何减弱其影响？
13. 大气垂直折光误差有什么规律，如何减弱它的影响？
14. 仪器脚架和尺承的垂直位移误差有什么规律，怎样减弱其影响？
15. 水准观测的一般规则有哪些，各个规则的作用是什么？
16. 什么叫地面点的正高和正常高，它们之间有何关系和区别？
17. 似大地水准面的特点是什么？
18. 如何将水准测量测得的测段观测高差化算为相应的正常高高差？
19. 1954 年黄海高程系和 1985 年国家高程基准有什么不同？
20. 水准测量有哪些注意事项？怎样确定倾斜螺旋的置平零点？
21. 试述三等水准测量一测站的观测操作程序。
22. 水准测量手簿的记录有哪些规定和要求？
23. 水准测量有哪些限差规定？
24. 怎样进行水准测量概算中的各项改正计算？
25. 怎样估算 M_Δ 和 M_W？它们各代表什么精度指标？

习 题

1. 现用 I_1ABI_2 方法对某台北光 S_1 精密水准仪进行 i 角检验，有关结果为：$D_1 = 5.8\text{m}$，$D_2 = 45.4\text{m}$，$a_1 = 2968.42$ mm，$b_1 = 2975.63$ mm，$a_2 = 3021.64$ mm，$b_2 = 3033.69$ mm（提示：a_i、b_i 均为名义值）。试计算 i 角及 a_2'、b_2'。如该仪器用于三等水准测量，i 角是否合格？

2. 表 6-12 中的数据为自北州至天镇的二等水准测量的观测成果及有关的参数，试完成水准测量概算、M_Δ 的估算，并进行质量检核。

二等水准测量外业高差与概略高程表

表 6-12

路线名称：Ⅱ北天线（自 北州 至 天镇） 仪器：$N_3 58014$ 施测年份：2002年

观测者： 校算者： 编算者： 检查者：

标石类型 水准点编号	水准点位置（至重要地物之方向与距离）	纬度 φ	测段编号	测段距离 R km	距起算点距离	观测高差 标尺长度改正 δ		往返测高差不符值 Δ	不符值累积 mm	加 δ 后往返测高差中数 h' 正高改正 ε 闭合差改正 v mm	概略高程 $H = H_0$ $+ \Sigma h'$ $+ \Sigma \varepsilon$ $+ \Sigma v$ mm	备注 mm
						往测 m	返测 m					
1	2	3	4	5	6	17	18	19	20	21	22	23
Ⅱ北天$_{1基}$		39°51′	1	5.6		+47.12148	−47.12013				692433*	$f =$ −0.06
Ⅱ北天$_2$		46	2	6.4		−41.04830	+41.04935					
Ⅱ北天$_3$		42	3	7.3		−16.34712	+16.34508					
Ⅱ北天$_4$		37	4	6.2		+11.40096	−11.39801					
Ⅱ北天$_5$		31	5	5.2		+28.89410	−28.89606					
Ⅱ北天$_6$		28	6	4.8		−20.74368	+20.74419					
Ⅱ北天$_7$		25	7	7.4		+25.61747	−25.61921					
Ⅱ北天$_8$		20	8	5.6		+20.10741	−20.10892					
Ⅱ北天$_9$		17	9	6.3		+36.47234	−36.47308					
Ⅱ北天$_{10}$		18	10	5.2		+27.88602	−27.88418					
Ⅱ北天$_{11基}$		14									811843*	

第七章 GPS 定位测量

第一节 GPS 定位的基本原理

一、卫星定位的发展概况

1957 年 10 月 4 日,前苏联成功地发射了世界上第一颗人造地球卫星。从此以后,世界各国争相利用人造卫星为军事、经济和科学文化等服务。

由美国成功研制出的新一代卫星导航系统——NAVSTARGPS（Navigation Satellite Timing And Ranging Global Position System），简称 GPS。它可以向全球数目不限的用户连续地、全天候提供较高精度的坐标、三维速度以及时间信息。因而广泛地应用于军事、民用飞机和船舶的导航、高精度的大地测量、精密工程测量、地壳形变监测、地球物理测量、海空救援、资源勘探、科考、探险、旅游、航天发射及卫星回收等领域。

GPS 从 1972 年开始,经历了方案设计、系统论证和生产试验等三个阶段。1978 年 2 月 22 日,第一颗 GPS 试验卫星发射成功;1994 年已全部完成 24 颗工作卫星（含 3 颗备用卫星）的发射工作。GPS 卫星星座,如图 7-1 所示。

GPS 作为一种导航和定位系统,具有下列主要特点。

1. 全球连续覆盖,地球上任何地方的用户在任何时间,一般至少可以同时观测到 4 颗 GPS 卫星,因而观测不受时间和气象条件的限制,可以进行全天候的观测。

2. 具有高精度三维定位、测速及授时的功能,用载波相位观测量进行相对定位,目前达到的精度为 ±1ppm,测速精度可达 ±0.1m/s,校时精度相对于协调时可达 ±0.1μs。

3. 测点间无需通视、不必造标、选点方便。GPS 测量不要求测站之间相互通视,控制点的位置可以根据需要设置。因而可以大大降低测量费用。

4. 被动式快速测距,用户只需装备接收机就可以接收信号进行定位工作,而无需发射任何信号。又由于接收机可利用多个通道同时对多颗卫星进行观测,因而一次定位可只需几秒钟至几十秒钟,大大提高工作效率。

5. 在统一坐标系中提供三维信息,GPS 定位是在国际统一的 WGS 84 世界大地坐标系统（属地心坐标系）中计算的,因此全球不同地点的测量成果相互关联。

我国在 GPS 定位技术的引进、消化、开发、研究、应用等方面发展很快。从 20 世纪 80 年代末到现在短短的二十几年中,我国实施了一系列广泛的 GPS

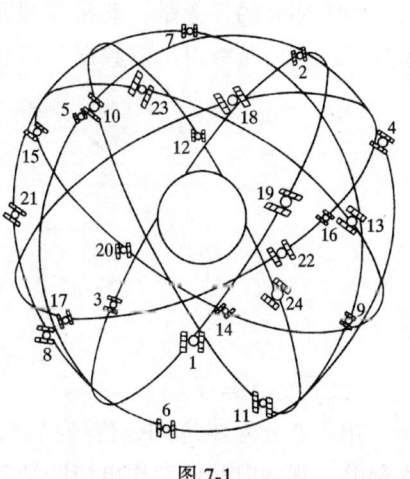

图 7-1

卫星测量工程项目。首先应用于城市和工程控制网的建立与改造；长距离大陆和岛礁的联测；在地震活动断裂带布设地壳变形 GPS 监测网；大坝变形 GPS 监测网；国家测绘部门布设了全国高精度的 GPSAA 级、A 级、B 级控制网和测轨网；还参加了 1991 和 1992 年两期国际 GPS 联测（IGS）会战，首次进入了国际全球 GPS 联测计划，为精化我国地心坐标起到了一定作用。与此同时，我国除从国外引进各种型号的 GPS 软、硬件外，还广泛深入地开展了 GPS 定位数据处理理论和技术的研究；开发了精密后处理和 GPS 网平差软件，并实现了商品化和打入国际市场。目前我国也能制造 GPS 接收机并广泛地应用于生产。GPS 的应用领域正在我国迅速扩展，有关的研究也十分活跃，取得了许多科研成果。

GPS 定位取代常规手段已成为趋势，标志着我国测量技术在向深度和广度的方向发展。

二、GPS 的构成

GPS 整个系统由空间部分、控制部分、用户部分三大部分组成。

（一）空间部分

整个系统全部建成后，空间部分共有 24 颗工作卫星，其中 3 颗是随时可以启用的备用卫星。工作卫星分布在 6 个轨道面内，每个轨道面分布有 4 颗卫星。各轨道平面相对地球赤道面的倾角均为 55°，各轨道平面彼此相距 60°，轨道平均高度约为 20200km，卫星运行周期为 11h58min。在正常情况下，地面观测者见到地平面上的卫星颗数随时间和地点的不同而异，最少为 4 颗，最多可达 11 颗。

每颗 GPS 卫星连续地发播 L_1（$\lambda_1 \approx 19.05cm$）和 L_2（$\lambda_2 \approx 24.45cm$）两个频带的载波信号。利用伪噪声码的调制特性，对载波进行三种相位调制。即：载波的正弦波被一伪噪声码（称为 C/A 码，又称"粗码"）所调制；余弦波被另一频率的伪噪声码（称为 P 码，又称"精码"）所调制。此外，正弦波和余弦波上都调制了基本单位为 1500 比特长的数据码（也称卫星电文），简称 D 码。L_1 信号既包括 P 码，又包括 C/A 码，L_2 信号只包括 P 码。这些电码具有三个作用：一是辨认接收的卫星和发播的卫星星历；二是测定信号到达接收机的时间；三是限制用户使用。

（二）控制部分

控制部分一般由主控站、监测站、通讯辅助系统等组成。

控制部分的任务是：监视卫星系统；确定 GPS 时间系统；跟踪并预报卫星星历和卫星钟状态；向每颗卫星的数据存贮器注入更新的卫星导航数据。如图 7-2 所示。

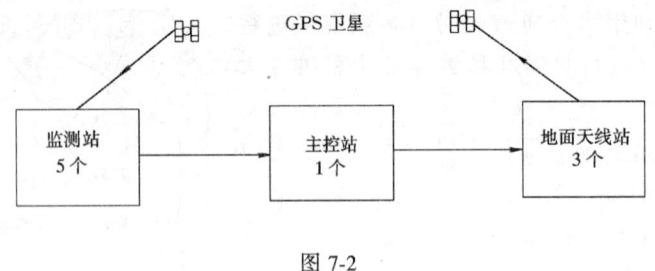

图 7-2

（三）用户部分

用户部分主要是 GPS 信号接收机。根据仪器的结构，可分为天线单元和接收单元两大部分。观测时将两者用电缆联结起来，如图 7-3 所示，为 Leica200S 接收机的情况。

接收机的主要功能是：跟踪接收所选择的卫星信号，测定信号从卫星到接收天线的传播时间，解译出 GPS 卫星所发送的导航电文，实时地计算出定位或导航的所需数据。

目前世界上各生产厂家制造的 GPS 接收机有数百种型号，本书主要是结合适于进行精密大地测量及其他精密测量工作的大地型接收机进行讨论。

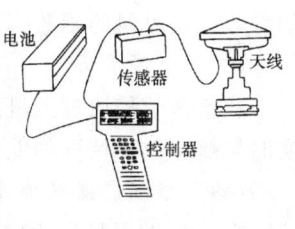

图 7-3

应当指出：GPS 接收机作为一个用户测量系统，除了应具有接收机、天线和电源等硬件设备外，其软件部分也是构成 GPS 测量系统的重要组成部分之一。

三、卫星星历和卫星坐标的计算

利用 GPS 卫星进行导航定位，是把卫星看成是"飞行"的控制点，测定卫星至接收机天线的距离进行空间后方交会，便得到接收机的位置。因此必须知道卫星的瞬时坐标，而卫星的瞬时坐标又通过相应时刻的卫星轨道参数来推算，而卫星在任何时刻的轨道参数则通过卫星播发的有关参数推算。卫星播发的任何时刻位置的各种参数，称为卫星星历，可以通过解码 GPS 卫星播发的导航电文获得。

（一）GPS 时间系统

GPS 是基于精密测时的定位测量系统，建立精密而准确的时间系统至关重要。GPS 系统使用专用的 GPS 时间系统。GPS 时间系统（GPST）属原子时，由设在地面监控站、主控站以及卫星上的原子钟实现守时与授时，这是实现观测中时间同步的基础。在 GPS 观测中，接收机一般还提供世界时和协调时作为实用参考。

在 GPS 测量中，记录卫星数据的对应时刻称作"历元"；接收机连续采集卫星数据所经历的时间间隔称为"时段"。

（二）卫星的轨道参数（或根数）

卫星在空间运行的轨迹称为轨道，而描述卫星轨道位置和状态的参数称为轨道参数。卫星轨道平面与地心坐标系 $O\text{-}X_TY_TZ_T$ 的关系如图 7-4 所示。卫星轨道面与地球赤道面的交角为 i，两面交线与赤道形成两个交点，其中一个是卫星在赤道以南升向赤道时的交点 Q，称为升交点。升交点在赤道上的位置用升交点赤经 Ω 表示。椭圆轨道的长轴为 AP，P 点是距地心最近的一点，称为近地点。近地点与升交点之间的关系用近升距 ω 表示，卫星 S 与近地点 P 之间的关系用近点角 θ 表示（或用过近地点的时刻 t_p 表示），轨道椭圆的大小和形状用半长轴 a 及偏心率 e 表示。根据 a、e、Ω、i 等 6 个轨道参数，就可表示卫星在空间的位置及其运动规律。这 6 个轨道参数也称为 6 个轨道根数。

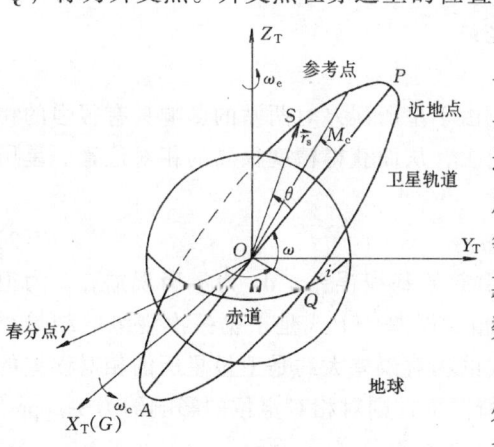

图 7-4

由于地球是椭球，质量分布并不均匀。此外，卫星还要受到地球大气层以及其他天体等的种种扰动。因此卫星的实际轨迹不是平面曲线，而是复合运动曲线。故所有的轨道参数都是动态的变量,是时间的函数。

(三) 卫星星历

轨道参数需通过卫星播发的星历参数推算。卫星星历有两种:一种是广播星历,用于实时导航定位,精度稍低;另一种是精密星历,用于事后处理精密定位,精度较高。

(四) 根据广播星历计算卫星坐标

在 GPS 的卫星星历中通常用参考时刻 t_{oe} 及参考时刻的平近点角 M_0 这两个参数代替卫星过近地点的 t_p,有利于提高摄动计算的精度。

由卫星播发的卫星电文,解码后得到 16 个描述卫星运动的参数,由这 16 个参数再来解出 6 个卫星轨道参数,推算出 r_k 并用 u_k 代替 ω,然后按下式可解出卫星在地心坐标系中的坐标,即

$$\left.\begin{aligned} x_k &= r_k\cos u_k \cdot \cos\Omega_k - r_k\sin u_k\cos i_k \cdot \sin\Omega_k \\ y_k &= r_k\cos u_k \cdot \sin\Omega_k - r_k\sin u_k\cos i_k \cdot \cos\Omega_k \\ z_k &= r_k\sin u_k\sin i_k \end{aligned}\right\} \tag{7-1}$$

四、SA 政策与提高定位精度的措施

(一) 美国对利用 GPS 的限制政策

因为 GPS 与美国的国防现代化发展密切相关,所以该系统除在设计方面采取了许多保密性措施外,还自 1989 年下半年开始到 2000 年 5 月止的这段时间内,实行所谓选择可用性(Selective Availability)政策,简称 SA 政策。即人为地施加误差将卫星星历和 GPS 卫星钟的精度降低,导致实时单点定位的误差达到数十米的数量级,以限制广大民间用户利用 GPS 进行实时(或快速)和较高精度的单点定位。

相对于 GPS 卫星发射的含有两种精度不同的测距码,即 P 码和 C/A 码,GPS 将提供两种定位服务方式,即精密定位服务(PPS)和标准定位服务(SPS)。精密定位服务的主要对象是美国军事部门和其他特许部门,其单点实时定位的精度可优于 ±10m。P 码是不公开的保密码,广大民间用户难以利用。因此,对于广大的民间用户来说,虽然目前已不受 SA 政策的影响,其实时单点定位的精度也只不过达到 ±10 ~ ±20m,对于精密的定位来说,其单点定位精度也远远不够。需研究有效的方法。

(二) 用户提高定位精度的措施

为了提高定位精度,当前采用的主要措施是:

1. 进行相对定位

利用两站的同步观测资料进行相对定位时,由于星历误差对两站的影响具有很强的相关性,因而在求坐标差时,共同的影响可自行消去,从而获得精度很高的相对位置。星历误差对相对定位的影响通常采用下列公式估算:

$$db/b = ds/\rho \tag{7-2}$$

式中 b 为基线长,db 为由于卫星星历误差而引起的基线误差,ds 为星历误差,ρ 为卫星至测站的距离。ds/ρ 通常被称作卫星星历的相对误差。上式是根据一次观测的结果得出的。实测结果表明,经较长时间的观测后基线的相对误差大约是卫星星历的相对误差的四分之一左右。如当星历误差为 ±200m 的不利情况下,则对相对定位的影响约为 ±2ppm。

2. 建立独立的 GPS 卫星测轨系统

利用 GPS 卫星,建立独立的跟踪系统,精密地测定卫星的轨道参数,以便为用户提

供服务,是一项经济有效的措施。它对开发 GPS 的广泛应用具有重大意义。

3. 建立独立的卫星导航与定位系统

目前,一些国家和地区正在发展自己的卫星导航与定位系统。如前苏联发射的全球导航卫星 Glonass 系统;欧洲空间局正在发展的 NAVSAT 卫星定位系统;欧盟正在研制的 Galileo 导航与定位系统;我国正在试验的北斗导航系统等。这都将会对卫星导航与定位的方便和提高精度产生积极的影响。

五、GPS 定位的分类

根据不同的用途利用 GPS 进行定位,一般有以下几种类型。

(一) 按待定点所处状态分类

1. 静态定位;
2. 动态定位。

(二) 按定位方法分类

1. 绝对定位;
2. 相对定位。

(三) 按基本观测量的类型分类

1. 伪距定位法;
2. 载波相位测量。

六、GPS 定位的基本原理

伪距法定位是 GPS 导航的基本定位方法,它的优点是速度快,无多值性。

(一) 伪距测量的基本原理

1. 伪距的概念

GPS 定位是工作于被动测距原理的,也就是说,在高空运行的 GPS 卫星发送测距信号,由设在地面上的接收机测得该信号到达接收天线的传播时间 t_d,进而可求得测站到 GPS 卫星的距离。假定卫星所用的时钟和接收机所用的时钟是严格同步的,若 GPS 卫星在 t_s 时刻发出信号,接收机在 t_r 时刻接收到该信号,在不考虑其他附加时间延迟的情况下,则接收天线至卫星的距离为:

$$\rho = C(t_r - t_s) = Ct_d \tag{7-3}$$

式中 C 为电磁波传播速度,ρ 即为接收天线和 GPS 卫星之间的真实距离,简称为实距。

实际上,卫星时钟和接收机时钟是难以严格同步的,两者相对于一个理想的时间长度(称之为 GPS 标准时)总是存在偏差的,况且 GPS 信号在大气中传播以及在接收机内部的传播过程中,都要产生附加时延。因此,按上述方法测得的卫星到天线的距离中,包含了由于时钟偏差等引起的附加距离,故称为伪距离,简称为"伪距"。

2. 测定伪距和获得卫星坐标的方法

GPS 卫星按照星载时钟发射调制信号,如 C/A 码,用 $G(t)D(t)$ 表示。可以称之为"测距码",该测距码经过时间 Δt 后到达接收机。接收机在本机时钟控制下也产生一组结构完全相同的"复制码",也称"本地码",用 $G'(t)$ 表示。复制码通过接收机内可以调节的延时锁环路测出延迟时间。进而求得卫星至接收机天线的距离 $\tilde{\rho}$,即"伪距"。

如果用户接收机接收了来自 4 颗以上的 GPS 卫星信号。即测得了 4 个以上的伪距值,且由导航电文所给参数推算出了卫星坐标,即可解算出测站点的三维坐标。

（二）伪距法定位的观测方程

为了实现定位，必须将观测得到的伪距 $\tilde{\rho}$ 改正为真实距离 ρ。设在某一 GPS 标准时刻 T_a（该瞬时间的卫星钟时刻为 t_a）卫星发出一个信号，该信号在标准时刻 T_b（相应的接收机时刻为 t_b）到达接收机。于是伪距测量得到的时间延迟 τ 即为 t_b 与 t_a 之差；信号发射时刻卫星钟的改正为 V_{t_a}，接收时刻接收机钟的改正数为 V_{t_b}；再考虑到电离层折射改正 $\delta\rho_{ion}$ 和对流层折射改正 $\delta\rho_{trop}$（用户通常采用 Hopfield 模型改正）后，才是卫星至接收机的真正几何距离 ρ，则有：

$$\rho = C \cdot (T_b - T_a) + \delta\rho_{ion} + \delta\rho_{trop} \tag{7-4}$$

于是实际距离 ρ 与伪距 $\tilde{\rho}$ 之间有如下关系式：

$$\rho = \tilde{\rho} + \delta\rho_{ion} + \delta\rho_{trop} - C \cdot V_{t_a} + C \cdot V_{t_b} \tag{7-5}$$

如果卫星钟和接收机钟的改正数 V_{t_a} 和 V_{t_b} 都精确已知，则 ρ 与卫星坐标 (x, y, z) 和接收机天线相位中心坐标 (X, Y, Z) 之间有如下关系：

$$\rho = [(x - X)^2 + (y - Y)^2 + (z - Z)^2]^{1/2} \tag{7-6}$$

卫星坐标可根据接收到的卫星导航电文求得，故在上式中只有三个坐标未知数 X、Y、Z。只要接收机同时对 3 颗卫星进行伪距测量，就可解算出接收机天线相位中心的位置。

为了解算（7-6）式，必须精确知道任一观测时刻的钟改正数 V_{t_a} 和 V_{t_b}。为此，在卫星和接收机中必须配备原子钟，以解决 V_{t_a} 和 V_{t_b} 的数值，这对于数量有限的卫星是可以办到的，即可解决 V_{t_a} 的数值。但对于成千上万的接收机则是不易现实的，因为这样会大大提高接收机的价格，减少用户的数量。为此，接收机中只配备廉价的、授时精度较低的石英钟，而把 V_{t_b} 也当作未知数来求解。这样一来，接收机必须同时至少观测 4 颗卫星，以便解算 4 个未知数 X、Y、Z 和 V_{t_b}。因此，伪距法定位的观测方程可写成：

$$[(x_i - X)^2 + (y_i - Y)^2 + (z_i - Z)^2]^{1/2} - C \cdot V_{t_{b_i}} = \tilde{\rho}_i + (\delta\rho_i)_{ion} + (\delta\rho_i)_{trop} - C \cdot V_{t_{a_i}} \tag{7-7}$$

式中 $i = 1, 2, 3, 4 \cdots$；$V_{t_{a_i}}$ 是第 i 颗卫星在发射测距码瞬间的钟改正数，可根据由卫星的导航电文所给出卫星钟的有关参数和钟差模型求出。

（三）伪距法的定位和定时精度

在利用 GPS 信号进行三维位置测量时，为了解算 X、Y、Z、V_{t_b} 这 4 个未知数，必须至少观测 4 颗 GPS 卫星，称之为定位星座。定位星座中的卫星在观测过程中的位置分布（几何结构）之优劣，对定位定时精度有一定的影响，其影响程度用图形强度因子 (dilution of precision 简称 DOP) 来表述。它取决于测站与被测卫星在观测瞬间的相对位置。

用于 GPS 定位测量技术指标的主要有四维定位精度的图形强度因子 GDOP 和三维定位的图形强度因子 PDOP。DOP 值越小，几何图形强度就越好。《全球定位系统(GPS)测量规范》规定，各等级的定位几何图形强度因子 GDOP 或 PDOP 值均应不大于 6。

七、载波相位测量

伪距法测量也可以看成是对伪噪声码信号进行的相位测量。由于测距码的波长较长，例如 P 码为 29.3m，C/A 码为 293m，因而测得的伪距精度不高。而 GPS 卫星发射的载波波长比作为调制波的伪噪声码要短得多，如 $\lambda_1 = 19.05\text{cm}$，$\lambda_2 = 24.45\text{cm}$。所以，如果对载波信号进行相位测量就可以达到很高的精度。

(一) 载波相位信号的获取

由于用户接收机接收到的 GPS 卫星信号是调制波。所以这两种载波都不再是单一频率的信号了。因而，在进行相位测量前必须首先设法获取载波信号，也称"重建载波"，又称为"卫星信号的解调"。

重建载波一般可采用两种方法。一种是所谓的"三因素法"，使用这种方法必须掌握 P 码和 C/A 码的结构。接收机首先产生 P 码和 C/A 码，然后再利用它们来消去输入信号中的 P 码和 C/A 码，而留下重建载波信号。另一种方法是所谓的"白噪声法"（又称平方法），重建载波最简单的方法，就是将接收到的信号平方，消去负号。平方后输出的信号是一种消除了调制波的纯净载波，从而得到重建载波信号。目前一些厂家综合上述两种方法，生产出综合性双频接收机。

(二) 载波相位测量原理

假设接收机在时刻 t_0 跟踪卫星信号，并开始进行载波相位测量（相位在这里是波数，二者对于本问题的讨论无本质的区别）。又假设接收机本机振荡能够产生一个角频率和初相位与卫星载波信号完全一致的基准信号。如果当 t_0 时刻接收机基准信号的相位为 $\Phi_0(R)$、它接收到的卫星载波信号的相位为 $\Phi_0(S)$ 时，并假定这两个相位之间相差 N_0 个整周信号和不足一周的 $F_r^0(\varphi)$，则可求得 t_0 时刻卫星到接收机的距离：

$$\rho = \lambda[\Phi_0(R) - \Phi_0(S)] = \lambda[N_0 + F_r^0(\varphi)] \tag{7-8}$$

实际上，接收机是将接收到的 GPS 卫星信号进行解调，得到了相位连续的载波信号（即重建载波），然后与本机基准信号进行混频，取出混频后产生的差频信号进行相位测量。

当卫星不是绕接收机作圆周运动时，接收到的卫星载波会产生多普勒频移。这样一来，差频信号的相位值将随着时间 t 而变化，接收机中的计数器可把差频信号相位变化的整周数记录下来，不足一周的相位可以精确实测出来，于是，载波相位测量值可表示为：

$$N_0 + \text{Int}(\varphi)_i + F_r^i(\varphi) = N_0 + \tilde{\varphi}_i \tag{7-9}$$

式中 $\tilde{\varphi}_i = \text{Int}(\varphi)_i + F_r^i(\varphi)$ 可由接收机直接测得，N_0 称为整周未知数（或称为整周模糊度）。只要观测是连续的，则所有的载波相位测量值中都含有相同的 N_0，N_0 的确定详见后述。时刻 t_0 和 t_i 的载波相位测量值的几何意义，如图 7-5 所示。

(三) 载波相位测量的观测方程

设在标准时刻为 T_a，卫星钟读数为 t_a 瞬间，卫星发射的载波的相位为 $\Phi(t_a)$，该信号在标准时刻为 T_b 到达接收机。由波动方程可知，信号到达接收机时的相位应保持不变，即在 T_b 时刻，接收机接收到的卫星信号的相位为：$\Phi(S) = \Phi(t_a)$，对应于标准时刻 T_b 的接收机时钟读数为 t_b，这时接收机产生的基准信号的相位为：$\Phi(R) = \Phi(t_b)$。所以载波相位测量值为：

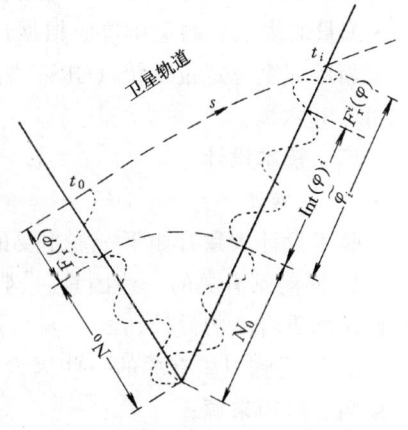

图 7-5

$$\varphi = \Phi(t_b) - \Phi(t_a) \tag{7-10}$$

式中　$t_b = T_b - V_{t_b}$，$t_a = T_a - V_{t_a}$。

考虑到电离层和大气层的改正以及相位和边长的关系后，于是得到载波相位测量的基本观测方程为：

$$\rho = \tilde{\rho} + \delta\rho_{ion} + \delta\rho_{trop} - \lambda\tilde{\Phi}(t_b) + \lambda\tilde{\Phi}(t_a) + \lambda N_0 \tag{7-11}$$

式中　$\tilde{\Phi}(t_b)$、$\tilde{\Phi}(t_a)$分别为经钟差改正后的接收机基准信号的相位和接收机接收到的卫星信号的相位。

将上式与（7-5）式比较看出：载波相位测量观测方程中，除增加了整周未知数 N_0 外，与伪距测量方程在形式上是完全相同的。同样可将几何距离 ρ 写成卫星坐标（x，y，z）和测站坐标（X，Y，Z）的关系式代入（7-7）式。用此基本观测方程可以进行单点定位，原则上也可以进行相对定位。

第二节　GPS 定位测量的基本过程

与常规测量类似，GPS 作业过程也可划分为外业和内业两个阶段。外业工作过程又可进一步划分为外业准备、外业实施和外业结束工作三个阶段。

一、GPS 定位作业的依据

GPS 布网设计、数据采集、数据处理等的技术依据主要是测量任务书和 GPS 测量规范。

（一）测量任务书

测量任务书是测量单位的上级主管部门下达的指令性文件，或者是测量单位与用户签定的合同书、协议书、委托书等文件。它规定了测量任务的范围和目的、精度和密度的要求、时间安排、经济指标及上交成果资料的项目等。

（二）GPS 测量规范

测量规范是国家测绘管理部门制定的技术法规。国家测绘局于 1992 年 10 月 1 日正式颁布实施《全球定位系统（GPS）测量规范》，国家技术监督局于 2001 年 3 月 5 日发布了该规范的修订版。它规定了利用 GPS 按静态相对定位原理、建立测量控制网的原则、精度和作业技术方法等。还有一些部门，根据本行业工作的需求，制定了适合于本身特点的 GPS 测量的规定。测量单位应根据自己所承担的任务，准确地执行有关规定。

新版《全球定位系统（GPS）测量规范》规定，GPS 定位按其精度划分为 AA、A、B、C、D、E 六级。

二、技术设计

（一）概述

技术设计大致有如下一些主要的内容应加以考虑：

1. 同测站有关的一些因素：网点密度、布网方案、选择合适的站址、时段分配、重复设站和重合点的设计；

2. 同观测卫星有关的一些因素：观测卫星数、卫星信号质量、图形强度因子、卫星高度角、星历来源；

3. 同仪器有关的一些因素：用于精密相对定位所需要的接收机类型和数量、记录设

备、气象仪表;

4．后勤方面的因素：主要包括机组的调度、交通工具和通讯设备的配备。

(二) GPS网布设的技术特色

GPS测量采用相对定位的方法，用几台接收机同步连续跟踪观测相同的卫星组，同一时段内各GPS接收机组成的图形称为同步图形。如图7-6所示，为常见的几类同步图形。

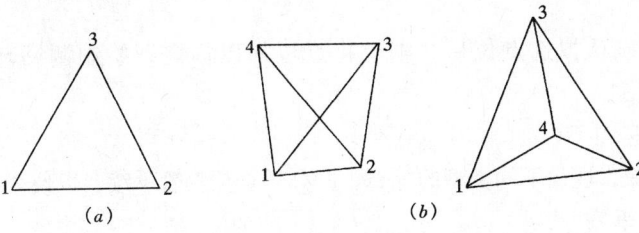

图 7-6

(a) 三台接收机；(b) 四台接收机

由此可知，k 台接收机组成的同步图形中总共含有基线总数 bs 为：

$$bs = k(k-1)/2 \tag{7-12}$$

其中只有 $k-1$ 条独立基线，其余基线称之为非独立基线，可以由独立基线推算得出。

(三) GPS网布设的基本方法

GPS网布设的总原则是：着眼整个测区，固定全网结构。根据以上布网原则，GPS网的布设通常采用点连式、边连式和网连式布网的三种基本方法。

1．点连式布网方法

所谓点连式布网方法，就是相邻同步图形之间仅有一个公共点连接。

2．边连式布网方法

所谓边连式布网方法，是指相邻同步图形之间有两个公共点。也就是同步图形采用一条公共基线进行连接。

3．网连式布网方法

所谓网连式布网方法，是指相邻同步图形间有两个以上公共点相连接成的布网方法。该法则需要较多台接收机同步作业时，才能实现。

一个测区内的GPS网，也可以综合运用以上几种方法。如图7-7所示。

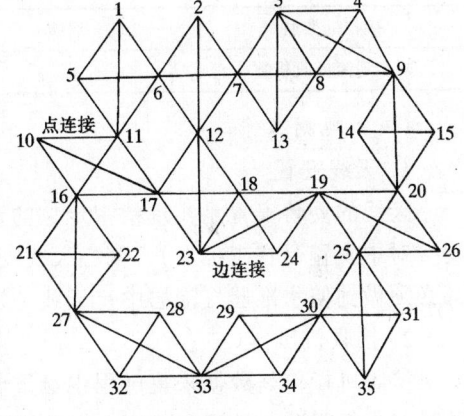

图 7-7

三、踏勘、选点与埋石

(一) 踏勘、选点

在选点工作开始之前，应踏勘测区，收集和了解有关测区的资料和情况。

1．选点原则

(1) GPS点应选在视野开阔的地点；

(2) GPS点应选在交通方便的地方，以充分发挥快速定位技术的效率；

(3) GPS 点视场不应有垂直角角大于 12°的成片障碍物，以免影响卫星信号接收；

(4) GPS 点应远离无线电发射台和高压线，以避免其强磁场对 GPS 卫星信号的干扰；

(5) GPS 点附近不应有对电磁波反射（或吸收）强烈的物体，以减弱多路径的影响；

(6) 应考虑交通、通讯、电力供应等情况；

(7) 为了今后用常规方法加密时的需要，一般要求至少有两个 GPS 点保持通视。

2. 选点工作

经现场踏勘、确认拟选点位后，则应将点位加以标定；绘制测站环视图；填写点之记。

（二）埋设标石

根据不同的等级，埋设不同类型的标石，并办理委托保管手续，以便今后的使用和复测。

四、GPS 数据采集

（一）观测计划的拟定

拟定观测计划的依据主要是：GPS 网的规模大小、精度要求、参加作业的接收机数量以及后勤保障条件等。观测计划的主要内容应包括：GPS 卫星的可见性预报及最佳观测时间的选择、观测区的划分和观测工作的进程及接收机的调度计划等。

（二）仪器的选择与检验

GPS 接收机是完成测量任务的关键设备，其性能要求和所需的接收机数量与测量的精度有关，工作中可根据情况按表 7-1 的要求选择。

表 7-1

精 度 类 别	AA	A、B	C、D、E
接收机类型	双频	双频	双频或单频
同步观测接收机数	≥5	≥4	≥2

（三）观测工作

1. 天线安置

天线的妥善安置是实现精密定位的重要条件之一。其安置工作一般有直接对中安置、间接对中安置（在觇标上）、偏心天线安置（需测归心元素）等几种情况。无论哪种情况，都必须做到使水准器气泡居中，天线的定向标志线应指向正北，认真量取天线高度。

2. 接收机操作

接收机操作是数据采集过程中最重要的一项工作，其主要任务是捕获 GPS 卫星信号，并对其进行跟踪、处理和量测，以获取所需要的定位信息和观测数据。

不同类型的接收机，其操作过程大体相近，用户可参考随机提供的操作手册进行。

3. 手簿记录

接收机数据采集结果都是自动记录的，手簿记录的只是如天线高度等较简单的项目。

五、观测成果的外业检核

当观测任务结束后，必须在测区及时对外业的观测数据质量进行检核和评价，以便及时发现不合格的成果，并根据情况采取淘汰、重测或补测的措施。

（一）外业观测成果的检核

1. 同步边观测数据的检核

同步边是指接收机设于基线两端,通过多历元同步观测,经平差计算的基线边。对其检核的内容包括:

(1) 观测数据的剔除率

由于不合格而剔除的观测值个数与参加同步边平差计算的观测值总数之比,称为数据剔除率。根据不同的精度要求,剔除率一般应不超过 5%~10%。

(2) 观测值残差分析

观测值的残差,即各观测值与其平差值之差。残差主要是由观测值的偶然误差和系统误差残余部分的影响而产生的。残差分析,主要是试图将观测值中的偶然误差分离出来,并判定其大小。若设观测值的残差为 $V_i(i=1,2,3,\cdots,n-1,n)$,$n$ 为观测值个数,则其分析方法大致如下:

计算残差的一次差和二次差,即:

$$\left.\begin{array}{l}\Delta'_i = V_i - V_{i-1}(i=1,2,\cdots,n-1)\\ \Delta''_i = \Delta'_{i+1} - \Delta'_i(i=1,2,\cdots,n-2)\end{array}\right\} \quad (7\text{-}13)$$

计算观测值偶然误差的中误差:

$$\sigma = \pm\sqrt{\frac{1}{6(n-2)}\sum_{i=1}^{n-2}(\Delta''_i)^2} \quad (7\text{-}14)$$

一般规定 σ 应小于 ±1cm。

(3) 计算同步边平差值的中误差和相对中误差。同步边每一时段平差值的中误差应小于 ±0.1m,而其相对中误差应不超过相应等级精度的要求。

2. 重复观测边的检核

同一条基线边若观测了多个时段(≥2),则可得到多个边长结果。这种具有多个独立观测结果的边称为重复边(又称复测边),重复边的检核内容包括:

(1) 计算不同时段观测结果的互差,应小于相应等级规定精度的 $2\sqrt{2}$ 倍;

(2) 同一条边若有三个时段以上的观测结果,则应计算各时段结果的平均值。其中任一时段的结果与其平均值之差,应不超过相应等级规定的精度。

3. 环闭合差的检核

当观测的基线边构成某种闭合图形时,图形的闭合差理论上应为零。但是,由于各种观测量误差以及数据处理模型误差等因素的综合影响,致使该闭合差一般不为零。通过对环线坐标增量闭合差和全长相对闭合差的检核,可以有效地评定基线处理结果的质量。假设,闭合环中各基线边的坐标分量差之和为:

$$\left.\begin{array}{l}W_x = \sum_{i=1}^{n}\Delta X_i\\ W_y = \sum_{i=1}^{n}\Delta Y_i\\ W_z = \sum_{i=1}^{n}\Delta Z_i\end{array}\right\} \quad (7\text{-}15)$$

式中 n 为环中的基线边数。

则环线闭合差 W 和全长相对闭合差 $\overline{W}$ 为:

$$\left.\begin{aligned} W &= \pm \sqrt{W_x^2 + W_y^2 + W_z^2} \\ \overline{W} &= W/\sum_{i=1}^{n} S_i = 1/T \end{aligned}\right\} \quad (7\text{-}16)$$

式中 T 为相对闭合差分母。

环线可以分为两种：其一是同步环，由同一时段的基线向量构成；其二是异步环，由不同时段的基线向量构成。由于各自的基线向量相关性的差异，其检核的标准是不一样的。

(1) 同步环闭合差的检核

对于 n 边同步环，其坐标分量闭合差应小于下列数值：

$$\left.\begin{aligned} W_x &\leqslant \pm \frac{\sqrt{n}}{5}\sigma \\ W_y &\leqslant \pm \frac{\sqrt{n}}{5}\sigma \\ W_z &\leqslant \pm \frac{\sqrt{n}}{5}\sigma \\ W &= \pm \sqrt{W_x^2 + W_y^2 + W_z^2} \leqslant \frac{\sqrt{3n}}{5}\sigma \end{aligned}\right\} \quad (7\text{-}17)$$

式中 σ 为相应级别规定的精度（按平均边长计算）；n 为闭合环中的边数；

(2) 异步环闭合差的检核

异步环中各坐标差分量闭合差应符合下式规定，即

$$\begin{aligned} W_x &\leqslant \pm 3\sqrt{n}\sigma \\ W_y &\leqslant \pm 3\sqrt{n}\sigma \\ W_z &\leqslant \pm 3\sqrt{n}\sigma \end{aligned} \quad (7\text{-}18)$$

式中 n 为闭合环中的边数；σ 为相应级别规定的精度（按平均边长计算）。

除上式的检核外，还要进行异步环闭合差和相对闭合差的检核。为了便于检核和发现粗差，组成异步环的基线数不得过多，一般应限制在 6 条以内，特殊情况下可允许到 8 条。

六、GPS 相对定位的作业模式

GPS 相对定位的作业模式，是指利用 GPS 接收机确定观测站之间相对位置所采用的作业方式。它与接收设备的硬件和软件有关。

(一) 静态定位的作业模式 (STS)

静态作业模式一般均采用载波相位观测值为基本观测量。作业时要求采用两台或两台以上接收机分别安置在不同的测站上，对卫星进行 60 分钟以上的同步观测。基线的相对定位精度可达 ± (5mm + 1ppm × D)。

(二) 快速静态定位模式 (FARA STS)

快速静态作业模式与静态作业模式基本相同，由于采用了一种快速模糊度解算法 FARA，使得在进行短基线定位时，只需设站观测几分钟到几十分钟便可解算出整周未知数 N_0，使得作业效率大为提高。基线中误差可达 ± (5mm + 1ppm × D)。

（三）准动态定位模式（SGS）

在测区选择一已知点作为基准站，并在其上安置一台接收机连续跟踪所有可见卫星，置另一台流动的接收机于已知的起始点上与基准站同步观测 1~2 分钟（称作初始化）。然后在保持对所测卫星连续跟踪的情况下，流动接收机依次迁到 2，3，……号待测点各静止地观测约 2 分钟。所以称之为准动态定位。基线的中误差可达 ±1~2cm。

（四）动态定位模式（KIS）

动态定位模式与准动态相似，作业时先选定一个基准站，并在其上安置一台接收机连续跟踪所有可见卫星；另一台接收机安置在运动载体上（如汽车、飞机等）。在出发点（已知点）按快速静态相对定位法，静止观测 1~2 分钟，然后从出发点开始流动。流动点与基准点的距离应不超过 15km。按设定的采样间隔进行数据采集。定位精度可达 ±1~2cm。

（五）实时动态定位模式（RTK）

以上各种作业模式，都必须将观测数据传输到计算机上才能解算，对需在现场及时提供测点坐标的场合就不方便了。倘若利用现代化无线电通信技术随时将基准站的观测数据传送给流动站，再加上快速解算模糊度的技术，便产生了一种新的 RTK 实时动态测量定位模式，流动点与基准点的距离应不超过 15km。

RTK 实时动态测量的基本过程是：基准站数据→调制→发射→接收→流动接收机→解调→电子手簿，构成一条无线数据链。基准站接收机随时将观测数据通过数据链传送给流动站，与流动站接收机的观测数据汇集于电子手簿并进入数据处理系统，可实时地提供测点坐标。定位精度可达到厘米数量级。

实时动态定位是载波相位测量、差分处理技术、整周未知数快速求解技术以及无线电数据通信技术的高度集成，在精度、速度、实时性三个方面达到了圆满的结合。前面介绍的 GPS 其他各种测量模式，都有被 RTK 取代的趋势。当然，高精度测量仍然摆脱不了静态测量的模式。

七、GPS 测量的基线解算

GPS 接收机采集的是接收机天线相位中心至卫星发射中心的距离和卫星星历等数据。因而要想得到有实用意义的测量定位成果，需要对采集到的数据进行一系列的处理。

（一）数据处理的基本程序

GPS 测量数据处理可以分为数据的粗加工、数据的预处理、基线向量解算（相对定位处理）和 GPS 基线网成果与地面网成果的联合处理等基本步骤。

（二）GPS 测量数据的粗加工

将数据从接收机传输至计算机的同时完成数据的分流，将各类数据按照类别特性归放入观测值文件、星历参数文件、电离层参数和 UTC 参数文件、测站信息文件等不同的数据文件中。数据传输和分流未做任何实质性的加工处理，只是存贮介质的变换。故称为 GPS 测量数据的粗加工。

（三）GPS 数据的预处理

GPS 测量数据的预处理的目的在于：对数据进行平滑滤波检验，剔除粗差，删除无效无用数据；统一数据文件格式，将各类接收机的数据文件加工成彼此兼容的标准化文件；GPS 卫星轨道方程的标准化；发现并修复整周跳变；整周未知数 N_0 的确定；对观测值进行各种模型改正等。

关于周跳和整周未知数问题是载波相位测量中的两个特有的问题。

在连续进行载波相位的观测过程中，由于各种原因造成接收机载波相位测量的暂时中断，计数器无法连续计数，因此使得相位观测值丢失某一整数数值而变得不正确。这种现象称为整周跳变，简称周跳。在数据预处理过程中，根据相位观测值随时间变化的规律性、并用多项式拟合来发现和修复周跳。

常用解算整周未知数 N_0 的方法有伪距法，即在进行载波相位测量的同时又进行了伪距测量，那么将伪距 $\tilde{\rho}$ 减去载波相位测量的实际观测值与波长的乘积 $\lambda \cdot \tilde{\varphi}$，即可求得 $\lambda \cdot N_0$。不过因伪距测量的精度较低，N_0 只能是一估算的概值；另外有快速解算 N_0 的方法，它是根据数理统计中的参数估计和假设检验的原理，利用测站初次平差所提供的信息，对空间信息的每一点进行比较判别，逐步"搜索"，对经统计后的整周组合再重新进行平差计算，并进行有关检验，最后确定出最佳的 N_0 值；也可将 N_0 当作未知数参数参加平差，经解算求得。

（四）基线向量的解算

经过预处理后，观测值成为"净化"的数据，这时可以同步图形为单位，列出相位观测值的误差方程，组成法方程，进行平差计算。平差计算中一般以点间的坐标差作为平差未知数，坐标差又称为基线向量坐标，对应于两点间的长度称为基线长度。因而又称为 GPS 基线解算，可由接收机的随机软件自动完成。

1. 差分模型的基本相位观测量

我们知道，任一时刻载波相位观测值，为该时刻接收机产生的参考频率信号的相位与接收到的来自卫星的载波信号的相位之差。设接收机 R 在本机时刻 T_i 接收到来自卫星 j 含多普勒频移的载波信号相位为 $\varphi_R^j(T_i)$，接收机产生的参考频率信号相位为 $\Phi_R(T_i)$，则将基本相位观测方程模型化后为：

$$\varphi_R^j(t_i) = -\frac{f_s^j}{C}\rho_R^j(t_i + \delta t_i) + \alpha_R(t_i) + \beta^j(t_i) + \gamma_R^j + \varepsilon_R^j(t_i) \tag{7-19}$$

式中　第一项是量测相位及其延迟改正后的值；α 项表示只与接收机有关的偏差项，例如接收机时钟偏差等，该项与时间有关，即不同历元时刻的 α 项不同；β 项表示与卫星有关的项，例如卫星钟的偏差等，也与时间有关，即不同历元时刻的 β 项不同；γ 项表示只与卫星和接收机有关的项，而与时间无关，例如载波相位的初始整周模糊度等。

为了消除某一偏差项或多个偏差项，引入差分模型。即站间一次差分、站星二次差分以及三次差分，可使 α、β、γ 中的一个或几个在新的线性组合值中不再存在。

差分模型是目前 GPS 测量中广泛采用的平差模型。

2. 双差法基线向量解算

以站星二次差分观测值作为平差解算时的观测量，该类线形组合观测量中已消去了 α、β 的影响。以测站间的基线向量坐标 $\vec{b} = (\Delta X, \Delta Y, \Delta Z)$ 为主要未知量，整个基线向量解算的过程，也就是间接测量平差的数据处理的过程。均由计算机在随机软件的支持下完成。

八、GPS 网平差及应用

进行相对定位的 GPS 测量数据处理分为两个阶段：一是基线向量解算；二是 GPS 网

的整体平差计算。前一阶段的工作是在WGS—84坐标系统中进行，通过接收机厂家提供的随机软件完成。后一阶段的工作是将属于WGS—84坐标系的基线成果转换至拟平差的国家坐标系（如1954年北京坐标系或1980年西安坐标系）或地方坐标系（如城市坐标系），以及其他用户坐标系（如施工坐标系）等，进而进行GPS网的约束平差或GPS网与地面网的联合平差，以使两网完全兼容一致，得到可以实用的GPS定位成果。

此外，为了某些需要和考察GPS网的内符合精度，往往还要对GPS网在WGS—84坐标系内作所谓的无约束平差。

（一）GPS基线向量网的无约束平差

为了考察GPS基线向量网本身的内部符合精度和确定GPS点的正常高的目的，以提供平差处理后的大地高数据。因此，GPS基线向量网首先应进行无约束平差。

无约束平差的含义是：在一个控制网中，不引入外部基准，或者虽然引入外部基准，但并不产生控制网非观测量误差引起的变形和改正。GPS网无约束平差一般是取网中任意一点的伪距定位值作为网固定点坐标的起算数据。

（二）GPS基准向量网与地面网的二维联合平差

GPS基线向量网与地面网的二维平面坐标联合平差，是指上述的GPS基线向量观测方程，加上已知的边长、方位和坐标等约束条件方程的基础上，再联合地面网的方向和边长等的误差方程式，按附有条件的间接平差法组成法方程，并进行解算。

（三）GPS网与地面网的三维联合平差

GPS网与地面网的三维（平面坐标和高程）联合平差也包括两方面的内容，其一是GPS网在地面网所属的参考坐标系中的三维约束平差；其二是GPS网在地面网所属的参考坐标系中与地面常规大地测量观测数据如方向、距离、天顶距、水准高差，甚至还有天文经纬度和方位角等的联合平差。平差方法与二维联合平差相同。

（四）平差实施及成果应用

将参与平差时的数据准备好，数据可以分为三类：一是检查合格的GPS独立基线向量观测值；二是地面网观测值；三是地面网的约束数据。

各类数据文件化后，就可以调用平差程序进行计算。目前国内已研制出较多的综合数据处理软件包，例如武汉大学研制的"POWERADJ"等。

（五）GPS大地高的应用

目前，通常是根据测区内网中若干点的已知高程（一般为正常高），来拟合确定各点的高程异常值 ζ_i。

设GPS基线向量网经三维无约束平差后求得的各点大地高平差值为 H_i，已知网中有 m 个具有正常高 h_i 的点（网内总点数为 n），为讨论方便起见，设这些点的点号 $i \leq m$，则可确定这些点的高程异常 ζ_i 为：

$$\zeta_i = H_i - h_i (i = 1, 2, \cdots, m) \qquad (7\text{-}20)$$

设测区内 ζ_i 可用一多项式来拟合，即

$$\zeta_i = a_0 + a_1 \Delta B_i + a_2 \Delta L_i + a_3 \Delta B_i^2 + a_4 \Delta L_i^2 + a_5 \Delta_B \Delta_L \qquad (7\text{-}21)$$

$$\left. \begin{array}{l} \Delta B_i = B_i - B_0 \\ \Delta L_i = L_i - L_0 \end{array} \right\} \qquad (7\text{-}22)$$

$$\left.\begin{array}{l}B_0 = \Sigma B_i / n \\ L_0 = \Sigma L_i / n\end{array}\right\} \qquad (7\text{-}23)$$

则根据 m 个点的 ζ_i 值可拟合确定多项式（7-21）中的系数。当 $m \geq 6$ 时可确定所有系数；当 $m \geq 3$ 且 $m < 6$ 时，可拟合确定 a_0、a_1 和 a_2 三个系数（即忽略二次项的三个系数）；当 $m < 3$ 时只能确定 a_0 一个系数。所以这种方法至少要有 3 个已知高程点。在确定了多项式（7-21）中的系数后，便可应用该式求 j 点（$j = m + 1$，$m + 2$，…，n）的 ζ_j，然后用下式求得各点的正常高高程值。即：

$$h_j = H_j - \zeta_j \qquad (7\text{-}24)$$

用这种方法确定的 GPS 点的实用正常高高程是近似的高程，其精度在比较理想的情况下可达到普通几何水准测量的精度。当已知高程点分布均匀且测区内地形平坦时，这种方法求得的高程，有时可优于 ±5cm，能满足各种大比例尺测图的精度要求。

九、技术总结与上交资料

GPS 测量任务完成后，应及时编写技术总结。各项成果资料经整理、验收后上交。

复习思考题

1. GPS 定位与常规控制测量定位手段相比，具有哪些主要特点？
2. GPS 有几大部分构成？每一部分的主要作用是什么？
3. 卫星星历有几种？它们在 GPS 定位中起什么作用？
4. 测量站星距离的方法有哪几种？各自的原理是什么？
5. 有哪些 GPS 定位的方法？为什么广泛采用相对定位方式？
6. GPS 网布设具有哪些特点？
7. GPS 选点应遵循哪些基本原则？
8. 简述 GPS 数据采集应进行的主要工作。
9. GPS 成果应进行哪些项目的检核？
10. GPS 定位有哪些作业模式？各自的特点是什么？
11. GPS 数据处理一般分成几个步骤？每个步骤的主要作用是什么？
12. 什么叫做周跳？怎样发现和修复？
13. 常用解算 N_0 的方法有哪些？
14. 选择双差分模型进行基线解算有什么作用？
15. 什么叫 GPS 网的无约束平差？其主要作用是什么？
16. GPS 网与地面网联合平差用来解决什么问题？
17. 怎样将 GPS 大地高转换为正常高？

习 题

1. 用 3 台 GPS 接收机静态定位同步观测时，可解算出几条基线？其中独立基线有几条？
2. 用 GPS 定位测量建立某平坦小测区的三维控制网，其中联测了 3 个已知正常高高程点，测区内 $\overline{B} = 32°15′$、$\overline{L} = 118°05′$。经拟合解出：$a_0 = 40.157\text{m}$，$a_1 = 0.021\text{m}/\text{分}$，$a_2 = 0.013\text{m}/\text{分}$。已知 P 点经数据处理后的大地高高程为 60.275m，$B_p = 32°17′$，$L_p = 118°04′$。试求 P 点的正常高高程。（提示：ΔB、ΔL 均以分为单位。）

习 题 答 案

第一章

1．平面控制网和高程控制网两部分。

2．一、二、三、四，4个等级。

3．二等和四等。

第二章

1．综合长度变形为 11.85cm；抵偿高程面高程 $H_0 = 758$m。

2．$x = 1943759.615$m；$y = 40420701.803$m。

3．$x = 3548277.264$m；$y = 499907.199$m。

第三章

1．D 点下午观测 DB 方向时有较大的误差；因为在下午，太阳辐射的光和热的作用逐步减弱，而水库中的水所吸收积蓄的热能处于一个缓慢的挥发的过程，所以在水库的上方的空气仍具有相对较高的温度。相反，在水库周围的戈壁、砂石覆盖的地表及其上空的温度情况，则相对较低。由于温度的作用，从而形成了空气密度的差异，其分界面基本与观测方向 BD 相平行，具备了产生旁折光的条件。下午观测目标 B 点的光线以曲线的光程传播到 D 点的望远镜视场，曲线"凸"向水库一侧，D 点实际的照准方向是 D 点曲线处的切线方向，加之 D 点又离产生旁折光的环境很近，故使 DB 方向产生较大的观测误差，造成△BCD 的数值增大，致使以较大的正闭和差超限。

2．经行差改正后的方向为 60°13′22″.0。

3．第1测回；00°00′33″；第4测回 60°33′53″；第7测回 120°07′13″；

第2测回；20°11′40″；第5测回 80°45′00″；第8测回 140°18′20″；

第3测回；40°22′47″；第6测回 100°56′07″；第9测回 160°29′27″。

4．需重测的方向有：

第Ⅰ测回　2方向　（孤值超限）；

第Ⅲ测回和第Ⅳ测回　3方向（一大一小超限）；

第Ⅴ测回　整个测回重测　（2、3方向2C互差一大一小超限，重 测数＞4/3）；

第Ⅸ测回　整个测回重测　（下半测回归零差超限）。

整份成果重测测回数为8＜（4－1）×9/3＝9，故整份成果不需重测。

5．第1测回：

A、B方向 上、中、下丝指标差互差分别为：7″、7″、7″；

A、C方向 上、中、下丝指标差互差分别为：9″、2″、6″；

B、C方向 上、中、下丝指标差互差分别为：、2″、5″、1″。

第2测回：

A、B方向 上、中、下丝指标差互差分别为：5″、6″、5″；

A、C 方向 上、中、下丝指标差互差分别为：1″、6″、7″；
B、C 方向 上、中、下丝指标差互差分别为：4″、0″、2″。
指标差互差最大的为第一测回 A、C 方向上丝指标差的互差为 9″ < ±15″，合格。

第四章

1. 高斯平面上的长度为 2677.570 m；$d = 7.0$ mm $< ±2(3 + 2 \times 2.678)$ mm $= ±16.7$ mm；

$\mu = ±0.8382$ mm；$P = 0.0143$；

$m_D = ±7.0$ mm $< ±18$ mm；$m_D/D = 1/382500$。

第五章

1. $m_{Tn}/4 = ±2″.35$；$m_0 = ±0.0128$m；$m_t = ±0.0079$m；$m_u = ±0.0926$m；$M = ±0.0929$m。

2. $m_0 = ±0.0151$m；最弱点 N_3 的点位中误差 $M_{N3} = ±0.026$m。

3. $\gamma_{基南-基北} = -4″.8$；$\gamma_{松山-基北} = +0″.1$；$\gamma_{树山-基北} = -9″.2$。

4. $W_方 = -2″.1 < ±8″.8$；$W_图 = +2″.8 < ±8″.8$；

按 $W_方$ 和 $W_图$ 联合计算计算 $m_\beta = ±1″.06 < ±1″.8$；

按测站圆周角闭和差计算 $m_\beta = ±0″.66 < ±1″.8$；

$W_x = +0.187$m $< ±2.080$m；$W_y = +0.001$m $< ±1.570$m；

$f_D = ±0.187$m；$f_D/\Sigma D = 1/236600$。

第六章

1. $\Delta = -1.21$ mm；$i = -6″.3 < ±20″$；$a' = 3023.79$ mm；$b' = 3033.96$ mm。

2. Ⅱ北天$_2$ ~ Ⅱ北天$_{10}$ 的概略高程（以 mm 为单位）分别为：739558、698518、682180、693586、722484、701746、727370、747482、783953；

$M_\Delta = ±0.35$mm $< ±1$mm，该成果符合限差要求。

第七章

1. 3 条；2 条。

2. 20.089m。

参 考 文 献

[1] 国家三角测量和精密导线测量规范.国家测绘局编.北京:测绘出版社,1974年

[2] 中华人民共和国专业标准.国家一、二水准测量规范.国家测绘局编.北京:中国标准出版社,1992年

[3] 中华人民共和国专业标准.国家三、四水准测量规范.国家测绘局编.北京:中国标准出版社,1992年

[4] 中华人民共和国专业标准.中、短程光电测距规范.国家测绘局发布.北京:测绘出版社,1988年

[5] 中华人民共和国测绘行业标准.光电测距仪检定规范.国家测绘局发布.北京:测绘出版社,1991年

[6] 中华人民共和国专业标准.地质矿产勘查测量规范.地质矿产部批准.北京:测绘出版社,1989年

[7] 中华人民共和国行业标准.城市测量规范.北京:中国建筑工业出版社,1999年

[8] 测绘词典编委会.测绘词典.北京:辞书出版社,1981年

[9] 武汉测绘科技大学,同济大学合编.控制测量学(上册).北京:测绘出版社,1986年

[10] 同济大学,武汉测绘科技大学合编.控制测量学(上册).北京:测绘出版社,1988年

[11] 朱华统,郑育富主编.大地测量学.北京:测绘出版社,1987年

[12] 高昌洪,王文中主编.控制测量学(上册).北京:地质出版社,1985年

[13] 邵诚主编.控制测量学(下册).北京:地质出版社,1985年

[14] 王文中主编.控制测量.北京:地质出版社,1995年

[15] 庄宝杰主编.测量平差.北京:地质出版社,1995年

[16] 杨德骥编著.红外测距仪原理及检测.北京:测绘出版社,1989年

[17] 周泽远,薛令瑜编.电磁波测距.北京:测绘出版社,1991年

[18] 顾孝烈等编著.城市导线测量.北京:测绘出版社,1990年

[19] 孔祥元,梅是义主编.控制测量学.武汉:武汉大学出版社.2001年

[20] 哈尔滨冶金测量专科学校.杜永昌编.控制测量学.北京:冶金工业出版社,1992年

[21] 阜新矿业学院,中国矿业学院,焦作矿业学院合编.矿区控制测量(上册).北京:煤炭工业出版社,1980年

[22] 张风举,张华海等编著.控制测量学.北京:煤炭工业出版社,1999年

[23] 刘基余等编著.全球定位系统原理及其应用.北京:测绘出版社,1993年

[24] 刘大杰等编著.全球定位系统(GPS)的原理与数据处理.上海:同济大学出版社,1996年

[25] 全球定位系统(GPS)测量规范.北京:中国标准出版社,2001年

[26] 李玉宝等.控制测量学.南京:东南大学职教院,2000年